Linux 操作系统实践教程

朱伟枝　徐礼金　主　编

清华大学出版社
北　京

内 容 简 介

本书全面介绍了Ubuntu操作系统的基本概念和应用技巧,适合Linux初学者、技术人员及高等院校相关专业的学生使用。本书分为10章,从Linux的基本安装与使用入手,逐步深入到文件管理、用户管理、磁盘管理等核心内容,涵盖了Shell编程、服务器配置、网络服务等高级应用,重点讲解了文件系统结构、常用命令、软件包管理、进程与系统管理等知识,帮助读者掌握系统管理的基本技能。通过对本书的学习,读者能够全面掌握Linux操作系统的核心知识,并能在实际工作中灵活应用。

本书内容翔实,注重理论与操作的结合,可作为高等院校计算机及相关专业操作系统课程的教材,也可作为初学Linux操作系统的读者的参考资料。

本书封面贴有清华大学出版社防伪标签,无标签者不得销售。
版权所有,侵权必究。举报:010-62782989,beiqinquan@tup.tsinghua.edu.cn。

图书在版编目(CIP)数据

Linux操作系统实践教程 / 朱伟枝,徐礼金主编.
北京:清华大学出版社,2025.5. -- ISBN 978-7-302-69090-0
Ⅰ.TP316.85
中国国家版本馆CIP数据核字第202549JP61号

责任编辑:王　定
封面设计:周晓亮
版式设计:思创景点
责任校对:成凤进
责任印制:宋　林

出版发行:清华大学出版社
　　　　　网　　　址:https://www.tup.com.cn,https://www.wqxuetang.com
　　　　　地　　　址:北京清华大学学研大厦A座　　　邮　　编:100084
　　　　　社　总　机:010-83470000　　　　　　　　　邮　　购:010-62786544
　　　　　投稿与读者服务:010-62776969,c-service@tup.tsinghua.edu.cn
　　　　　质　量　反　馈:010-62772015,zhiliang@tup.tsinghua.edu.cn
　　　　　课　件　下　载:https://www.tup.com.cn,010-62794504
印 装 者:三河市君旺印务有限公司
经　　销:全国新华书店
开　　本:185mm×260mm　　　印　张:17.5　　　字　数:415千字
版　　次:2025年6月第1版　　　　　　　　　　　印　次:2025年6月第1次印刷
定　　价:59.80元

产品编号:110902-01

PREFACE

　　随着信息时代的快速发展，计算机技术在各行各业中扮演着越来越重要的角色。作为一种自由、开放、稳定且高效的操作系统，Linux 已经成为全球范围内广泛应用的操作系统之一，尤其在服务器管理、云计算、大数据、人工智能等领域占据了重要地位。Ubuntu 作为一种基于 Debian 的 Linux 发行版，以其易用性、稳定性和广泛的社区支持，成为学习、使用与管理 Linux 操作系统的理想选择。Ubuntu 不仅拥有强大的开源社区和丰富的软件库，而且具有直观友好的用户界面，使得初学者能够迅速上手。因此，Ubuntu 系统成为 Linux 学习的首选平台，也为广大开发者提供了高效且灵活的开发环境。无论是日常使用、开发还是系统管理，Ubuntu 都能为用户提供一个简洁、稳定且功能强大的操作平台。

　　本书基于 Ubuntu 操作系统编写，旨在为读者提供全面、系统的 Linux 操作系统学习资料。无论是 Linux 初学者，还是有一定经验的用户，本书都能帮助读者深入理解 Linux 系统的基本概念与操作，掌握系统管理与维护技巧，并通过实践操作提升解决实际问题的能力。本书共分为 10 章，涵盖从 Linux 基础安装到高级管理与配置的各个方面，包括文件管理、用户管理、进程与系统管理、Shell 编程、服务器配置及网络服务等内容。对于初学者来说，本书前几章的内容将为其打下扎实的基础；而对于有一定经验的用户，本书的进阶章节则可以帮助其进一步深化理解，并掌握更复杂的操作技巧。本书每章都结合实际案例与操作步骤，帮助读者循序渐进地掌握核心知识。

　　本书不仅适用于 Linux 初学者，还可作为高等院校新工科相关专业"Linux 操作系统"课程的教材与参考书。在信息化、数字化转型的大背景下，Linux 操作系统在学术研究、工业应用和网络安全等领域的重要性日益突出。尤其在现代的网络安全领域，Linux 的安全性和灵活的权限管理使其成为防火墙、入侵检测、数据加密等安全技术的基础平台。在数据中心和云平台中，Linux 操作系统能够承载大规模的计算任务，并提供高效的资源管理和调度。党的二十大提出要加快数字化转型，提升网络安全能力，而 Linux 是支撑这一战略的关键技术之一，因此学习并掌握 Linux 知识，对于推动数字经济、提升网络安全具有重要意义。

　　本书注重理论与实践的结合，帮助学生通过操作与实验，提升系统管理、网络配置、问题诊断与解决等实际能力。我们力求内容简明易懂、实用性强。本书附有大量习题与操作案例，可以帮助学生巩固所学知识，提升实战能力。

　　本书由广东理工学院朱伟枝、徐礼金任主编，黄德群、黎江枫、杨建军任副主编。本书编写分工如下：第 1、2 章由徐礼金、黎江枫编写，第 4、5 章由朱伟枝、杨建军编写，第 3、6、7 章由徐礼金、黄德群编写，第 8、9、10 章由朱伟枝编写。

　　希望本书能够成为读者深入了解与掌握 Ubuntu 操作系统的得力助手，并为高校 Linux

课程的教学与学习提供丰富的资源，培养更多具备 Linux 系统操作与管理能力的技术人才，助力国家在信息技术领域的创新与发展。

由于编写过程较为仓促，且作者水平有限，书中不足之处在所难免，敬请广大读者批评指正。

本书提供教学大纲、教学课件、电子教案、习题参考答案和模拟试卷，读者可扫下列二维码进行下载。

教学大纲　　　教学课件　　　电子教案　　　习题参考答案　　　模拟试卷

编　者

2025 年 2 月

CONTENTS

第1章　Linux 介绍与安装 ………… 1
- 1.1　Linux 简介 ………………………… 3
  - 1.1.1　什么是 Linux …………………… 3
  - 1.1.2　Linux 的发展历程 ……………… 3
  - 1.1.3　Linux 的特点 …………………… 4
  - 1.1.4　Linux 的版本 …………………… 4
  - 1.1.5　Linux 的应用及发展 …………… 5
- 1.2　Ubuntu 简介 ……………………… 6
  - 1.2.1　什么是 Ubuntu ………………… 6
  - 1.2.2　Ubuntu 的特点 ………………… 6
- 1.3　系统安装 ………………………… 7
  - 1.3.1　虚拟机简介 …………………… 7
  - 1.3.2　VMware 的安装 ……………… 8
  - 1.3.3　创建和配置虚拟机 …………… 9
  - 1.3.4　安装 Ubuntu ………………… 12
- 1.4　小结 ……………………………… 17
- 1.5　实验 ……………………………… 17
- 1.6　习题 ……………………………… 17

第2章　文件管理 ………………… 19
- 2.1　文件系统概述 …………………… 21
  - 2.1.1　文件系统简介 ………………… 21
  - 2.1.2　文件系统概念 ………………… 21
  - 2.1.3　文件与目录的定义 …………… 23
  - 2.1.4　文件的结构、类型和属性 …… 25
- 2.2　文件操作命令 …………………… 26
  - 2.2.1　显示文件内容 ………………… 27
  - 2.2.2　显示目录及文件 ……………… 27
  - 2.2.3　文件创建、删除命令 ………… 28
  - 2.2.4　目录创建、删除命令 ………… 29
  - 2.2.5　复制、移动命令 ……………… 30
  - 2.2.6　压缩、备份命令 ……………… 32
  - 2.2.7　权限管理命令 ………………… 33
  - 2.2.8　文件查找命令 ………………… 34
  - 2.2.9　统计命令 wc ………………… 37
- 2.3　输入、输出重定向 ……………… 38
  - 2.3.1　标准输入、输出和标准错误 … 38
  - 2.3.2　输入重定向 …………………… 41
  - 2.3.3　输出重定向 …………………… 43
- 2.4　管道 ……………………………… 45
- 2.5　链接 ……………………………… 46
  - 2.5.1　什么是链接 …………………… 46
  - 2.5.2　ln 命令 ………………………… 47
  - 2.5.3　硬链接 ………………………… 48
  - 2.5.4　软链接 ………………………… 49
  - 2.5.5　索引节点 ……………………… 50
- 2.6　小结 ……………………………… 53
- 2.7　实验 ……………………………… 53
- 2.8　习题 ……………………………… 54

第3章　编辑器使用 ……………… 56
- 3.1　vi 文本编辑器 …………………… 58
  - 3.1.1　文本编辑器简介 ……………… 58
  - 3.1.2　vi 编辑器的启动与退出 ……… 58
  - 3.1.3　vi 编辑器的工作模式 ………… 60
  - 3.1.4　vi 编辑器的基本应用 ………… 61
- 3.2　其他文本编辑器 ………………… 71
  - 3.2.1　vim 编辑器 …………………… 71
  - 3.2.2　nano 编辑器 ………………… 72
  - 3.2.3　gedit 编辑器 ………………… 77

3.3	小结 ……………………………… 80	5.4	文件系统备份和恢复命令 ……… 129
3.4	实验 ……………………………… 81	5.5	小结 ……………………………… 130
3.5	习题 ……………………………… 81	5.6	实验 ……………………………… 131
		5.7	习题 ……………………………… 131

第4章 用户管理 ……………………… 83

- 4.1 Linux 用户 ………………………… 85
  - 4.1.1 用户和用户组 ………………… 85
  - 4.1.2 用户分类 ……………………… 86
  - 4.1.3 用户相关文件 ………………… 87
- 4.2 Linux 用户组 ……………………… 92
  - 4.2.1 用户管理命令 ………………… 92
  - 4.2.2 用户组管理命令 ……………… 98
- 4.3 su 和 sudo ……………………… 104
  - 4.3.1 su 命令 ……………………… 104
  - 4.3.2 sudo 命令 …………………… 106
- 4.4 小结 …………………………… 109
- 4.5 实验 …………………………… 110
- 4.6 习题 …………………………… 110

第5章 磁盘管理 …………………… 112

- 5.1 Linux 磁盘管理概述 …………… 114
  - 5.1.1 Linux 磁盘分区表 …………… 114
  - 5.1.2 磁盘的命名 ………………… 115
  - 5.1.3 分区的命名 ………………… 115
  - 5.1.4 分区的类型和关系 ………… 116
  - 5.1.5 Linux 文件系统 ……………… 116
- 5.2 磁盘的分区 …………………… 118
  - 5.2.1 Gparted 软件调整磁盘分区大小 …………………… 118
  - 5.2.2 磁盘分区管理命令 ………… 122
  - 5.2.3 free 查看内存和交换分区 …… 123
  - 5.2.4 free 查看内存和交换分区的常用命令 …………………… 124
- 5.3 文件系统管理命令 …………… 126
  - 5.3.1 du 查看磁盘目录命令 ……… 126
  - 5.3.2 其他常用文件系统管理命令 ……………………… 128

第6章 软件包管理 ………………… 133

- 6.1 dpkg ……………………………… 135
  - 6.1.1 dpkg 简介 …………………… 135
  - 6.1.2 dpkg 命令 …………………… 135
- 6.2 APT ……………………………… 140
  - 6.2.1 APT 简介 …………………… 140
  - 6.2.2 apt 命令 ……………………… 140
  - 6.2.3 APT 的配置文件 …………… 146
- 6.3 软件包管理 GUI ……………… 147
  - 6.3.1 Synaptic 命令 ……………… 147
  - 6.3.2 gnome-software 命令 ……… 150
  - 6.3.3 tasksel 命令 ………………… 152
- 6.4 Ubuntu 软件中心 ……………… 153
  - 6.4.1 Ubuntu 软件中心的作用 …… 154
  - 6.4.2 Ubuntu 软件中心的使用 …… 154
- 6.5 小结 …………………………… 157
- 6.6 实验 …………………………… 157
- 6.7 习题 …………………………… 158

第7章 进程管理与系统管理 ……… 159

- 7.1 进程管理 ……………………… 161
  - 7.1.1 什么是进程 ………………… 161
  - 7.1.2 进程的启动 ………………… 161
  - 7.1.3 进程的调度 ………………… 162
  - 7.1.4 进程的监视与控制 ………… 166
- 7.2 系统管理 ……………………… 172
  - 7.2.1 系统和服务管理器 ………… 172
  - 7.2.2 Systemd 相关命令 ………… 173
  - 7.2.3 Systemd 定时器 …………… 175
- 7.3 小结 …………………………… 178
- 7.4 实验 …………………………… 179
- 7.5 习题 …………………………… 179

目录

第 8 章 Shell 及其编程 …… 181
8.1 Shell 概述 …… 183
- 8.1.1 Bourne Shell …… 183
- 8.1.2 Bourne Again Shell …… 183
- 8.1.3 C Shell …… 184
- 8.1.4 Korn Shell …… 184
- 8.1.5 查看用户 Shell …… 184

8.2 Shell 脚本执行 …… 185
- 8.2.1 Shell 脚本的执行过程 …… 186
- 8.2.2 Shell 脚本的执行方式 …… 186

8.3 Shell 变量 …… 187
- 8.3.1 特殊变量 …… 188
- 8.3.2 环境变量 …… 189
- 8.3.3 自定义变量 …… 189

8.4 Shell 的输入/输出 …… 190
- 8.4.1 输入命令 read …… 190
- 8.4.2 输出命令 echo …… 191

8.5 运算符和特殊字符 …… 192
- 8.5.1 运算符 …… 192
- 8.5.2 特殊字符 …… 194

8.6 分支结构 …… 196
- 8.6.1 if 语句 …… 197
- 8.6.2 case 语句 …… 199

8.7 循环结构 …… 200
- 8.7.1 for 循环 …… 200
- 8.7.2 while 循环 …… 202
- 8.7.3 until 循环 …… 202
- 8.7.4 break 语句 …… 203
- 8.7.5 continue 语句 …… 204

8.8 函数 …… 206
8.9 数组 …… 207
- 8.9.1 数组的定义 …… 207
- 8.9.2 数组的访问 …… 207
- 8.9.3 数组的长度 …… 208

8.10 小结 …… 209
8.11 实验 …… 209
8.12 习题 …… 210

第 9 章 服务器配置 …… 212
9.1 网络配置 …… 214
- 9.1.1 查看网络配置 …… 214
- 9.1.2 静态 IP 配置 …… 220
- 9.1.3 DNS 配置 …… 221

9.2 Samba 服务器 …… 222
- 9.2.1 Samba 的特点 …… 222
- 9.2.2 Samba 的应用领域 …… 223
- 9.2.3 安装 Samba 服务器 …… 223
- 9.2.4 配置 Samba 服务器 …… 224

9.3 NFS 服务器 …… 229
- 9.3.1 NFS 的特点 …… 229
- 9.3.2 NFS 的应用领域 …… 229
- 9.3.3 安装 NFS 服务器 …… 230
- 9.3.4 配置 NFS 服务器 …… 230

9.4 小结 …… 236
9.5 实验 …… 237
9.6 习题 …… 237

第 10 章 Internet 服务 …… 239
10.1 SSH …… 241
- 10.1.1 SSH 基础 …… 241
- 10.1.2 安装 SSH 服务器 …… 241
- 10.1.3 SSH 的配置 …… 242
- 10.1.4 SSH 客户端的应用 …… 243

10.2 DNS …… 247
- 10.2.1 DNS 服务器类型 …… 248
- 10.2.2 安装 BIND 服务器 …… 248
- 10.2.3 配置 BIND 服务器 …… 248

10.3 WWW 服务器-Apache …… 254
- 10.3.1 安装 Apache 服务器 …… 254
- 10.3.2 配置 Apache 服务器 …… 255
- 10.3.3 验证配置 …… 256

10.4 WWW 服务器-Nginx …… 258
- 10.4.1 安装 Nginx 服务器 …… 258

10.4.2　配置 Nginx 服务器…………259
　　　10.4.3　验证配置……………………261
　10.5　FTP 服务器………………………261
　　　10.5.1　安装 FTP 服务器……………261
　　　10.5.2　配置 vsftp 服务……………262
　10.6　小结………………………………267
　10.7　实验………………………………268
　10.8　习题………………………………269
参考文献……………………………………271

第 1 章 Linux 介绍与安装

初学 Linux 需要掌握 Linux 操作系统的基本信息、主要特点及常见发行版，并了解其在实际应用中的作用。同时，需要掌握虚拟机的基础知识，并能够熟练安装 VMware Workstation 17 软件及在其上部署 Linux 操作系统。

 本章学习目标

◎ 了解 Linux 的基本知识。
◎ 了解 Linux 的相关版本。
◎ 掌握 VMware17 的安装。
◎ 掌握 Ubuntu 操作系统在 VM17 上的安装部署。

本章思维导图

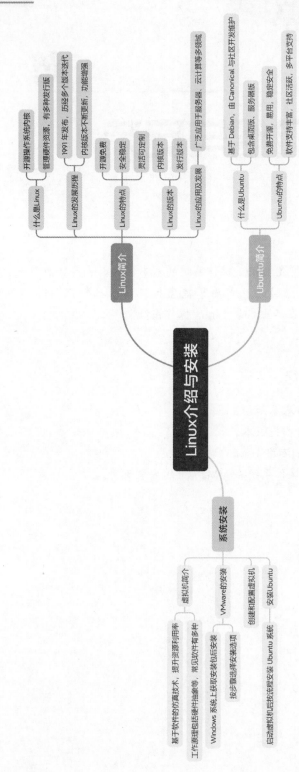

1.1 Linux 简介

本小节主要介绍了 Linux 的基础,包括什么是 Linux 及 Linux 的发展历程、特点、版本、应用等,为接下来学习 Linux 提供了基础的认识。

1.1.1 什么是 Linux

Linux 是一个开源的操作系统内核,由林纳斯·托瓦兹(Linus Torvalds)于 1991 年 5 月首次发布。作为操作系统的核心,Linux 内核负责管理计算机的硬件资源,如 CPU、内存和存储。由于其开源特性,Linux 被全球的开发者和技术爱好者广泛改进和维护,因此形成了多种不同的发行版,每种发行版都有其特定的功能和用途。

Linux 以其稳定性、安全性和灵活性而著称,广泛应用于服务器、桌面计算机、嵌入式系统和物联网设备等多个领域。其文件系统和权限管理机制设计使得 Linux 在处理多用户和多任务环境时表现出色。由于 Linux 完全开源,用户可以自由查看、修改和分发其代码,因此促进了技术创新和社区支持。

1.1.2 Linux 的发展历程

1991 年 8 月 25 日,林纳斯·托瓦兹发布了正在开发的操作系统内核的初始版本,并在一篇新闻组帖子中宣布此消息,邀请其他人参与开发和测试。同年 9 月 17 日,Linux 内核的第一个公开版本 0.01 发布。1992 年,Linux 内核被重新授权为 GNU 通用公共许可证(GPL),这意味着它成为开源软件,任何人都可以自由使用、修改和分发。1993 年,早期的 Linux 发行版 Slackware 和 Debian 发布,成为最早的 Linux 发行版之一,推动了 Linux 社区的发展。1994 年 3 月 14 日,Linux 内核 1.0 版本发布,这是第一个稳定的内核版本。1996 年 6 月 9 日,Linux 内核 2.0 版本发布,首次支持对称多处理(SMP)和多种硬件架构。1998 年,Linux 获得了企业级的认可,IBM、Oracle 和 Netscape 等大型企业开始采用 Linux,为其在企业中的应用铺平了道路。

2000 年,Linux 基金会成立,旨在推动 Linux 的持续发展和普及。2003 年 12 月 17 日,Linux 内核 2.6 版本发布,带来了许多新功能和性能改进,进一步增强了 Linux 在企业和服务器市场的竞争力。2005 年,林纳斯·托瓦兹创建了 Git 版本控制系统,用于管理 Linux 内核的开发。Git 之后成为最流行的版本控制系统之一。2009 年,Linux 内核 2.6.30 版本发布,支持了许多新硬件,并改进了文件系统,如 Btrfs。2011 年 7 月 22 日,Linux 内核 3.0 版本发布,标志着主要版本号的变更,反映了自 2.6 版本以来的诸多重大改进。2015 年 4 月 12 日,Linux 内核 4.0 版本发布,继续在性能和功能上进行提升。2019 年 3 月 3 日,Linux 内核 5.0 版本发布,进一步增强了硬件支持和性能。2020 年,Linux 内核 5.8 版本发布,被认为是迄今为止最大的一次更新,包含了超过 175 000 次代码更改。

中标麒麟操作系统的发展，是帮助我们理解自主创新与科技自立的重要实践案例。它告诉我们，在全球科技竞争加剧的背景下，核心技术受制于人将带来巨大的安全隐患，而掌握自主可控的技术是实现国家安全的重要保障。

我们可以看到，中标麒麟的研发团队迎难而上，用自己的智慧和努力攻克了一个又一个技术难题。从无到有，从追赶到领先，他们的故事让我们明白，唯有坚持创新、不断突破，才能在国际科技舞台上赢得尊重。作为新时代的青年，我们也应以此为榜样，把创新精神融入自己的学习和生活中，为国家科技发展贡献力量。

中标麒麟不仅保障了政府、国防、金融等关键领域的信息安全，还通过融入国际开源社区，展示了中国科技的开放与包容。它提醒我们，科技进步不仅需要脚踏实地地自主研发，也需要积极参与国际合作，以更大的视野推动技术进步。我们应学习这种开放精神，在学习中提升自身能力，为中国科技的全球化发展注入新的活力。我们更深刻地体会到"科技强国"的真正内涵。未来的中国，需要我们每一个人怀揣梦想，勇敢承担使命，为实现中国梦、科技梦贡献属于自己的力量。

1.1.3 Linux 的特点

Linux 是一种开源且免费的操作系统，因其卓越的多用户和多任务支持、强大的安全性、稳定性及可靠性而广受赞誉。Linux 不仅提供高性能，还具备广泛的硬件兼容性，能够在各种硬件平台上运行，从个人电脑到企业级服务器、嵌入式设备甚至超级计算机，都能看到 Linux 的身影。

作为一款高度灵活的操作系统，Linux 允许用户根据自己的需求自由定制，从内核模块到桌面环境，都能进行深度配置。同时，Linux 系统提供了丰富的命令行工具和脚本语言，使得用户可以高效地完成各种任务，这也进一步增强了其吸引力。

Linux 拥有一个庞大而活跃的全球用户和开发者社区，这为用户提供了丰富的资源支持，包括详细的文档、活跃的论坛和快速的技术支持。无论是新手还是资深用户，都能在这个社区中找到所需的帮助与指导。

大多数 Linux 发行版都集成了强大的软件包管理系统，如 APT、Yum 和 Pacman，这些工具使得软件的安装、更新和管理变得简单快捷。Linux 在虚拟化和容器技术方面也表现出色，广泛支持如 KVM、Docker 等技术，确保在不同环境中高效运行。Linux 还遵循开放标准，确保了与其他系统的良好互操作性。

目前，Linux 有多种发行版可供选择，如 Ubuntu、Fedora、Debian 等，每个发行版都有其独特的特性和目标用户群体。这种多样性使得用户能够根据个人需求选择最合适的版本，无论是用于桌面办公、开发环境还是服务器管理，Linux 都能提供一个可靠而强大的平台。

1.1.4 Linux 的版本

1. Linux 的内核版本

Linux 的版本号分为内核版本和发行版本两部分，其中内核版本是指林纳斯·托瓦兹领导下的开发小组所开发的系统内核版本。

自 1991 年首次发布以来，Linux 内核经历了多个主要版本的迭代和更新。最初的 0.x 系列由林纳斯·托瓦兹发布，具备基础功能。1994 年的 1.x 系列引入了多任务和基本的网络功能。1996 年的 2.0 版本支持对称多处理(SMP)，显著提高了性能和扩展性。2001 年的 2.4 版本支持 USB 设备和更大的内存。2003 年的 2.6 版本带来了改进的调度程序、设备模型和文件系统。2011 年的 3.x 系列主要是版本号的变化，继续改进性能和稳定性。2015 年的 4.x 系列引入了实时补丁功能和更好的硬件支持。2019 年的 5.x 系列改进了硬件支持和安全功能，并增强了文件系统和容器支持。每个主要版本包括多个次要版本，持续改进和优化，使 Linux 内核保持现代化和高效能。

2. Linux 的发行版本

Linux 有许多不同的发行版，每个发行版都针对特定的用户需求和使用场景进行了优化。Ubuntu 以其用户友好的特性和长期支持(LTS)版本，广泛用于桌面、服务器、物联网和云计算。Debian 以其高稳定性和丰富的软件包，适用于服务器、桌面和开发环境。Fedora，由 Red Hat 赞助，是一个面向开发者的实验平台，提供最新的技术和软件。CentOS 基于 Red Hat Enterprise Linux(RHEL)，以其高稳定性和免费性质，适用于企业服务器和应用。RHEL 本身则提供企业级支持和高安全性，适用于数据中心和云计算。

Arch Linux 采用滚动更新模型，提供极高的定制性，适合高级用户和高度定制化的桌面环境。openSUSE 分为 Leap(稳定版)和 Tumbleweed(滚动更新版)，适合开发和服务器环境。Mint 基于 Ubuntu，用户友好，预装多种常用软件，适合新手和桌面用户。

Kali Linux 专为渗透测试和安全审计设计，预装大量安全工具，广泛用于网络安全领域。Zorin OS 的用户界面类似于 Windows，易于 Windows 用户迁移，适合个人计算。Manjaro 基于 Arch Linux，但更易于安装和使用，滚动更新，适合桌面和个人计算。Gentoo 提供高度可定制的源码编译安装，适合高级用户和教育用途。Slackware 历史悠久，保持 Unix 风格，面向高级用户，适用于桌面、服务器和教育环境。

每个发行版都有其独特的优势和目标用户群，用户可以根据自身需求选择最合适的版本，从而充分利用 Linux 的灵活性和强大功能。

1.1.5 Linux 的应用及发展

Linux 因其稳定性、安全性和高性能广泛应用于企业服务器、Web 服务器和超级计算机，并在云计算领域被主要云服务提供商如 AWS、Google Cloud 和 Microsoft Azure 广泛采用。尽管在桌面市场的份额较小，但是 Linux 桌面环境如 Ubuntu 和 Mint 为用户提供了免费、开源和高度定制的操作系统选择。而且基于 Linux 内核的安卓系统广泛应用于智能手机和平板电脑，已经实现了很成熟的市场化并且进行了广泛应用，而许多嵌入式系统和物联网设备也运行定制化的 Linux 版本。Linux 提供强大的开发工具和编程环境，是许多开发者的首选操作系统，同时 Kali Linux 等发行版专为网络安全和渗透测试设计。

Linux 的发展得益于全球开发者社区的贡献和大量开源项目的推动。大型企业如 IBM、Google、Facebook 和 Amazon 通过捐赠、开发和应用支持 Linux 生态系统的发展。Linux 内核持续更新，引入新功能、改进性能和增强安全性，并在虚拟化和容器技术方面取得了显著进展。Linux 支持多种硬件架构，应用范围广泛，包括个人电脑到服务器、嵌入式设备和超级计算机。教育机构开设 Linux 和开源软件课程，培养下一代技术人才。凭借其开源性、灵活性和强大的社区支持，Linux 在多个领域取得了广泛应用，并不断发展，保持着强劲的创新和进步势头。

1.2　Ubuntu 简介

　　Ubuntu 是一个由 Canonical 公司与开源社区共同开发和维护的基于 Debian 的开源操作系统。本小节主要介绍 Ubuntu 操作系统的基本内容及其特点。

1.2.1　什么是 Ubuntu

　　自 2004 年首次发布以来，Ubuntu 因其用户友好性、稳定性和广泛应用而闻名。Ubuntu 提供桌面版、服务器版等，适用于个人计算机、服务器和物联网设备等多种场景。

　　Ubuntu 默认采用简洁直观的 GNOME 桌面环境，并集成了便于用户搜索、安装和管理应用程序的软件中心。Ubuntu 拥有庞大的全球用户社区，提供丰富的文档和技术支持，以定期的安全更新和强大的硬件兼容性而著称，且完全开源、免费。Canonical 公司还为企业用户提供商业支持和服务，Ubuntu 支持多语言使用，并广泛应用于日常办公、互联网浏览、Web 服务器、数据库服务器、云计算平台和物联网设备。此外，Ubuntu 因其出色的教学功能，成为许多教育机构的首选操作系统。

　　作为一个 Linux 发行版，Ubuntu 是由 Debian 派生而来的。Debian 是一个非常稳定和安全的 Linux 发行版，Ubuntu 基于 Debian 的软件包管理系统，并通过简化安装过程和优化用户体验，使其更易于普通用户和开发者使用。Ubuntu 对新手友好，提供了丰富的软件仓库，并且每隔六个月发布一个新版本，每两年推出一个长期支持(LTS)版本，提供五年的安全更新和支持。

　　从本质上讲，Ubuntu 是 Linux 生态系统的一部分，它利用了 Linux 内核的强大功能，并结合了自己的特性和工具，为用户提供了一个完整的操作系统。因此，Ubuntu 和其他 Linux 发行版共享许多核心特性，例如文件系统结构、命令行工具、开源软件等，但它在易用性、社区支持和商业支持方面具有独特优势。

1.2.2　Ubuntu 的特点

　　Ubuntu 是一款流行的 Linux 发行版，以其免费开源、稳定安全的特性而闻名。它拥有直观的用户界面，方便用户安装和使用各种软件。Ubuntu 的强大软件仓库和活跃的社区支持，使其成为桌面计算机、服务器及云计算等多个平台的理想选择。定期的发布计划确保了更新及时，同时提供长期支持版本，满足不同用户群体的需求。其特点包括以下几个方面。

（1）免费和开源：Ubuntu 遵循自由软件和开源软件的原则，可以免费获取和修改，有着强大的社区支持。

（2）易于使用：Ubuntu 注重用户友好性，提供了直观的图形用户界面(如 Unity 和 GNOME)，使得操作系统的安装和使用变得简单。

（3）稳定和安全：Ubuntu 以稳定性和安全性闻名，更新及时，有专门的安全团队负责处理潜在的漏洞和安全问题。

（4）大量的软件支持：Ubuntu 拥有庞大的软件仓库，用户可以轻松安装和管理各种开源和免费软件，满足各种需求。

（5）社区支持和活跃度：Ubuntu 拥有活跃的社区，用户可以在社区中获取支持、交流经验和解决问题。

（6）多平台支持：Ubuntu 支持多种架构和设备，包括桌面计算机、服务器、云计算和物联网设备，适合不同的应用场景。

（7）定期发布计划：Ubuntu 有明确的发布时间表，每半年发布一个新版本，同时也有长期支持版本(LTS)，提供长达五年的更新支持。

1.3 系统安装

本小节主要介绍了虚拟机的原理、VMware 的安装过程，以及如何在 VMware 软件内部署安装 Linux 操作系统。

1.3.1 虚拟机简介

虚拟机(Virtual Machine, VM)是一种基于软件的仿真技术，它模拟物理计算机的功能，使得多个虚拟计算机能够共享同一套物理硬件资源。通过在硬件与操作系统之间添加虚拟化层(如虚拟机管理程序，即 Hypervisor)，虚拟化技术能够有效分配和管理物理资源，使每个虚拟机都能运行独立的操作系统和应用程序。这一技术极大地提升了资源利用率，同时增强了系统的隔离性、灵活性和可移植性，从而实现了显著的成本节约。

虚拟机的工作原理是通过虚拟化技术来实现硬件资源的抽象。虚拟机管理程序是虚拟机运行的关键组件，它位于物理硬件和虚拟机之间，负责调度和管理虚拟机的运行。虚拟机的运行原理可以分为以下几个关键步骤。

（1）硬件抽象：虚拟机管理程序创建一个硬件抽象层，使虚拟机能够认为自己独占硬件资源。虚拟机管理程序通过拦截和管理虚拟机对硬件资源的访问请求，将其转换为对实际物理硬件的操作。这一层抽象不仅提高了资源的共享效率，还隔离了不同虚拟机之间的操作，确保它们互不干扰。

（2）资源分配与管理：虚拟机管理程序负责将物理资源(如 CPU、内存、存储和网络)合理分配给各个虚拟机，确保它们能够获得足够的资源来正常运行。虚拟机管理程序还可以动态调整资源分配,以应对不同虚拟机的负载需求,从而优化整体性能。

(3) 隔离性与安全性:虚拟机之间是完全隔离的,每个虚拟机的操作不会直接影响其他虚拟机或宿主操作系统。这种隔离性不仅提高了系统的安全性,还使得虚拟机能够独立进行重启、升级或故障排除,而不会对其他虚拟机造成影响。

(4) 灵活性与可移植性:虚拟机的操作系统和应用程序与底层硬件解耦,这意味着虚拟机可以很容易地在不同的物理机器之间迁移。这种可移植性使得数据中心和云计算环境中的资源调度更加灵活,从而提高了运维效率。

常见的虚拟机软件包括 VirtualBox、VMware Workstation、VMware ESXi、KVM 和 Hyper-V 等,它们广泛应用于开发测试、服务器虚拟化、桌面虚拟化及云计算等领域,成为现代 IT 基础架构的重要组成部分。

1.3.2 VMware 的安装

下面介绍如何在 Windows 系统上部署 VMware 软件。以 Windows 11 系统为例,可以通过微软商店或者 VMware 软件的官网获取安装包,然后进行如下的安装步骤。

(1) 双击 VMware 安装程序,启动安装,如图 1.1 所示。

(2) 单击"下一步"按钮,阅读相关的用户许可协议,并且勾选"我接受许可协议中的条款"复选框,继续单击"下一步"按钮,如图 1.2 所示。

图 1.1 运行 VMware 安装程序

图 1.2 阅读 VMware 最终用户许可协议

(3) 选择 VMware 安装目录,推荐安装到储存空间充足的盘符,如图 1.3 所示。

(4) 用户体验设置,根据默认选择即可,如图 1.4 所示。

图 1.3 选择安装位置

图 1.4 用户体验设置

Linux 介绍与安装

(5) 单击"下一步"按钮，在弹出的对话框中勾选"桌面"和"开始菜单程序文件夹"复选框，创建 VMware 的快捷方式，方便使用和查找，如图 1.5 所示。

(6) 单击"下一步"按钮，在弹出的对话框中单击"安装"按钮，开始安装，如图 1.6 所示。

图 1.5　快捷方式创建

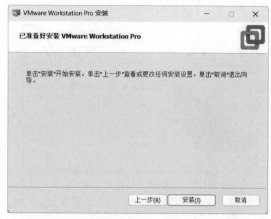

图 1.6　进行 VMware 软件的安装

1.3.3　创建和配置虚拟机

VMware 安装完成之后，打开软件可以看到主界面，如图 1.7 所示。接下来需要创建和配置虚拟机，准备部署安装 Ubuntu 操作系统。

图 1.7　VMware17 主界面

(1) 单击"创建新的虚拟机"，在出现的界面中选择"典型"，如图 1.8 所示。

(2) 单击"下一步"按钮，选择"稍后安装操作系统"，如图 1.9 所示，先进行其他方面的配置。

图1.8 创建虚拟机初始界面

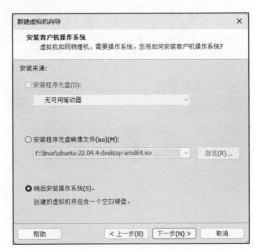
图1.9 准备安装虚拟机系统

(3) 单击"下一步"按钮,在弹出的窗口"选择客户机操作系统"中,单击选择 Linux(L),版本选择 Ubuntu,如图 1.10 所示。

(4) 单击"下一步"按钮,在弹出的窗口"命名虚拟机"中根据用户需要命名该虚拟机,以便之后在 VMware 中创建多个系统时能更好地区分所需要的部署环境。接着选择用户用来部署该 Ubuntu 的存储位置(建议保留足够的空间,以便更好地保留虚拟机的存储数据),如图 1.11 所示。

图1.10 选择客户机操作系统

图1.11 命名及选择位置

(5) 单击"下一步",在弹出的窗口"指定磁盘容量"中根据用户的需要划分磁盘容量及磁盘盘符。磁盘容量后续可以进行调整,可先默认分配 20GB;磁盘盘符划分为单个还是多个,主要取决于使用者的需要,如图 1.12 所示。如无特殊要求,默认即可。

(6) 单击"下一步",在弹出的窗口中单击"自定义硬件",如图 1.13 所示,进行下一步的配置。

Linux 介绍与安装

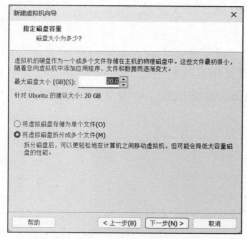
图 1.12　磁盘容量和磁盘盘符配置

图 1.13　自定义虚拟机硬件

（7）根据需要逐步配置内存、处理器、网络适配器等硬件，然后选择"新 CD/DVD(SATA)"选项，根据安装情况选择"使用物理驱动器"或者"使用 ISO 镜像文件"进行读取，如图 1.14 所示。

图 1.14　配置硬件

(8) 现在虚拟机配置已经完成，单击"完成"按钮即可。

1.3.4 安装 Ubuntu

根据以上操作配置好硬件及镜像后，便可以开始系统的安装。

(1) 打开 VMware 软件，选择刚配置好的 Ubuntu 虚拟机，单击"开启此虚拟机"，如图 1.15 所示。

图 1.15 启动 Ubuntu 虚拟机

(2) 在屏幕中利用方向键选择"Try or Install Ubuntu"并按 Enter 键对 Ubuntu 系统进行安装，如图 1.16 所示。

图 1.16 安装 Ubuntu 系统

(3) 配置 Ubuntu 系统语言，如图 1.17 所示。

图 1.17　配置 Ubuntu 系统语言

(4) 根据用户需要添加键盘布局，如图 1.18 所示。

图 1.18　配置 Ubuntu 系统键盘

(5) 选择正常安装，正常安装里面包括一些常用的软件，用户可根据自己的需求决定是否勾选安装，如图 1.19 所示。

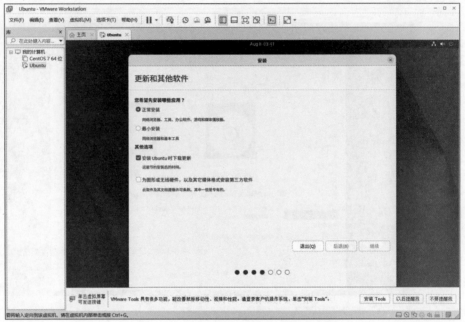

图 1.19 Ubuntu 更新和其他软件界面

(6) "安装类型"窗口会提示这台计算机似乎没安装操作系统，因为上述操作是新创建的虚拟机系统，磁盘是空白的，所以选择"清除整个磁盘并安装 Ubuntu"即可，然后单击"现在安装"，接着会提示是否将改动写入磁盘，选择"继续"即可，如图 1.20 所示。

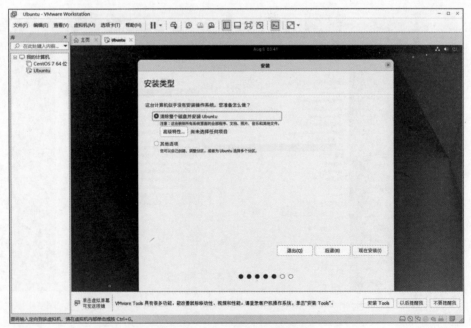

图 1.20 Ubuntu 安装类型选择

Linux 介绍与安装

(7) 选择对应的地区，如图 1.21 所示，然后单击"继续"。

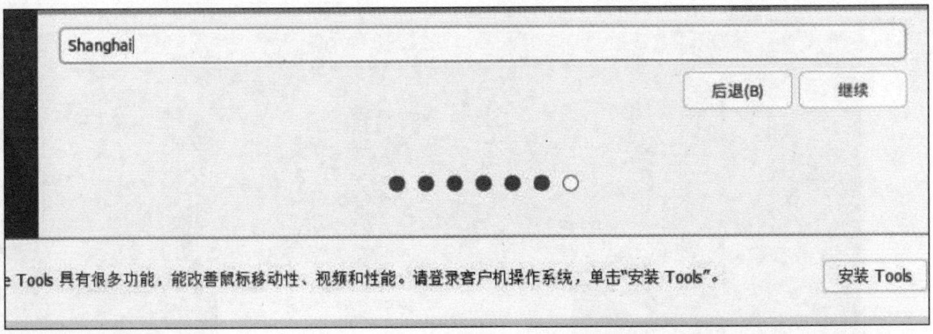

图 1.21 Ubuntu 地区选择

(8) 设置好个人用户信息及登录密码，然后单击"继续"，如图 1.22 所示。

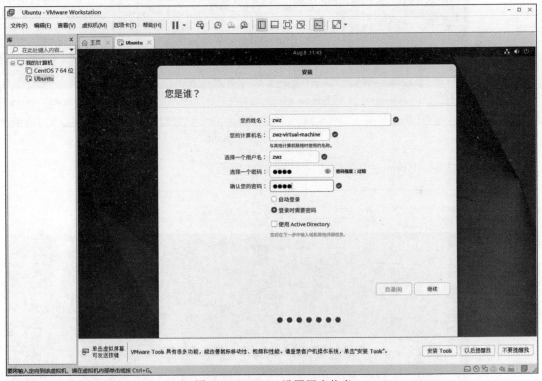

图 1.22 Ubuntu 设置用户信息

(9) 提示安装完成时，在弹出的窗口中单击"现在重启"，如图 1.23 所示。

15

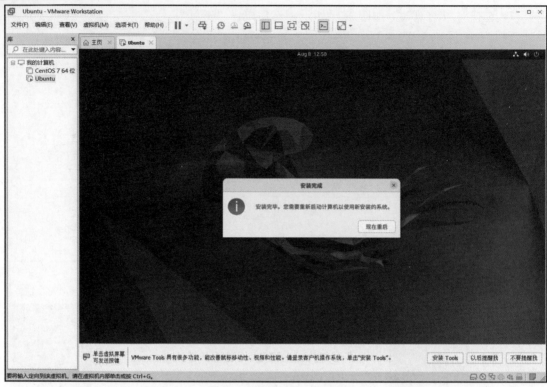

图 1.23　等待重启 Ubuntu

(10) 到此结束，Ubuntu 安装完成，如图 1.24 所示。

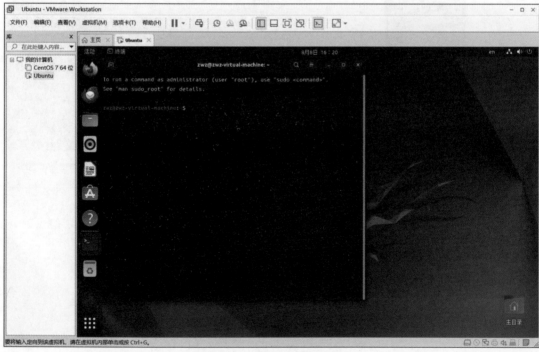

图 1.24　Ubuntu 安装完成

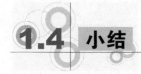
1.4 小结

本章全面介绍了 Linux 操作系统的基本信息、发展历程及 Linux 操作系统的特点，还介绍了 Linux 系统的各个版本，包括 Linux 系统的发展及应用情况。

接下来介绍了 Ubuntu 系统的基本情况及 Ubuntu 免费和开源、易于使用、稳定和安全、大量的软件支持、社区支持和活跃度、多平台支持等特点。

着重介绍了虚拟机的核心原理和在 Windows 系统上安装 VMware 软件的实际操作过程，通过 VMware 软件安装及部署 Ubuntu 系统，并进行基础配置的情况。

1.5 实验

实验题目：安装与配置 Ubuntu 操作系统。

实验要求：使用 VMware Workstation17 软件安装 Ubuntu 操作系统并进行正确地部署，安装完成后找到终端并打开。

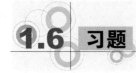
1.6 习题

1. 填空题

(1) Linux 系统中，用户可以使用丰富的_____和_____来高效执行任务。

(2) Linux 系统的广泛应用得益于其支持多用户、多任务操作及_____和_____等关键特性。

2. 单项选择题

(1) Linux 操作系统最早由(　　)创建。
  A. 比尔・盖茨　　　　　　　B. 史蒂夫・乔布斯
  C. 林纳斯・托瓦兹　　　　　D. 理查德・斯托曼

(2) 下列(　　)技术不是 Linux 系统中常用的虚拟化技术。
  A. KVM　　　B. Docker　　　C. VMware　　　D. NTFS

(3) 大多数 Linux 发行版使用的软件包管理系统不包括(　　)。
  A. APT　　　B. Yum　　　C. Pacman　　　D. Windows Installer

(4) (　　) Linux 发行版以其用户友好的界面和广泛的社区支持而闻名。
　　A. Arch　　　　　　B. Gentoo　　　　　C. Ubuntu　　　D. Slackware
(5) 以下(　　)不是 Linux 操作系统的特点。
　　A. 多用户支持　　　　　　　　　　　　B. 高性能
　　C. 专有软件授权　　　　　　　　　　　D. 良好的硬件兼容性

3. 讨论题
搜集资料并讨论分析 Linux 在服务器环境中广泛应用的原因，举例说明其在实际应用中的优势。

4. 简答题
描述虚拟机的工作原理及其安装关键步骤。

第 2 章

文件管理

本章主要介绍了 Linux 文件系统的层次结构、文件和目录的定义及操作，涵盖了文件类型、权限管理、链接的创建与区别，以及输入、输出重定向和常用文件操作命令。通过对本章的学习，读者能够更好地掌握 Linux 系统中高效管理文件的核心技能。

 本章学习目标

◎ 了解 Linux 文件系统的层次结构，文件和目录的定义及其相互关系，并能够认识 Linux 中各种文件的类型及使用场景。
◎ 掌握 Linux 文件操作的各种命令的用法。
◎ 理解 Linux 中的文件权限及文件权限的表示方法。
◎ 理解区分硬链接和软链接的区别，并能够熟练创建硬链接和软链接，理解它们在文件管理中的应用场景。
◎ 掌握输入重定向和输出重定向的概念。

本章思维导图

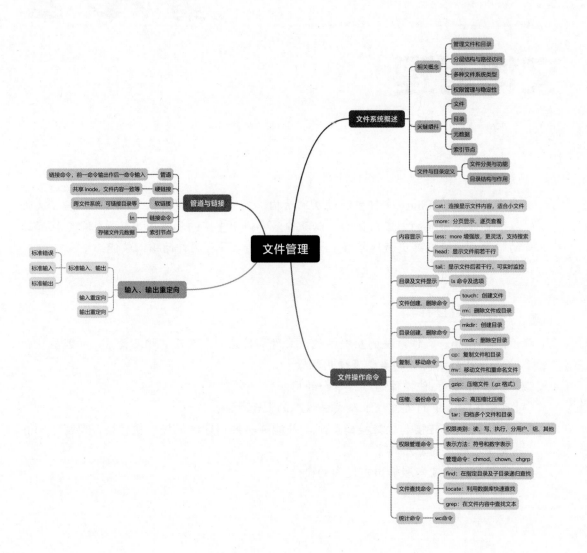

2.1 文件系统概述

在本小节，主要学习与 Linux 文件系统有关的基础知识，包括文件系统的有关概念、文件与目录的定义、文件的结构属性等，为接下来学习 Linux 文件操作及后续的脚本编写打下基础。

2.1.1 文件系统简介

文件系统在 Linux 操作系统中扮演着至关重要的角色，它负责管理和组织系统中的所有文件和目录。通过文件系统，操作系统能够定义文件如何被存储、命名、访问和管理，确保数据在存储设备上的高效读取和写入。文件系统不仅限于处理普通的文本或二进制文件，还包括管理目录结构、设备文件(如硬盘、鼠标、键盘等)、软链接、管道文件、套接字文件等特殊类型的文件。

在 Linux 中，文件系统采用分层的目录结构，所有文件和目录都在这棵树形结构中有明确的位置。这种结构从根目录"/"开始，逐级向下延伸，用户可以通过路径访问任意文件或目录。Linux 支持多种文件系统类型，如 Ext4、XFS、Btrfs 等，每种文件系统都有其特定的优点，如性能、可靠性、功能支持等。

Linux 文件系统还具有良好的权限管理机制，允许系统管理员精确控制用户对文件和目录的访问权限。这种权限管理机制不仅限于简单的读、写、执行权限，还可以通过 ACL(访问控制列表)进行更加细粒度的权限配置。文件系统的稳定性和可靠性也是 Linux 操作系统的重要特性，许多文件系统支持日志功能，能够在系统崩溃时快速恢复，确保数据的完整性。

Linux 文件系统不仅是操作系统中存储和组织文件的核心部分，还承担着保障数据安全、管理设备文件、实现多用户并发操作等多种任务。它的设计使得 Linux 系统在不同的应用场景下都能高效、稳定地运行。

在 Linux 中，常见的文件系统类型如表 2.1 所示。

表 2.1 常见的文件系统

文件系统类型	特点
Ext2/Ext3/Ext4	Ext 系列是最常见的 Linux 文件系统，其中 Ext4 是当前的主流文件系统，它支持更大的存储容量、更高的性能和更好的容错性
XFS	一种高性能文件系统，常用于高吞吐量的服务器和大型存储系统
Btrfs	现代化的文件系统，提供高级功能如快照、子卷、动态分配等，适合于需要灵活存储管理的环境

2.1.2 文件系统概念

文件系统提供了对存储设备的抽象，用户可以通过文件和目录来管理数据，而不必关心底层的物理存储细节。文件系统的关键组件包括文件、目录、元数据和索引节点(inode)。

(1) 文件：存储实际数据的单元，可以是文本、图片、视频等。

(2) 目录：文件的逻辑容器，可以包含子目录和文件。Linux 中的根目录为"/"，所有的文件和目录都是从根目录派生的。

(3) 元数据：存储有关文件的信息，如文件大小、创建时间、权限、所有者等。

(4) 索引节点：保存文件的元数据和指向存储块的指针，每个文件都有一个唯一的 inode。当用户在 Linux 中创建一个文件时，该文件的内容会被存储到硬盘上的特定块中，而 inode 则会记录这些块的位置信息。用户可以通过 ls -i 命令查看文件的 inode 号。

在学习文件系统操作前，需要了解一些基础的操作命令。在终端进行操作的时候，默认处理文件的是当前目录，如果需要切换目录，则需要使用 cd 命令。cd 命令有两个作用，一个作用是在终端打开指定文件夹，另一个作用是返回。

1. 打开指定目录

打开指定目录的格式如下：

```
cd 目录名
```

例如，在终端如果需要打开 test 目录，则需要使用 cd 命令，输入该命令：

```
cd  test/
```

即可在终端打开 test 目录，并且进行相关的操作。

2. 返回上一层

返回上一层的格式如下：

```
cd ..
```

使用该命令即可在终端返回上一层。

【例 2.1】 打开 test 目录，并利用 ls -i 命令查找 Linux.txt 文件的索引节点。

要对指定目录的文件进行编辑，首先需要打开指定目录，输入命令：

```
cd test/
```

即可进入 test 目录对 Linux.txt 文件进行处理，如图 2.1 所示。下一步使用 ls -i 命令来进行文件索引节点查找。查找 Linux.txt 文件的索引节点需要输入命令：

```
ls -i Linux.txt
```

查找结果如图 2.2 所示。

```
zwz@zwz-virtual-machine: $ cd  test/
zwz@zwz-virtual-machine:~/test$
```

图 2.1　利用 cd 指令打开指定目录

```
zwz@zwz-virtual-machine:    $ ls -i Linux.txt
1048630 Linux.txt
zwz@zwz-virtual-machine:    $
```

图 2.2　利用 ls -i 指令查找 inode

此命令输出的数 1048630 就是 Linux.txt 的 inode 号，它用于操作系统快速定位文件的存储位置。

2.1.3　文件与目录的定义

1. 文件

在 Linux 系统中，文件是存储数据的基本单位，是一个能够保存各种信息的容器。文件不仅可以包含文本数据，还可以存储程序代码、音频、视频、图像等多种类型的内容。所有类型的文件在 Linux 系统中都以字节流的形式表示，文件系统管理这些文件，并提供操作和访问的接口。

根据功能和用途的不同，Linux 中的文件分为以下几类。

(1) 普通文件。

① 文本文件：包含人类可读的字符数据，如源代码文件、配置文件、日志文件等。

② 二进制文件：包含非文本数据，如图像文件、音频文件、视频文件等，这些文件通常不直接以文本形式显示。

③ 可执行文件：包含可以被系统直接执行的二进制代码，如命令行工具、应用程序等。

(2) 目录文件。目录文件用于组织和管理文件，保存文件名和对应的 inode 信息的映射关系。虽然目录本身也是文件，但它的内容是其他文件和子目录的列表。在 Linux 中，目录的作用类似于文件夹，用于分层管理文件，形成文件系统的层次结构。

(3) 设备文件。设备文件代表硬件设备，如硬盘、键盘、鼠标等。设备文件使用户能够通过文件操作来与硬件设备进行交互，分为以下两种类型。

① 字符设备。一次读取或写入一个字符，适用于键盘、串口等。

② 块设备。一次读取或写入固定大小的数据块，适用于硬盘、光驱等存储设备。

(4) 套接字文件。套接字文件是用于进程间通信的特殊文件，通常用于网络通信。通过套接字文件，进程可以在不同的机器或同一台机器上通过网络协议进行数据传输，实现灵活的通信机制。

(5) 管道文件。管道文件是用于进程间通信的另一种特殊文件，通常用于在同一台计算机上的进程之间传递数据。管道文件可以在没有网络的情况下实现进程间的数据流传输，支持单向或双向通信。

2. 目录

目录在 Linux 系统中是文件的集合。文件系统以树状结构来表示，其顶端是根目录"/"，所有其他文件和子目录都是从根目录派生出来的。在这个树形结构中，目录可以包含多个文件和子目录，使文件系统的组织更加清晰有序。

每个目录中都包含文件和其他子目录的列表，并通过 inode 管理这些文件和子目录的位置信息。目录不仅是组织文件的工具，也是 Linux 文件系统管理的重要组成部分。通过目录，用户可以方便地浏览、查找和管理文件。每个目录中包含文件和其他子目录的列表，目录结构示例如表 2.2 所示。

表 2.2 Linux 的典型目录结构

目录	作用
bin	存放基本命令的二进制文件
boot	存放启动加载器的文件
dev	存放设备文件
etc	存放配置文件
home	存放用户文件
lib	存放系统库文件
usr	存放用户安装的软件

tree 是 Linux 系统中一个非常实用的命令，它用于以树状结构显示目录及其内容。相比传统的 ls 命令，tree 命令可以递归地列出目录中的所有文件和子目录，并以树形结构的形式展现，直观地显示整个文件系统的层次关系。无论是查看目录的复杂结构，还是理解文件的组织方式，tree 命令都能提供清晰的可视化效果。在使用 tree 命令之前，需要安装该命令才能使用，在终端中输入命令：

sudo snap install tree

对 tree 命令进行安装。输入 tree 指令即可显示 Linux 系统的目录，如图 2.3 所示。

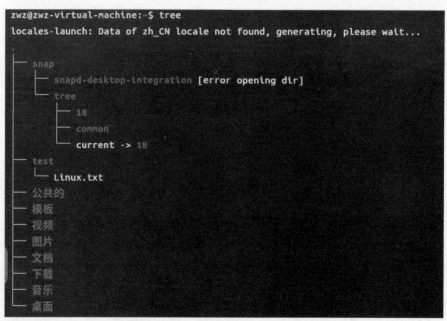

图 2.3 利用 tree 指令查看 Linux 系统目录

除基础的 tree 命令外，还能使用其他的选项实现该命令的不同功能，常用的选项如表 2.3 所示。

表 2.3 tree 命令常用选项

选项	含义	示例
-L [level]	限制显示的目录深度	tree -L 2
-d	仅显示目录，不显示文件	tree -d
-a	显示所有文件，包括隐藏文件	tree -a
-f	显示文件的完整路径	tree -f
-i	不显示树形连接线	tree -i
-p	显示文件权限	tree -p
-s	显示文件大小	tree -s
-h	以人类可读的格式显示文件大小	tree -sh
-t	按文件修改时间排序	tree -t
-r	反向排序文件和目录	tree -r

2.1.4　文件的结构、类型和属性

1. 文件的结构

文件可以按其内容和存储方式进行分类。最简单的文件结构是顺序结构，即文件中的字节按顺序存储，这种结构多见于文本文件。复杂的文件如数据库文件，更多采用索引、分页等结构来高效管理大数据。

(1) 根目录是整个文件系统的起点，所有的文件和目录都位于它的下方。通常，根目录下只包含最核心的系统文件和目录。

(2) /bin 目录存放着基本的用户命令(即二进制可执行文件)，这些命令在系统单用户模式下也可以使用。常见命令如 ls、cp、mv 都在此目录中。

(3) /boot 目录包含引导加载程序和与启动系统相关的文件，如内核和启动配置文件。

(4) /dev 目录保存了所有设备文件，设备文件用于访问系统的硬件设备。每个硬件设备都被表示为一个文件，例如硬盘、USB 设备等。

(5) /etc 目录包含系统的全局配置文件。例如，用户密码文件(/etc/passwd)、网络配置文件等都位于此目录。

(6) 每个用户在/home 目录下都有自己独立的主目录，用于存储用户的个人文件和配置文件，例如/home/user_name。

(7) /lib 目录保存与基本系统程序一起使用的共享库文件(类似于 Windows 的.dll 文件)。例如，C 库(glibc)文件通常位于此目录。

(8) /media 目录用于挂载可移动设备，如光盘、USB 驱动器等。当插入这些设备时，系统会自动创建挂载点。

(9) /mnt 目录是手动挂载文件系统时使用的临时挂载点。系统管理员可以在这个目录下临时挂载文件系统。

(10) /opt 目录主要用于安装附加的第三方软件包，通常用于非默认的应用程序。

(11) /proc 目录是一个虚拟文件系统，提供与系统进程和内核相关的信息。它不存储实际文件，而是存储系统的运行时信息。可以通过查看此目录来获取内核、进程和硬件信息。

(12) /root 目录是系统管理员(超级用户)的主目录,与普通用户的主目录类似。

(13) /sbin 目录包含系统管理员使用的可执行文件,如系统修复和启动脚本。普通用户通常不需要访问这些命令。

(14) /srv 目录用于存储系统服务的数据,如网站的数据、FTP 服务的数据等。

(15) /tmp 目录用于存放临时文件,任何用户或程序都可以在此目录中写入数据,系统重启后该目录中的文件可能会被自动删除。

(16) /usr 目录包含了系统的大部分用户应用程序和文件。它是一个分层次的目录结构,内部有 bin、lib、local、share 等子目录,存放用户安装的应用程序、文档等。

(17) /var 目录包含经常变化的文件,如日志文件、缓存文件、邮件队列等。

2. 文件的类型及属性

文件类型包括普通文件、目录、软链接文件、设备文件、管道文件和套接字文件。通过 ls -l 命令可以查看文件的详细信息,其中文件类型通过文件权限列表的第一个字符进行区分。

(1) 普通文件(-): 普通文件的标识符是-,通常用于存储数据、脚本、二进制程序等。

(2) 目录(d): 以 d 表示,目录是包含其他文件和子目录的文件类型,用于组织文件系统的结构。

(3) 软链接(l): 软链接文件用 l 标识,它指向另一个文件或目录,类似于 Windows 中的快捷方式。

(4) 块设备(b): 块设备文件以 b 开头,表示可供随机访问的设备,如硬盘、光盘等。

(5) 字符设备(c): 字符设备文件用 c 标识,用于顺序访问设备,如键盘、鼠标等。

(6) 管道文件(p): 管道文件用 p 表示,通常用于进程间通信(IPC),以单向数据流的形式传输信息。

(7) 套接字文件(s): 套接字文件用 s 表示,主要用于网络通信,支持双向数据流。

如图 2.4 所示,其中的输出显示了文件 file1.txt 的权限、所有者、所属组、大小、修改时间等属性。-rw-r-----表示文件的权限:所有者有读写权限,组用户只有读权限,其他用户没有权限。

```
zwz@zwz-virtual-machine: $ ls -l file1.txt
-rw-r-----  1 zwz zwz 12  9月  14 21:07 file1.txt
zwz@zwz-virtual-machine: $ S
```

图 2.4 文件属性示例

2.2 文件操作命令

在 Linux 操作系统中,最基础的操作就是对文件进行操作,包括目录和目录的创建、移动、复制、重命名、压缩、权限管理等,本节讲述了多个常用的文件操作命令及语法,能为接下来学习 Linux 操作系统奠定良好的基础。

2.2.1 显示文件内容

在 Linux 系统中,用户可以使用多种命令来查看文件的内容,常用的命令包括 cat、more、less、head 和 tail。这些命令各有特点,适用于不同的场景。

(1) cat 命令:用于将一个或多个文件的内容连接并显示在终端中。cat 命令适合快速查看小型文件的全部内容,因为它会一次性输出文件的所有内容到屏幕。如果文件较大,输出可能会超出终端显示范围,因此不太适合查看长文件。利用 cat 命令查看文件内容,如图 2.5 所示。

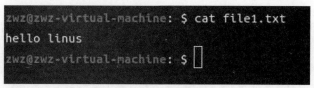

图 2.5　cat 命令示例

(2) more 命令:用于分页显示文件内容。与 cat 不同,more 允许用户逐页查看文件内容,通过按 Space 键翻页,按 Enter 键逐行显示。它适合查看较大的文件,但功能相对 less 较为简单,例如无法向上滚动查看内容。

(3) less 命令:是 more 的增强版,提供了更灵活的分页浏览功能。除了可以像 more 一样向下翻页,less 还允许用户使用箭头键向上滚动查看已显示的内容,这使得它成为查看大文件的理想选择。此外,less 还支持搜索功能,用户可以通过输入"/"来查找特定的文本。

(4) head 命令:用于显示文件的前若干行,默认情况下,它会输出文件的前 10 行内容。用户可以通过-n 选项指定要显示的行数。head 命令非常适合快速查看文件的开头部分,如日志文件的最新条目。

(5) tail 命令:与 head 相对,tail 命令用于显示文件的最后若干行,默认输出文件的最后 10 行。通过-f 选项,tail 还可以实时监控文件末尾的内容变化,常用于跟踪日志文件的更新情况。

这些命令在文件管理和查看过程中非常有用,根据文件大小和具体需求选择合适的命令,可以显著提高效率和便捷性。

2.2.2 显示目录及文件

ls 命令是 Linux 系统中最常用的命令之一,用于列出指定目录中的文件和子目录。通过 ls 命令,用户可以轻松查看目录的内容,包括普通文件、目录、软链接等。以下是 ls 命令的一些常见选项及其功能的详细说明。

(1) -l 选项:此选项会以长格式显示文件和目录的详细信息,包括文件类型、权限、硬链接数、所有者、所属组、文件大小、最后修改时间及文件名等。使用 ls -l 可以帮助用户更全面地了解每个文件的属性。例如,ls -l 的输出结果中,权限信息部分(如-rw-r-----)表示文件的读写权限分配情况。

(2) -a 选项：默认情况下，ls 命令不会显示以点(.)开头的隐藏文件。使用-a 选项，用户可以查看包括隐藏文件在内的所有文件和目录。这对于检查配置文件或系统文件非常有用，例如.bashrc、.gitignore 等。

(3) -r 选项：此选项用于递归显示目录中的内容，不仅列出当前目录，还会列出所有子目录及其内容。对于需要查看整个目录结构的情况，ls -r 是一个非常有效的工具。

通过结合这些选项，ls 命令可以提供丰富的文件和目录信息，帮助用户更好地管理和组织文件系统。例如，ls -lar 命令将显示指定目录及其所有子目录中的所有文件，包括隐藏文件，并以详细格式输出。利用 ls 命令并且利用不同的选项显示文件及目录，如图 2.6 所示。

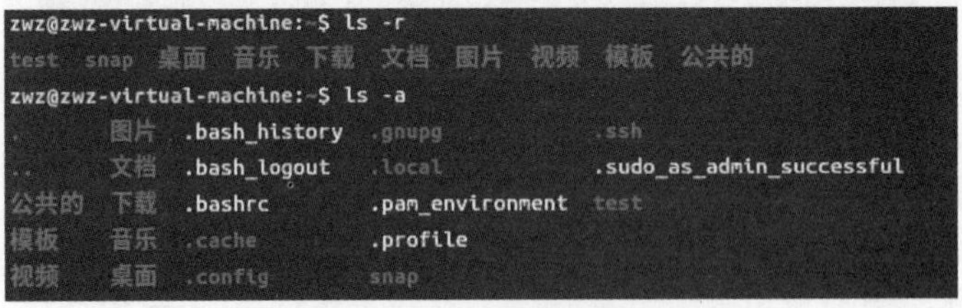

图 2.6　ls 命令示例

2.2.3　文件创建、删除命令

在 Linux 系统中，文件可以通过 touch 命令创建，也可以通过编辑器如 vim 创建。文件的删除则可以使用 rm 命令。rm 可以删除单个文件或目录中的所有文件(使用-r 选项递归删除目录)。

1. touch 命令

通过 touch 命令，可以在当前目录创建文件。其命令格式为：

touch 文件名

2. rm 命令

通过 rm 命令，可以删除单个文件或者目录中的所有文件。其命令格式为：

rm 文件名

【例 2.2】利用 touch 命令创建 work1.txt 文件。

在终端输入命令：

touch work1.txt

在终端输入 touch work1.txt 即可创建 work1.txt 文件，并且输入 ls 命令查看是否已经创建，如图 2.7 所示。

图 2.7 利用 touch 命令创建文件

【例 2.3】使用 rm 命令删除 work1.txt 文件。
在终端输入命令：

rm work1.txt

通过 rm 命令即可删除 work1.txt，利用 ls -l 查看 Documents 文件夹，可以看到已经删除 work1.txt，如图 2.8 所示。

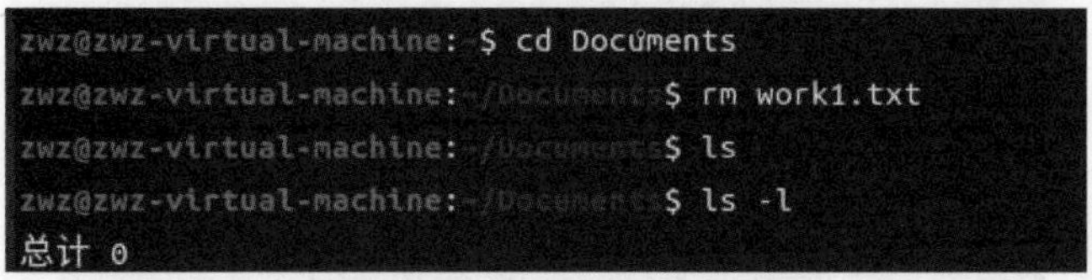

图 2.8 利用 rm 命令删除文件

2.2.4 目录创建、删除命令

1. 创建目录

使用 mkdir 命令可以创建目录，其命令格式为：

mkdir 目录名

如图 2.9 所示，利用 ls -l 命令查看，可以看到创建了一个名为 Music 的目录。

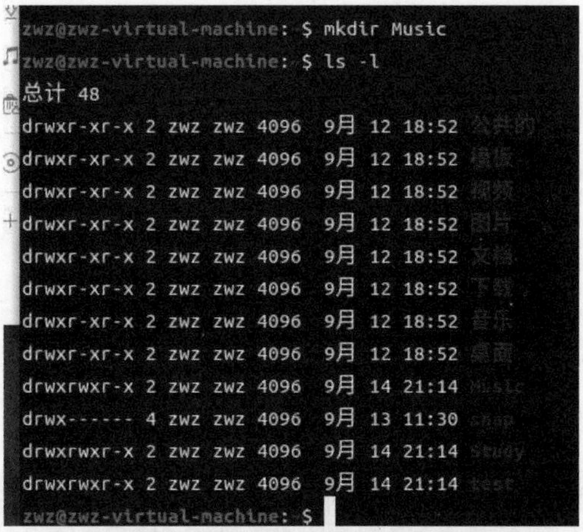

图 2.9 利用 mkdir 命令创建目录

2. rmdir 删除空目录命令

使用 rmdir 命令可以删除空目录，对于非空目录，通常使用 rm -r 来递归删除其所有内容。

其命令格式为：

rmdir 文件名

例如，需要删除 directory_1 这个空文件夹，输入命令 rmdir directory_1 即可删除该空目录。如果这个目录里面存在一个文件，那么利用 rmdir 指令是无法对该目录进行删除的，并且会报错。如图 2.10 所示，directory_1 里面存在着一个名为 file1.txt 的文件，无法直接进行删除，提示目录非空。利用 rm 命令删除 file1.txt 文件后，可以正常对 directory_1 目录进行删除。

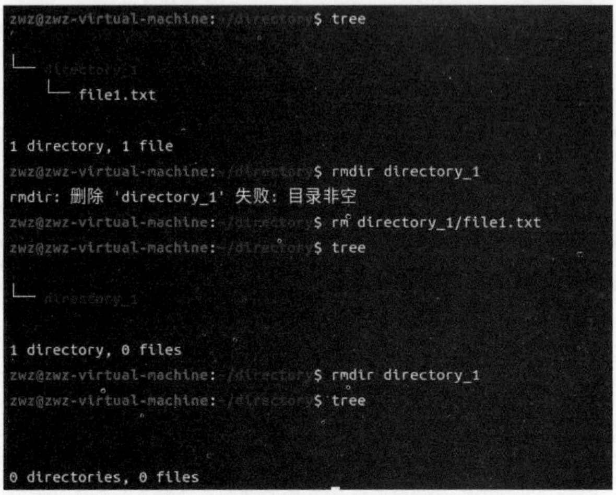

图 2.10　rmdir 命令示例

2.2.5　复制、移动命令

1. 复制命令

文件和目录的复制使用 cp 命令，cp 命令的语法为：

cp 文件名 路径

cp -r 可以递归复制目录。

【例 2.4】使用 cp 命令把 file1.txt 文件复制到 Study 文件夹。

输入命令：

cp file1.txt Study/

即可把 file1.txt 复制到 Study 文件夹，如图 2.11 所示。

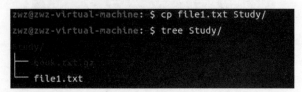

图 2.11　使用 cp 命令复制 file1.txt 文件

【例 2.5】使用 cp 命令把 work 及 file2.txt 文件复制到 Study 文件夹。
命令如下：

cp work file2.txt Study/

该命令把 work 和 file2.txt 文件复制到 Study 文件夹，如图 2.12 所示。

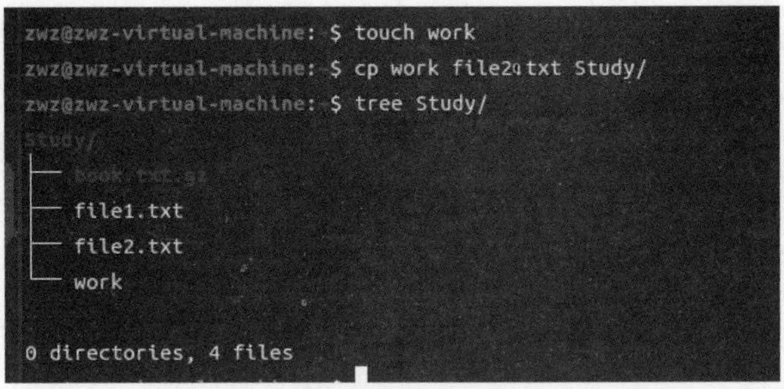

图 2.12　利用 cp 命令复制多个文件

通过增加不同的命令选项，可以让 cp 命令实现更多的功能，常见的命令选项如表 2.4 所示。

表 2.4　cp 命令常用选项

选项	作用
-r	递归复制目录及其内容
-i	覆盖文件时提示确认
-v	显示详细信息，列出每个复制的文件
-u	只在源文件比目标文件新或目标文件不存在时才复制

2. 移动和重命名命令

mv 命令的主要作用是移动文件和重命名文件，两种用法使用的语法分别如下。
(1) 移动文件，格式如下：

mv 文件名 路径

(2) 重命名文件，格式如下：

mv 文件名 新文件名

【例 2.6】利用 mv 命令，把 work 文件移动到 Music 文件夹。
输入命令：

mv work /home/zwz/Music

该命令执行结果如图 2.13 所示，把 work 文件移动到 Music 文件夹。

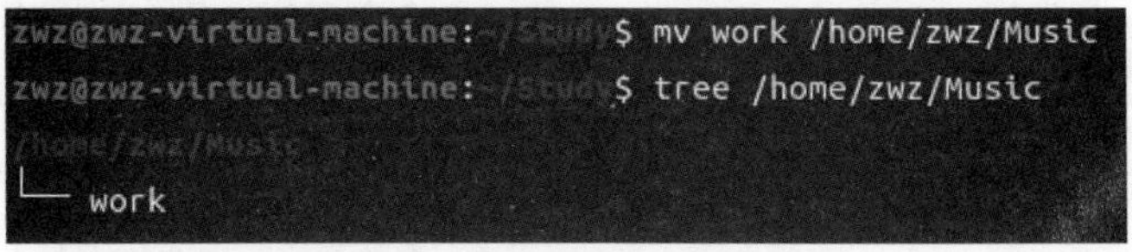

图 2.13　mv 命令移动示例

【例 2.7】利用 mv 命令，把 work 文件重命名为 weekwork。

输入命令：

```
mv work weekwork
```

执行结果如图 2.14 所示，利用 mv 命令把 work 文件重命名为 weekwork。

图 2.14 mv 命令重命名示例

通过增加不同的命令选项，可以让 mv 命令实现更多的功能，常见的命令选项如表 2.5 所示。

表 2.5 mv 命令常用选项

选项	作用
-i	移动文件时，如果目标文件已存在，提示确认
-u	只移动源文件比目标文件新或目标文件不存在的文件
-v	显示详细信息，列出每个移动的文件

2.2.6 压缩、备份命令

Linux 提供了多种压缩工具，如 gzip、bzip2 和 xz，可以将文件压缩以节省存储空间。一般主要使用 gzip 和 bzip2，但是需要根据不同情况选择，表 2.6 是两种压缩工具的对比表。tar 命令可以将多个文件和目录归档为一个文件，以便于备份。

表 2.6 gzip 与 bzip2 对比

特性	gzip	bzip2
压缩率	通常较低	通常较高
压缩速度	较快	较慢
解压速度	较快	较慢
生成的文件扩展名	.gz	.bz2
算法	DEFLATE	Burrows-Wheeler 算法和 Run-Length 编码
CPU 使用率	较低	较高
应用场景	适合快速压缩和解压，特别是大文件	适合高压缩比要求的数据或网络传输
兼容性	广泛支持，几乎所有平台都支持	支持性略低于 gzip
内存使用量	较低	较高
是否支持多线程	不支持	不支持，但可通过 pbzip2 实现
常用命令	gzip file.txt / gunzip file.txt.gz	bzip2 file.txt / bunzip2 file.txt.bz2

如果要压缩成 gzip 格式，压缩命令为：

```
gzip 文件名
```

【例 2.8】压缩 Study/book.txt 文件。

对 book.txt 这个文件进行压缩，需要输入以下命令：

gzip booktxt

如图 2.15 所示，输入 ls 命令，可以看到该 book.txt 文档已经被压缩成 book.txt.gz。

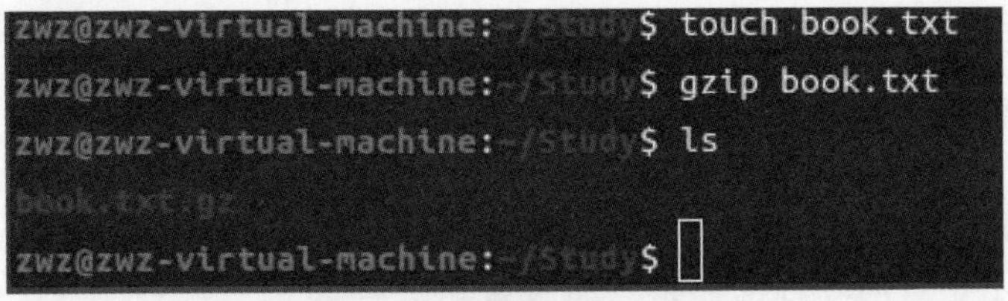

```
zwz@zwz-virtual-machine:~/Study$ touch book.txt
zwz@zwz-virtual-machine:~/Study$ gzip book.txt
zwz@zwz-virtual-machine:~/Study$ ls
book.txt.gz
zwz@zwz-virtual-machine:~/Study$
```

图 2.15　gzip 压缩命令示例

如果需要压缩成 bzip2 格式，压缩命令为：

bzip2 文件名

2.2.7　权限管理命令

在 Linux 系统中，权限管理是保证系统安全和文件访问控制的核心部分。每个文件和目录都有一套权限设置，这些权限决定了哪些用户和用户组可以读取、写入或执行文件。

1. 文件的权限

文件的权限有以下三个。

(1) 读取权限 r(read)：允许查看文件内容或列出目录内容。

(2) 写入权限 w(write)：允许修改文件内容或创建、删除、重命名目录中的文件。

(3) 执行权限 x(execute)：允许执行文件或进入目录。

2. 文件权限的类别

每个文件的权限被划分为三个类别。

(1) 用户(User, u)：文件的所有者。

(2) 组(Group, g)：所有者所在的用户组。

(3) 其他(Others, o)：系统中的其他用户。

3. 文件权限的表示方法

文件权限通常通过两种方式表示。

(1) 符号表示法：如"rwxr-xr--"，每三个字符表示一组权限，分别为用户、组和其他的权限。

(2) 数字表示法：每个权限位用数字表示，r=4，w=2，x=1。例如，755 表示 rwxr-xr-x。文件权限表示方法如表 2.7 所示。

表 2.7　文件权限表示法

权限位	含义	数字表示	字母表示	说明
1	执行权限	1	x	允许执行文件或进入目录
2	写权限	2	w	允许修改文件或目录
4	读权限	4	r	允许读取文件或查看目录内容
6	全部权限	7	rwx	读、写、执行权限全部赋予

4. 权限管理命令

在权限管理中一些常用的命令如下。

(1) chmod：用于更改文件或目录的权限。

(2) chown：用于更改文件或目录的所有者和用户组。

(3) chgrp：用于更改文件或目录的用户组。

【例 2.9】把 file1.txt 文件设置成所有者能够读写该文件，但不允许执行，用户组只能读取，而其他用户没有权限访问。

根据题目要求，所有者能够读写，因此权限为 r=4，w=2；用户组只有读取权限，则权限为 r=4；其他用户没有权限访问，则权限为 0。根据数字表示法，要使得 file1.txt 文件满足题目要求，则使用 chmod 命令设置权限为 640，命令如下：

chmod 640 file1.txt

执行完命令后，利用 ls -l 可以对文件的权限进行查看，如图 2.16 所示。

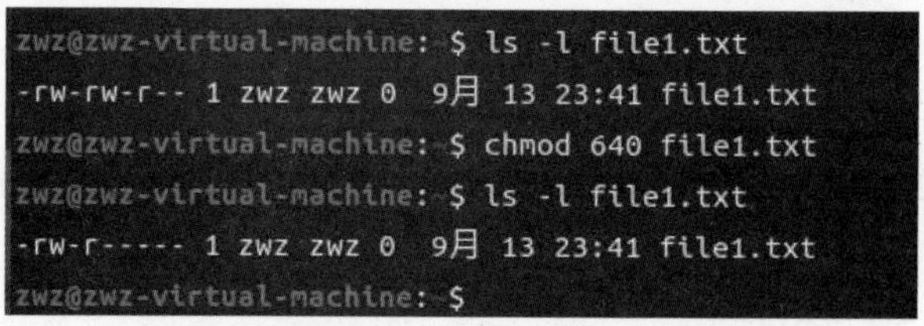

```
zwz@zwz-virtual-machine:$ ls -l file1.txt
-rw-rw-r-- 1 zwz zwz 0 9月 13 23:41 file1.txt
zwz@zwz-virtual-machine:$ chmod 640 file1.txt
zwz@zwz-virtual-machine:$ ls -l file1.txt
-rw-r----- 1 zwz zwz 0 9月 13 23:41 file1.txt
zwz@zwz-virtual-machine:$
```

图 2.16　利用 chmod 命令修改文件权限

2.2.8　文件查找命令

在使用 Linux 系统时，有时需要进行一定的检索操作来找到需要的文件或者图片。Linux 中的 find 命令可以根据各种条件查找文件。locate 命令则利用事先建立的数据库进行快速查找。grep 命令可以在文件内容中查找匹配的文本。常用的搜索命令如下。

(1) find 命令：在指定目录及其子目录中递归查找文件或目录，支持多种查找条件，如文件名、类型、大小、修改时间等。该命令的格式为：

find 起始目录 查找条件 处理动作

(2) locate 命令：在系统的文件数据库中快速查找文件。相比 find 命令，locate 命令查找速度更快，但需要先更新数据库。该命令的格式为：

locate 选项 文件名

(3) grep 命令：在文件内容中查找匹配的文本字符串或正则表达式。

grep 选项 搜索模式 文件名

【例 2.10】查找 file1.txt 文件。

输入 find 命令进行搜索，根据要求需要在终端输入：

find . -name "file1.txt"

搜索结果如图 2.17 所示。

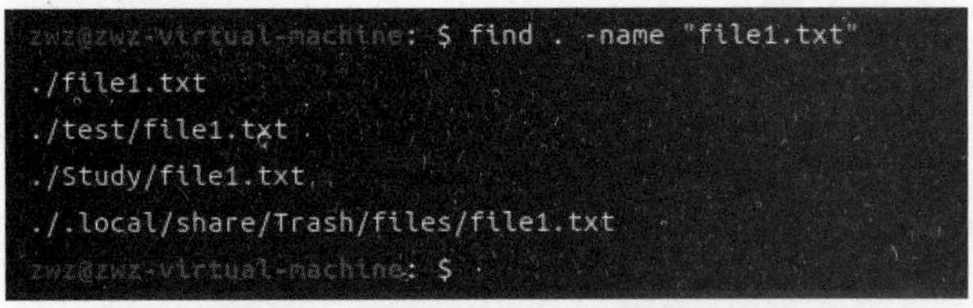

图 2.17　利用 find 命令进行搜索

如需要使用 locate 命令，则需要更新数据库。如果没有更新数据库，则会出现如图 2.18 所示的安装提示，在终端输入 sudo apt install plocate 进行 locate 数据库更新即可(执行此操作需要连接网络)。安装完成后的界面如图 2.19 所示。

图 2.18　locate 命令报错

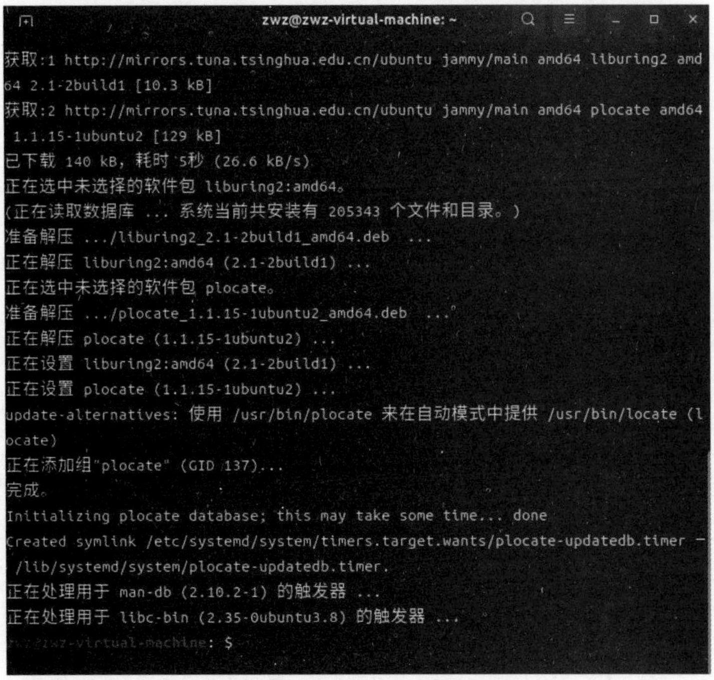

图 2.19　locate 命令安装完成

安装完成后即可使用 locate 命令对文件进行快速搜索，如图 2.20 所示。

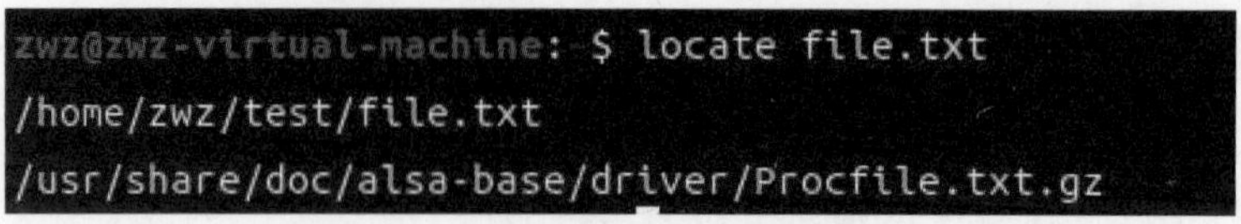

图 2.20 利用 locate 命令进行搜索

如果利用 grep 搜索包含文字 hello 的文件，需要使用命令

grep -r hello

进行检索，如图 2.21 所示。

利用 grep 搜索包含文字 hello 的行，需要使用

grep "hello" zwz123.txt

进行检索，如图 2.21 所示。

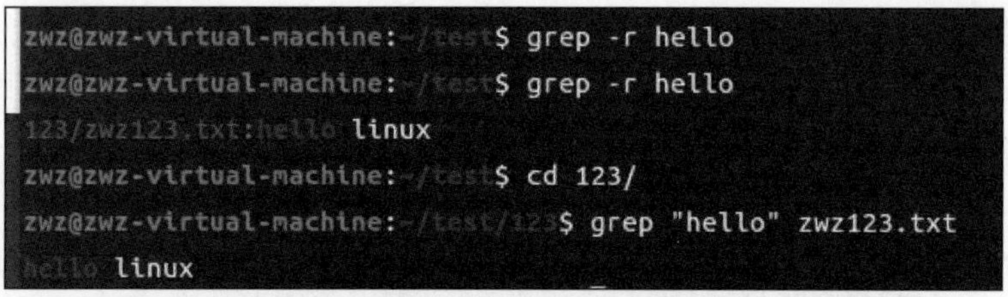

图 2.21 利用 grep 命令进行文字搜索

通过增加不同的命令选项，可以让命令实现更多的功能，find 命令、locate 命令、grep 命令的常用命令选项分别如表 2.8、表 2.9、表 2.10 所示。

表 2.8 find 命令常用选项

指令	作用
-name "pattern"	按名称查找文件，支持通配符
-iname "pattern"	忽略大小写，按名称查找文件
-type [d/f/l]	按类型查找文件或目录，其中 d 表示目录，f 表示文件，l 表示软链接
-size [+-n][c/k/M/G]	按大小查找文件，如+100M 表示查找大于 100MB 的文件
-mtime n	查找 n 天前修改的文件，-n 表示最近 n 天，+n 表示超过 n 天
-atime n	查找 n 天前访问的文件，类似-mtime
exec command {} \	查找后执行指定命令，如删除找到的文件
-user username	查找属于指定用户的文件

示例：find /home -type f -name "*.txt" -size +10M -exec rm {} \ 查找 /home 目录中大于 10MB 的 .txt 文件，并删除它们。

表 2.9 locate 命令常用选项

指令	作用
-i	忽略大小写查找
-r "regex"	使用正则表达式查找文件
--existing	仅显示当前实际存在的文件

示例：locate -i "*.jpg" -n 10 忽略大小写查找.jpg 文件，并显示前 10 个结果。

表 2.10 grep 命令常用选项

指令	作用
-i	忽略大小写匹配
-r 或 -R	递归查找文件内容
-v	反向匹配，即显示不包含匹配内容的行
-n	显示匹配内容所在行号
-l	显示包含匹配内容的文件名，而不是内容本身
--color	为匹配的部分加上颜色，便于识别

示例：grep -i -n "error" /var/log/syslog 在 /var/log/syslog 文件中忽略大小写查找 "error"，并显示行号。

2.2.9 统计命令 wc

wc 命令用于统计文件中的行数、单词数和字符数。该命令可以结合其他命令一起使用，以便于处理复杂的文本分析任务。其命令格式为：

wc 文件名

通过不同的选项，可以让 wc 命令实现不同的功能，详情如表 2.11 所示。

表 2.11 wc 命令常用选项

指令	作用
-l	统计每个文件的行数
-w	统计每个文件的单词数
-m	统计每个文件的字符数(包括多字节字符)

【例 2.11】假设有两个文件 file1.txt 和 file2.txt，要求统计这两个文件的行数、单词数、字符数，文件内容分别如下。

1. file1 的文件内容

Hello World
This is a test file.

2. file2 的文件内容

Another file here.
With more content.

对两个文件的行数、单词数、字符数进行统计，则需要使用 wc 命令：

wc -lwm file1.txt file2.txt

运行完指令后，输出结果如图 2.22 所示。

图 2.22　wc 命令输出结果

可得知输出的结果为：file1.txt 中有 2 行、7 个单词、34 个字符；flile2.txt 中有 2 行、6 个单词、39 个字符。

2.3　输入、输出重定向

本小节介绍了 Linux 系统中标准输入、标准输出和标准错误的概念，并详细讲解了如何通过重定向符号将命令的输入与输出从默认终端转向文件或其他命令，涵盖了输入重定向、输出重定向和错误重定向的应用场景，能够更好地理解 Linux 中的数据流处理方式及其灵活运用。

2.3.1　标准输入、输出和标准错误

在 Linux 中，每个进程默认拥有三个文件描述符，它们分别是：标准输入(stdin)、标准输出(stdout)和标准错误(stderr)。这些文件描述符与终端的输入和输出设备相连，使得进程能够与用户进行交互和数据处理。

1. 标准输入

标准输入是 Linux 系统中用于接收外部数据的默认通道，通常与用户的键盘相连接。在大多数命令行程序中，标准输入是程序与用户交互的主要方式，程序通过它接收用户输入的数据，然后对这些数据进行处理。在 Linux 系统中，标准输入由文件描述符 0 表示。

标准输入并不仅限于键盘输入，还可以通过输入重定向(input redirection)从文件或其他命令中获取数据。例如，标准输入可以通过"<"符号将文件内容传递给命令，而不是从键盘输入。标准输入的灵活性使得 Linux 系统在数据处理上非常强大。

示例：使用 cat 命令演示标准输入。

为了更好地理解标准输入的工作原理，可以使用 cat 命令进行演示理解。cat 命令通常

用于显示文件内容，但如果不指定文件，它会默认从标准输入读取数据。

在终端中，输入以下命令：cat，当按下回车键后，cat 命令会等待用户的输入，此时在终端输入的任何内容都会通过标准输入传递给 cat 程序，程序随后会将这些内容直接输出到终端显示。这就是标准输入的一个简单示例。例如，在命令行输入 cat 并按下回车键；输入字符串"hello linus"并按下回车键，看到终端立即输出用户刚输入的内容，如图 2.23 所示。

在图 2.23 中，hello linus 是通过标准输入(键盘)传递给 cat 命令的内容，而 cat 命令则将这些输入通过标准输出(终端)显示出来。

当用户完成输入后，可以使用 Ctrl+D 组合键来表示输入结束。这将向 cat 命令发送一个 EOF(文件结束符)，告诉它不再接收输入，程序将退出并返回到终端提示符，等待用户输入新的命令。

这种使用标准输入的方式不仅限于 cat 命令，在许多其他命令行工具和脚本中，也会频繁遇到类似的场景。标准输入作为 Linux 中的数据交互通道，为程序提供了与用户和其他进程通信的能力，极大地增强了命令行的灵活性和功能性。

```
zwz@zwz-virtual-machine:~$ cat
hello linus
hello linus
```

图 2.23　cat 标准输入

2. 标准输出

标准输出是 Linux 系统中用于将程序处理结果输出到默认位置的通道，通常情况下，这个默认位置是终端屏幕。通过标准输出，程序可以将执行结果、状态信息或其他输出内容显示给用户，从而实现与用户的直接交互。在 Linux 系统中，标准输出由文件描述符 1 表示。

绝大多数命令行程序默认使用标准输出来显示操作结果，例如，当用户执行一个命令时，命令的输出结果会自动显示在终端上。这种输出机制不仅适用于简单的文本信息，还可以用于展示更复杂的数据、命令执行状态及错误提示等。

为了更直观地理解标准输出的概念，可通过 echo 命令来演示其基本功能。echo 命令用于将文本或变量的值输出到标准输出(即终端屏幕)。在终端中，输入以下命令：echo "hello linux"，执行这条命令后，echo 会将字符串"hello linux"通过标准输出直接显示在终端上，输出结果如图 2.24 所示。

```
zwz@zwz-virtual-machine:~$ echo "hello linux"
hello linux
```

图 2.24　标准输出

在这个案例中，echo 命令将用户指定的文本"hello linux"输出到标准输出，也就是终端屏幕。这是标准输出的最基本操作方式，它使得用户能够在终端上即时看到命令执行的结果。

在 Linux 系统中，标准输出是一个非常重要的概念。它不仅适用于简单的文本输出，还广泛用于命令行工具、脚本编写和各种程序的执行结果反馈。例如，当运行 ls 命令列出目录内容时，目录中的文件列表会通过标准输出显示在终端上；当使用 grep 命令搜索文件中的特定字符串时，匹配结果也会通过标准输出进行展示。

标准输出的灵活性还表现在它可以被重定向到文件或其他命令。通过输出重定向，用户可以将标准输出的数据保存到文件中或传递给另一个命令进行进一步处理。例如：echo "hello linux" > output.txt，在这个命令中，echo 的输出不再显示在终端上，而是被重定向到 output.txt 文件中。这种重定向操作为 Linux 命令的使用提供了极大的灵活性，使得用户可以根据需求自由处理输出数据。

3. 标准错误

在 Linux 和类 Unix 系统中，标准错误(Standard Error, stderr)是一个专门用于输出错误信息的通道。它为程序提供了一个独立的路径，以便在发生错误或异常时，能够将相关的错误消息发送给用户。与标准输出(stdout)不同，标准错误的信息流通常用于输出与程序执行相关的警告、错误提示或诊断信息，从而避免与正常输出混淆。在 Linux 系统中，标准错误由文件描述符 2 表示，而标准输出则由文件描述符 1 表示。

这种分离的设计使得用户在处理命令输出时更加灵活，能够更方便地对错误信息进行捕获、记录或处理。例如，用户可以选择将正常的输出内容保存到文件中，同时让错误信息继续显示在终端上，或者将错误信息记录到日志文件中，以便后续进行分析和调试。

标准错误的用途如下。

(1) 标准错误最常见的用途之一就是报告程序运行过程中遇到的错误。当程序执行发生错误或异常时，程序通常会将错误信息输出到标准错误通道。这样，用户可以清楚地看到程序中断或失败的原因，而这些错误信息不会与正常输出混在一起。例如，如果在终端中试图访问一个不存在的文件，ls 命令会通过标准错误报告该文件不存在的错误，如图 2.25 所示，错误信息是通过标准错误输出的，它与 ls 命令正常列出文件的输出是分开的，确保用户能够明确看到问题所在。

```
zwz@zwz-virtual-machine:~/test$ ls music
ls: 无法访问 'music': 没有那个文件或目录
```

图 2.25　错误信息输出到标准通道

(2) 在实际操作中，用户通常会将标准错误重定向到日志文件中，以便对程序运行时产生的错误信息进行集中记录和分析。这样做的好处是可以在后台运行程序时，保存所有错误信息，便于后续的调试，例如，以下命令将标准错误重定向到一个日志文件。

ls music 2> error.log

这样错误结果并不是输出到终端，而是输出到一个日志文件 error.log，如图 2.26 所示。

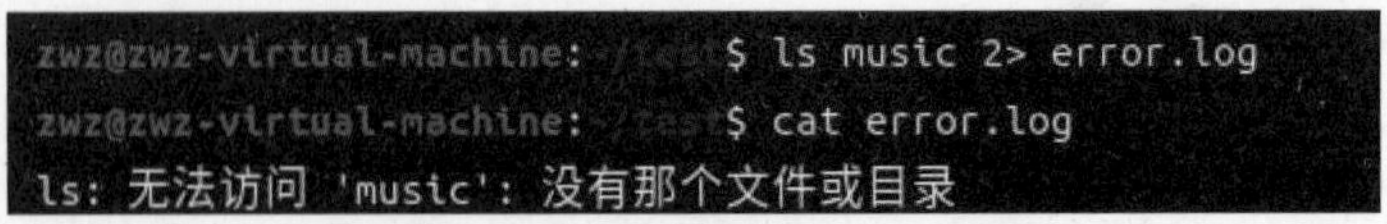

```
zwz@zwz-virtual-machine:~/test$ ls music 2> error.log
zwz@zwz-virtual-machine:~/test$ cat error.log
ls: 无法访问 'music': 没有那个文件或目录
```

图 2.26　标准错误重定向到日志文件

在这个命令中，ls 代表要执行的命令，2>表示将标准错误重定向到 error.log 文件中。这种方式常用于后台运行的服务、脚本或程序的错误跟踪，方便开发人员和系统管理员对系统行为进行审查。

(3) 标准错误的另一个重要功能是将程序的正常输出和错误信息分离处理。在某些情况下，用户可能希望将正常输出保存到文件中，但仍希望能够在屏幕上看到错误信息。通过将标准输出和标准错误分别重定向到不同的目标，用户可以更高效地处理这些信息。例如，需要查看 file1.txt 文件和 file2.txt 文件(不存在)，则利用标准错误将正常输出和错误信息分离处理，输入命令

cat file1.txt file3.txt > output.txt 2> error.log

cat file1.txt file3.txt 命令用于连接和显示文件内容。此命令试图读取并显示两个文件的内容：file1.txt 和 file3.txt。如果 file1.txt 和 file3.txt 都存在且能被读取，cat 命令会将这两个文件的内容按顺序输出。如果其中一个文件不存在或者无法读取，cat 会生成错误信息。

> output.txt：这是标准输出重定向。它将 cat 命令成功读取的文件内容(即标准输出)保存到 output.txt 文件中，而不是显示在终端上。如果 output.txt 文件不存在，系统会创建它。如果 output.txt 文件已经存在，其内容将被覆盖。

2> error.log：这是标准错误重定向。它将 cat 命令生成的错误信息(即标准错误)保存到 error.log 文件中，而不是显示在终端上。如果 file1.txt 或 file3.txt 文件不存在，或者在读取过程中发生了其他错误，错误信息会被写入 error.log 文件。如果 error.log 文件不存在，系统会创建它；如果 error.log 文件已存在，其内容会被覆盖。

输出结果如图 2.27 所示，file3.txt 是不存在的，错误信息会输出到 error.log，file1.txt 内容存在，则输出到 output.txt。

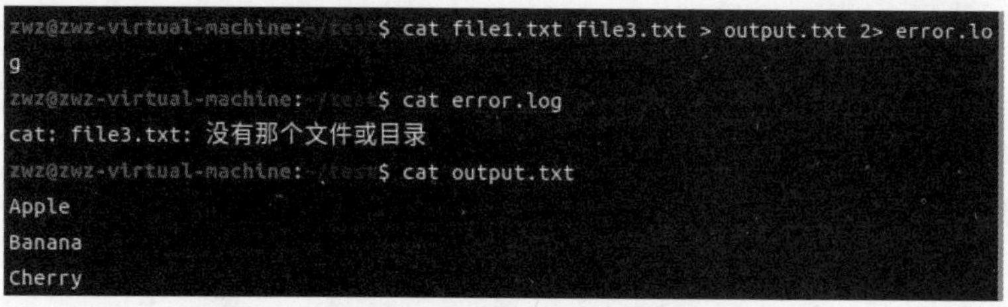

图 2.27　标准错误分离处理

标准错误在 Linux 系统中扮演着关键角色，尤其在需要分离正常输出与错误信息的场景中。它的独立存在使得程序能够更好地处理和报告错误，而不影响正常的数据输出。通过灵活运用标准错误和重定向功能，用户可以更有效地管理程序运行时的各类输出，将错误信息记录在合适的位置，并为后续调试提供宝贵的参考。在日常操作和系统管理中，充分理解并利用标准错误，将大大提升对系统行为的掌控能力。

2.3.2　输入重定向

在 Linux 中，输入重定向是指将命令的标准输入(stdin)从默认的键盘输入源重定向到一个文件或其他数据源。通常，命令会等待用户在终端中输入数据，例如键入内容或按键操作。

然而，通过输入重定向，可以让命令从文件中自动读取数据，这不仅能够加快任务的执行速度，还能够简化复杂的操作流程，特别是在处理大量数据或自动化任务时尤为有用。

标准输入(stdin)的默认文件描述符为 0，这意味着在默认情况下，命令会从键盘接收输入。然而，使用输入重定向符号<，可以将输入源从键盘切换到指定的文件或其他数据流。这种机制为批处理任务和自动化操作提供了极大的便利，使得命令可以在无人值守的情况下顺利运行。

输入重定向的语法相对简单。其基本格式为：命令 < 文件名，例如：command < input_file。在这个示例中，command 会从文件 input_file 中读取数据，而不是从用户的键盘输入接收数据。这种操作模式不仅可以减少人为干预，还可以保证数据的一致性和准确性。

输入重定向在多种场景中都非常有用，具体如下。

(1) 自动化数据处理：在需要批量处理数据时，输入重定向可以让命令从文件中读取输入，而无需用户手动输入数据。例如，在处理大型日志文件或数据集时，可以使用输入重定向来简化操作流程，避免重复输入，提高效率。

(2) Shell 脚本执行：在编写 Shell 脚本时，输入重定向可以将预先准备好的数据文件作为输入，简化脚本的执行流程。例如，在自动化测试或批处理任务中，脚本可以通过输入重定向读取所需的数据，确保每次执行时的数据一致性，减少人为错误的可能性。

(3) 处理大型文件：对于非常大的文件或数据集，手动输入数据显然是不切实际的。通过输入重定向，命令可以直接从文件中读取所需的数据，避免了手动输入的繁琐过程，同时也提高了命令处理大数据集时的效率。例如，在数据分析或日志处理过程中，可以使用输入重定向将大型文件的内容传递给分析工具，自动生成结果。

【例 2.12】创建一个 file.txt 文档，并且输入内容：

```
Banana
Apple
Cherry
```

利用输入重定向并使用 sort 命令对文件内容排序。

(sort 命令用于对文本文件中的行进行排序。如果有一个未排序的文件，并希望按字母顺序对其内容进行排序，可以使用输入重定向。)

(1) 创建一个 file.txt 文件：

```
touch file.txt
```

(2) 把内容输入到 file.txt 文档：

```
cat > file.txt
```

然后分别输入 Banana、Apple、Cherry。

(3) 输入命令：

```
sort < file.txt
```

该命令将按字母顺序对内容进行排序，并将结果输出到终端。实现步骤如图 2.28 所示。

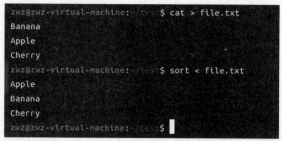

图 2.28 sort 利用输入重定向排序

2.3.3 输出重定向

输出重定向(Output Redirection)是指将命令或程序的输出结果重定向到不同的目标位置，而不是默认的标准输出(通常是终端屏幕)。在 Linux 系统中，默认情况下，命令执行的结果会显示在终端上，但通过输出重定向，用户可以将这些结果保存到文件中或传递给其他命令进行进一步处理。

命令语法如下。

(1) >：将命令的输出重定向到指定文件中。如果文件存在，内容会被覆盖，该命令的输入语法为：

command > filename

其中 command 为执行的命令，filename 为用于存储输出结果的文件。

(2) >>：将命令的输出追加到指定文件的末尾，而不会覆盖原有内容。

command >> filename

其中 command 为执行的命令，filename 为用于存储输出结果的文件。

【例 2.13】创建一个文件名为 OutputRedirection.txt 的文件，并且利用输出重定义的命令将 Hello Linux 输入到 OutputRedirection.txt 文件，再利用输出重定向命令，在不覆盖的情况下，在该文件中追加一行 Hello Ubuntu 文本。

(1) 利用命令

touch OutputRedirection.txt

创建 OutputRedirection.txt 文件。

(2) 使用命令

echo "Hello Linux" > OutputRedirection.txt

把 Hello Linux 文本输入到 OutputRedirection.txt。

(3) 使用命令

echo "Hello Ubuntu" >> OutputRedirection.txt

在不覆盖原文本情况下,把 Hello Ubuntu 文本追加到 OutputRedirection.txt。
(4) 使用命令

cat OutputRedirection.txt

查看是否已经成功输入。
操作步骤如图 2.29 所示。

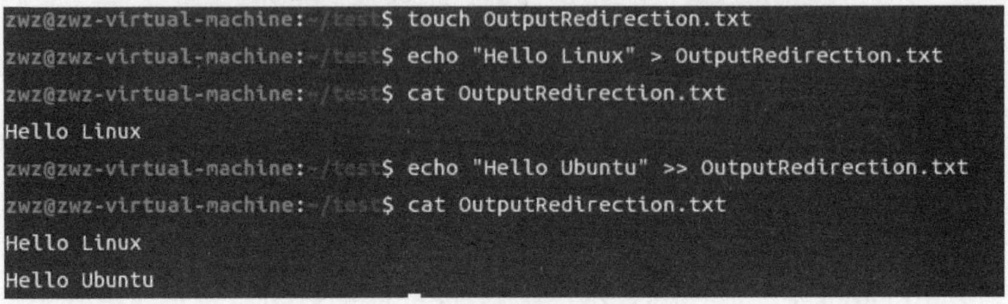

```
zwz@zwz-virtual-machine:~/test$ touch OutputRedirection.txt
zwz@zwz-virtual-machine:~/test$ echo "Hello Linux" > OutputRedirection.txt
zwz@zwz-virtual-machine:~/test$ cat OutputRedirection.txt
Hello Linux
zwz@zwz-virtual-machine:~/test$ echo "Hello Ubuntu" >> OutputRedirection.txt
zwz@zwz-virtual-machine:~/test$ cat OutputRedirection.txt
Hello Linux
Hello Ubuntu
```

图 2.29 输出重定向示例图

【例 2.14】创建一个 file1.txt 文档,并且输入内容:

Banana
Apple
Cherry

利用输出重定向并使用 sort 命令对文件内容排序。
(1) 输入命令

touch file1.txt

创建名字为 file1 的空白文档。
(2) 输入命令

sort > file1.txt

使用输出重定向,将 sort 命令的结果写入 file1.txt 文件。由于没有使用输入重定向<,sort 命令会等待用户输入内容(通常从键盘输入),当输入完成后,按 Ctrl+D 结束输入,sort 会对输入内容进行排序,并将排序后的结果写入 file1.txt 文件中,这就是和输入重定向的区别。输出结果如图 2.30 所示。

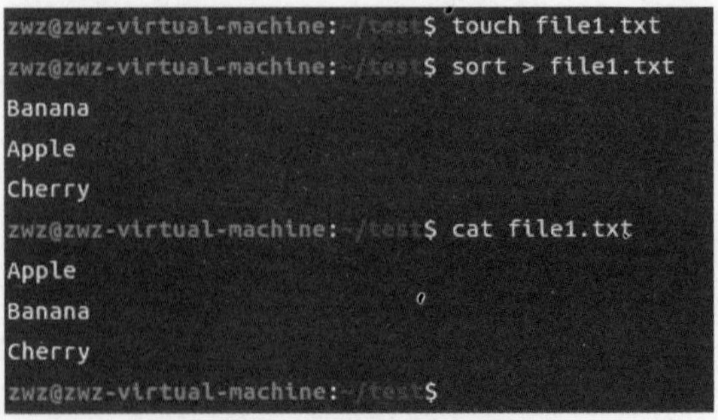

```
zwz@zwz-virtual-machine:~/test$ touch file1.txt
zwz@zwz-virtual-machine:~/test$ sort > file1.txt
Banana
Apple
Cherry
zwz@zwz-virtual-machine:~/test$ cat file1.txt
Apple
Banana
Cherry
zwz@zwz-virtual-machine:~/test$
```

图 2.30 利用输出重定向排序

2.4 管道

本小节讲解 Linux 中的管道功能，介绍如何将一个命令的输出直接作为另一个命令的输入，利用管道符号"|"连接多个命令，实现复杂的数据处理。该节展示了通过管道组合命令的灵活性和高效性，帮助用户简化任务执行并提高效率。

在 Linux 中，管道(Pipe)是一个功能强大的工具，用于将一个命令的输出直接作为输入传递给另一个命令。通过使用管道，用户可以将多个命令组合在一起，构建出复杂的数据处理流程，从而完成单个命令无法独立实现的任务。管道的符号是竖线"|"，它用于连接两个或多个命令，形成一个连贯的操作链。

工作原理：当一个命令生成的输出通过管道传递给另一个命令时，Linux 操作系统会将第一个命令的标准输出(stdout)直接连接到第二个命令的标准输入(stdin)。换句话说，第一个命令的输出不会显示在终端上，而是被直接作为数据传递给下一个命令进行进一步处理。这种操作方式使得用户可以灵活地处理数据流，简化了复杂任务的执行过程。

例如，在以下命令中：

```
ls -l | grep "txt"
```

这里的 ls -l 命令列出当前目录下的所有文件及其详细信息，而通过管道符号"|"，这些信息被传递给 grep "txt"命令，后者将筛选出包含"txt"字符串的文件，显示结果如图 2.31 所示。最终，用户只会看到包含特定字符串的文件列表，而不需要手动处理中间结果。这种方式极大地提高了数据处理的效率和灵活性。

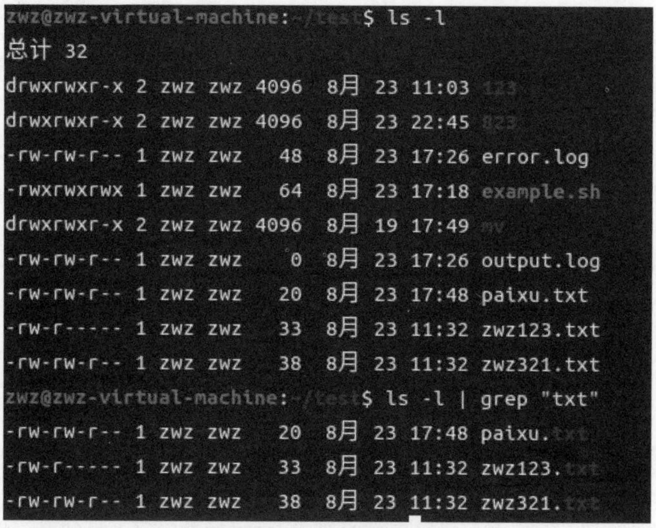

图 2.31 管道工具的示例

2.5 链接

本小节介绍了 Linux 系统中硬链接和软链接的概念与区别，解释了如何为同一个文件或目录创建多个访问路径，避免文件重复存储。该小节详细描述了硬链接的共享机制和软链接的灵活应用，并通过命令 ln 演示了链接的创建与管理。

2.5.1 什么是链接

在 Linux 系统中，链接(Link)是一种特殊的文件系统功能，用于为同一个文件或目录创建多个访问路径。这意味着，通过链接，用户可以从不同的位置访问同一文件或目录，而无须复制其实际内容。链接使得文件管理更加灵活，同时也节省了存储空间。链接广泛应用于系统管理和文件组织，特别是在处理大量文件或需要在不同位置引用相同资源时。

Linux 系统中有两种主要类型的链接：硬链接(Hard Link)和软链接(Soft Link)。这两种链接在实现方式和使用场景上存在显著差异。

在 Linux 系统中，链接(Link)作为文件系统的重要功能，具有广泛的作用和用途。通过链接，用户可以在文件系统中更灵活地组织和管理文件和目录，避免文件的重复复制，并提高操作效率。链接的作用和用途主要体现在以下几个方面。

(1) 节省存储空间。链接可以避免文件的重复存储，从而节省磁盘空间。通过硬链接，多个文件名可以指向同一个文件数据块，而不需要为每个文件名复制文件内容。这对于大型文件尤其有用，用户可以在不同目录下创建硬链接，而无须占用额外的存储空间。

(2) 简化文件管理。链接可以帮助用户简化文件管理任务。软链接允许用户在不同目录中创建指向同一文件或目录的快捷方式，使得文件访问更加便捷。例如，将常用的配置文件或脚本放在一个公共目录中，并通过软链接将它们引用到多个项目中，用户可以轻松管理和维护这些文件，而不必担心不同位置的多个副本。

(3) 增强文件的灵活性。软链接提供了跨文件系统的灵活性，允许用户在不同的文件系统之间创建链接。这样，即使文件或目录位于不同的分区或设备上，用户仍然可以通过软链接方便地访问它们。这在处理复杂的文件结构或将文件共享给不同用户或应用程序时非常有用。

(4) 分离文件和目录结构。通过软链接，用户可以在不改变文件或目录实际存储位置的情况下，将它们组织在新的位置。例如，用户可以将某个程序的配置文件保存在统一的目录中，并通过软链接将这些配置文件与不同的程序实例关联。这种分离结构的方式使得文件管理更加模块化和清晰。

(5) 简化系统维护。链接在系统维护和升级中具有重要作用。例如，在软件更新时，软链接可以指向新版本的可执行文件或库文件，而不必更改用户的工作流程。通过这种方式，系统管理员可以轻松切换软件版本，而不影响系统的正常运行。

(6) 创建备份和恢复。链接在备份和恢复操作中也非常有用。硬链接可以用来创建文件的多个引用，这意味着即使原始文件被删除，备份文件仍然可以通过硬链接访问。软链接则可以简化备份操作，使得备份工具能够轻松找到需要备份的文件或目录，而无须实际复制文件内容。

(7) 提高文件共享效率。在多用户环境中，链接可以提高文件共享的效率。例如，管理员可以通过创建软链接，将某些共享资源放置在公共目录中，而用户则可以通过软链接访问这些资源。这避免了资源的重复存储，并使得资源的集中管理更加容易。

(8) 支持版本控制和开发流程。在软件开发过程中，链接可以用于管理项目中的不同版本或模块。开发人员可以通过软链接将项目中的特定文件或目录链接到不同版本的库文件或配置文件，从而灵活管理不同版本之间的依赖关系。这种方式有助于减少版本切换时的工作量，提高开发效率。

(9) 支持多路径访问。通过硬链接或软链接，用户可以为同一个文件创建多个访问路径。这在一些特殊场景下非常有用，例如，当文件或目录需要在多个位置使用时，创建多个路径可以方便访问，而无须实际复制文件。

(10) 减少人为错误。使用链接可以降低人为操作失误的可能性。例如，通过软链接将常用命令或脚本链接到用户的路径中，用户无须记住复杂的路径，直接通过链接访问所需资源，从而减少出错的机会。

在 Linux 文件系统中，硬链接和软链接通过高效的资源共享和灵活的访问方式，为文件管理提供了强大支持。这种"共享"与"链接"的技术理念与中国的发展实践有着深刻的契合。

当今中国正处于全面深化改革和高质量发展的关键时期，依赖于多领域、多区域之间的"链接"与"共享"。以"一带一路"倡议为例，这一战略正如软链接一般，通过跨越地域和文化的障碍，将中国与世界各国紧密联系在一起，形成资源、技术、文化的共享网络，助力共建国家的共同繁荣。这种全球化视野体现了中国在推动共同发展的同时，坚持开放包容、合作共赢的态度。

与此同时，国内的区域协调发展战略，如京津冀协同发展、长三角一体化发展和粤港澳大湾区建设，也反映了硬链接的精神。通过资源的有效共享与协作，中国各地区在产业、科技、教育等方面形成合力，实现共同发展，这种"链接"机制为世界提供了中国方案。

在学习硬链接与软链接的技术时，我们可以思考如何将这种链接的理念融入个人成长与国家发展中。在学习和工作中，我们需要像硬链接一样重视团队协作和资源共享，像软链接一样注重灵活应变、开拓创新，从而为实现中华民族伟大复兴的中国梦贡献自己的力量。

2.5.2 ln 命令

ln 命令是 Linux 系统中用于创建链接的命令，它可以在文件或目录之间建立硬链接或软链接。链接是一种特殊的文件类型，它允许多个文件名指向同一个文件数据或位置，从而实现文件的共享或快捷访问。

1. ln 命令的语法

ln 命令的语法格式如下：

ln 选项 源文件 目标文件

2. ln 命令的类型

ln 命令的两种选项类型：

(1) 创建硬链接：

ln 源文件 目标文件

比如 ln file1.txt file2.txt，这会创建一个名为 file1.txt 的硬链接文件，指向 file2.txt。两者共享相同的内容和索引节点编号。

(2) 创建软链接：

ln -s 源文件 目标文件

比如 ln -s file1.txt file2.txt，这会创建一个名为 file1.txt 的软链接文件，指向 file2.txt。软链接文件的内容是 file1.txt 的路径，而不是文件内容本身。

通过不同的选项，ln 命令还能实现更多的功能，如表 2.12 所示。

表 2.12 ln 命令常用选项

选项	作用
-s	创建软链接
-f	强制执行，若目标文件已存在，则删除目标文件后再创建链接
-v	显示详细信息，输出每个链接文件的创建过程
-i	提示用户确认是否覆盖目标文件(如果存在)
-n	在创建软链接时，将目标文件视为一个文件，而不是一个目录(防止递归软链接)

3. ln 命令的应用场景

(1) 备份与恢复：通过硬链接，可以创建文件的多个副本，而不会占用额外的磁盘空间，这对于备份和恢复操作非常有用。

(2) 快捷访问：软链接可以创建文件或目录的快捷方式，从而能够在不同位置快速访问相同的资源。例如，可以为常用的命令创建软链接，以便简化操作。

(3) 版本控制：使用硬链接，可以为不同版本的文件创建链接，在修改文件的同时保留对原始文件的访问。

2.5.3 硬链接

在 Linux 文件系统中，硬链接是指向文件数据块的多重引用。硬链接为同一个文件创建多个文件名(或入口)，所有这些文件名共享相同的文件内容和索引节点(inode)。从用户的角度来看，硬链接是原文件的另一个名称或路径，无论用户通过哪个硬链接访问文件，最终操作的都是同一数据。

硬链接的特点如下。

(1) 共享同一个 inode：硬链接的所有引用都指向同一个 inode，即文件的索引节点。

inode 是文件在文件系统中的唯一标识符，包含文件的元数据和数据块信息。因此，硬链接的所有文件名都共享相同的数据和属性(如文件大小、权限等)。

(2) 文件内容的一致性：由于硬链接共享同一个文件数据块，任何通过硬链接进行的文件修改都会反映在所有其他硬链接上。无论通过哪个文件名对文件内容进行更改，这些更改都会影响到所有与该 inode 关联的硬链接。

(3) 独立的文件名：虽然硬链接指向相同的文件内容，但它们在文件系统中是独立的文件名。用户可以通过任意一个硬链接访问和操作文件，所有硬链接的功能和行为是完全相同的。

(4) 删除不影响数据：当用户删除某个硬链接时，文件的数据并不会立即被删除。只有当所有硬链接都被删除后，文件的实际数据才会从文件系统中移除。这意味着，只要至少有一个硬链接存在，文件数据就仍然可以访问。

(5) 不能跨文件系统创建：硬链接的一个限制是，它们只能在同一个文件系统内创建。这是因为硬链接依赖于文件系统的 inode 机制，而不同文件系统的 inode 结构是相互独立的，因此无法跨越文件系统创建硬链接。

(6) 不能链接目录：由于文件系统的结构限制，硬链接不能用于链接目录。允许目录硬链接可能会导致文件系统结构混乱，甚至形成循环结构，影响文件系统的正常运行。

(7) 存储空间高效利用：硬链接不占用额外的存储空间，因为它们只是对现有文件的引用，而不是文件的复制。创建硬链接后，文件系统中不会创建新的数据块，只会增加 inode 的引用计数。

简单来说，硬链接使多个文件名指向相同的底层数据，这些文件名在文件系统中彼此独立，但都关联着同一个实际文件。

2.5.4 软链接

软链接，也称为符号链接(Symbolic Link)，是一种特殊类型的文件，它的作用是指向另一个文件或目录。软链接类似于 Windows 中的快捷方式。与硬链接不同，软链接只是一个文本文件，包含了所指向目标文件或目录的路径。当用户访问软链接时，操作系统会自动将其重定向到目标文件或目录。

软链接的特点如下。

(1) 跨文件系统：软链接可以指向不同文件系统中的文件或目录，而硬链接只能在同一文件系统中创建。

(2) 可链接目录：软链接不仅可以链接到文件，还可以链接到目录，硬链接通常只对文件有效。

(3) 文件大小：软链接文件本身的大小很小，通常只包含目标文件路径的字符串长度，而目标文件的大小并不会影响软链接的大小。

(4) 删除影响：如果删除了目标文件，软链接会变成一个无效的链接(也称为"悬空链接")，因为它指向的文件或目录已经不存在。而硬链接在目标文件被删除后仍然有效。

(5) 符号：在 Linux 中，通过 ls -l 命令可以看到软链接的文件类型标识为 l(例如：

lrwxrwxrwx），并且链接的文件或目录名通常会以箭头指向目标路径(例如：link_name ->/path/to/target)。

假设有一个文件为 file1.txt，位于 home/zwz/test 文件夹，想在 home/zwz/Music 目录下创建指向该文件的软链接，可以使用以下命令：ln -s /home/zwz/test/file1.txt /home/zwz/Music/file1.txt。如果要查看软链接，则需要使用 ls -l 指令，如图 2.32 所示。lrwxrwxrwx 表示该文件是一个软链接，"/home/zwz/Music/file1.txt"为该软链接所在的目录，箭头->指向目标文件的路径。

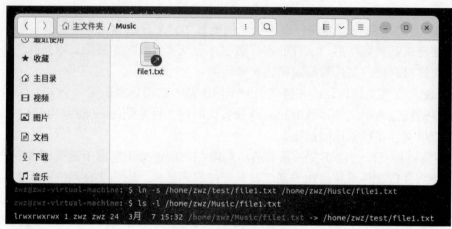

图 2.32 创建软链接

2.5.5 索引节点

在 Linux 文件系统中，索引节点(inode)是用于存储文件元数据的重要数据结构。每个文件或目录都有一个唯一的索引节点编号(inode number)，操作系统通过该编号访问文件或目录的所有相关信息。索引节点保存了文件的元数据，包括文件类型(如普通文件、目录、软链接等)、文件权限、文件所有者和所属组、文件大小、文件的创建、修改和访问时间等。此外，索引节点还记录了硬链接数量，并包含指向文件数据块的指针，用于定位文件的实际内容。

尽管索引节点包含了大量的文件元数据信息，但它并不存储文件名。文件名实际存储在目录文件中，目录项中包含文件名和对应的索引节点编号。当用户在 Linux 系统中通过文件名访问文件时，系统首先在目录中查找文件名对应的索引节点编号，然后通过该编号找到文件的元数据和内容。因此，文件名与索引节点之间的关联是文件系统查找和管理文件的关键。

索引节点在 Linux 文件系统中扮演了连接文件元数据与实际数据的桥梁角色。通过索引节点，操作系统能够有效地管理文件类型、权限、大小等关键信息，并通过指针访问存储在磁盘上的文件内容。这种机制使得文件操作高效而可靠，确保了文件系统的有序运作。

索引节点在 Linux 文件系统中的应用非常广泛，主要体现在文件和目录的管理上。以下是索引节点的一些关键应用。

1. 文件与数据块的关联

(1) 定位文件内容：索引节点包含指向文件数据块的指针。这些指针指向硬盘上实际存储文件内容的物理位置。操作系统通过索引节点可以找到文件内容，从而实现文件的读写操作。

(2) 多级索引机制：对于大文件，索引节点不仅可以直接指向数据块，还可以通过间接指针指向更多的数据块，从而支持大型文件的存储。

2. 文件系统元数据管理

(1) 文件元数据存储：索引节点存储了文件的各种元数据，如文件大小、所有者、权限、时间戳等。这些元数据是文件系统管理和操作文件时所必需的信息。

(2) 访问控制：通过索引节点中存储的文件权限和所有者信息，Linux 可以控制哪些用户或进程能访问或修改文件。

3. 文件的高效查找

文件名与索引节点分离：在 Linux 中，文件名存储在目录文件中，而文件的实际数据由索引节点管理。通过目录项中的文件名和索引节点编号的映射，系统可以快速找到文件的索引节点，从而定位文件内容。这种分离有助于提高文件查找和操作的效率。

4. 硬链接的实现

多文件名共享同一文件内容：硬链接允许多个文件名指向同一个索引节点。由于索引节点的编号是唯一的，所以多个文件名可以共享同一个文件的内容。删除一个硬链接文件时，只有当所有硬链接都被删除时，索引节点和实际文件数据才会被释放。

5. 磁盘空间管理

(1) 文件删除：当文件被删除时，操作系统会检查其对应的索引节点中的链接计数。如果链接计数为 0，说明没有文件名引用该索引节点，系统就会释放与该索引节点关联的所有数据块，回收磁盘空间。

(2) 磁盘配额管理：通过索引节点，文件系统可以监控和限制用户或组使用的磁盘空间。例如，可以配置每个用户最多能够占用的索引节点数量或磁盘空间大小。

6. 文件系统一致性检查与恢复

(1) 文件系统检查工具：在 Linux 中，像 fsck 这样的文件系统检查工具会使用索引节点来验证文件系统的一致性。例如，工具会检查是否有未被引用的索引节点、文件系统元数据的一致性等，确保文件系统的正常运作。

(2) 数据恢复：在文件系统损坏或文件被误删除时，数据恢复工具可以通过遍历和分析索引节点来恢复文件内容。

7. 文件系统性能优化

(1) 缓存机制：操作系统会缓存常用文件的索引节点信息，从而减少对磁盘的访问次数，提高文件操作的效率。

(2) 文件系统优化：文件系统在布局文件时，会尽量将同一个目录下的文件的索引节点和数据块存储在物理上较近的位置，从而减少磁盘 I/O 的时间，提高文件操作速度。

8. 文件大小和类型的快速获取

快速读取文件属性：通过读取索引节点中的元数据信息，可以快速获取文件的类型、大小、权限等信息，而不需要访问文件内容。例如，ls -l 命令展示的文件大小和类型就是从索引节点中获取的。

9. 支持多种文件类型

文件类型标识：索引节点不仅支持普通文件，还支持目录、软链接、设备文件、管道文件、套接字文件等多种文件类型。通过索引节点中的文件类型标志，操作系统可以识别并正确处理不同类型的文件。

索引节点在 Linux 文件系统中扮演着核心角色，它不仅是文件元数据的存储结构，还直接影响到文件系统的性能、文件操作的效率，以及数据的安全性和一致性。

假设在 Linux 系统中有一个文件 inode.txt，它包含了一段文本内容。当用户在文件系统中创建这个文件时，系统会为它分配一个唯一的索引节点。这个索引节点会存储文件的元数据，例如文件的大小、权限、所有者信息，以及指向磁盘上存储文件内容的数据块的指针。

(1) echo "Video List" > inode.txt，通过这条命令，系统会创建一个包含"Video List"内容的文件 inode.txt，并为其分配一个索引节点。

(2) 使用 ls -i 命令查看 inode.txt 的索引节点编号：1071602，如图 2.33 所示。这表示文件 inode.txt 的索引节点编号为 1071602。

(3) 假设要为 inode.txt 创建一个硬链接 inode_1.txt：这时，inode.txt 和 inode_1.txt 都会指向同一个索引节点 1071602，即它们共享相同的文件内容。如果删除了 inode.txt，由于 inode_1.txt 仍然存在，文件的内容并不会立即被删除，如图 2.34 所示。文件系统会检查索引节点中的链接计数，直到所有指向该索引节点的链接都被删除，文件内容才会从磁盘上真正移除。

通过这个例子可以看到，索引节点不仅管理文件的元数据，还通过链接计数和数据块指针来实现文件内容的共享与删除机制。这展示了索引节点在文件系统中管理和维护文件的具体应用。

```
zwz@zwz-virtual-machine:~$ echo "Video List" > inode.txt
zwz@zwz-virtual-machine:~$ ls -i inode.txt
1071602 inode.txt
zwz@zwz-virtual-machine:~$ ln inode.txt inode_1.txt
zwz@zwz-virtual-machine:~$ ls -i inode_1.txt
1071602 inode_1.txt
zwz@zwz-virtual-machine:~$
```

图 2.33 索引节点示例

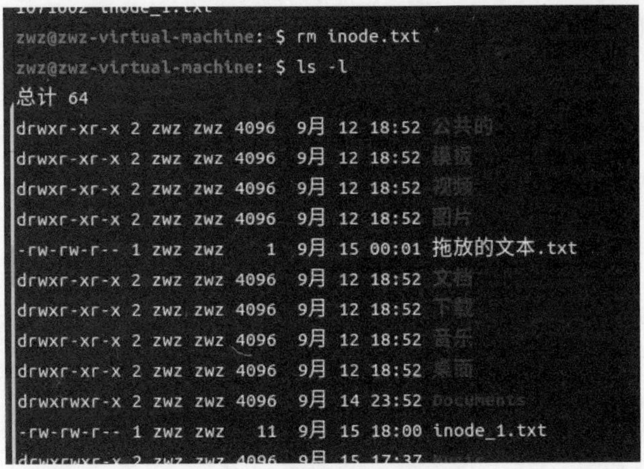

文件管理 02

图 2.34　硬链接与索引节点

2.6　小结

本章详细讲解了 Linux 文件管理的基础知识，介绍了 Linux 文件系统的层次结构、文件类型及其操作方法。通过对文件权限、链接的理解与应用，可以更好地掌握 Linux 系统中文件的组织和管理。同时，重定向和管道等功能的运用极大地提高了数据处理的灵活性。

在命令操作部分，重点讲解了文件与目录的查看、创建、删除、复制与移动等常用命令，如 ls、touch、rm、cp 和 mv 命令等，并且讲解了使用 ln 命令创建硬链接和软链接，帮助用户在不同位置灵活访问同一文件。此外，通过 find、locate 和 grep 等命令，用户可以轻松查找文件，并高效地管理大量数据。输出重定向和管道的使用示例展示了命令行工具的强大组合能力。

在 Linux 的文件管理中，需要理解如何正确使用文件权限控制、链接和查找等命令。例如，创建硬链接时要注意同一文件系统的限制，而软链接则更灵活，适用于跨文件系统。通过实际操作练习，如文件的重定向、权限管理、命令组合使用，能够深入理解文件系统的组织和操作方式，从而更好地使用 Linux 操作系统。

2.7　实验

Linux 文件管理与操作综合实验。

实验要求：利用终端进行操作。

(1) 在主目录创建一个新的目录，并且命名为 poject1，在该目录下创建文本 computer.txt，并且输入以下文本到该文档。

> Liunx
> Work to week

对该文档进行查看。

(2) 把 poject1 目录复制到 home 目录并且删除源目录。

(3) 创建一个命名为 poject2 的目录,创建两个文本文件:flie1.txt、file2.txt,为 file1.txt 设置权限:所有者可读写执行,组用户可读写,其他用户没有权限;为 file2.txt 设置权限:所有者可读和执行,组用户可读,其他用户没有权限。把 poject2 目录进行压缩,重命名为 compress。

2.8 习题

1. 填空题

(1) 使用_____命令可以更改文件或目录的权限。
(2) 在 ls -l 命令的输出中,第一个字符表示文件的_____。
(3) 硬链接通过共享相同的_____实现多个文件名指向相同文件。
(4) Linux 中常见的两种压缩工具是_____和_____。
(5) 使用_____命令可以创建软链接。

2. 判断题

(1) ls -l 命令可以显示文件的详细信息。 (   )
(2) 软链接可以指向目录。 (   )
(3) 使用 rm 命令删除文件时,文件内容可以恢复。 (   )
(4) ln 命令只能创建软链接。 (   )
(5) cp 命令可以用来复制文件和目录。 (   )

3. 单项选择题

(1) 以下(   )命令用于创建目录。
  A. ls   B. cd   C. mkdir   D. rm

(2) 软链接与硬链接的主要区别是(   )。
  A. 软链接可以跨文件系统,硬链接不可以
  B. 硬链接可以跨文件系统,软链接不可以
  C. 两者无区别
  D. 软链接与硬链接都无法跨文件系统

(3) 以下命令用于删除文件的是(   )。
  A. mv   B. rm   C. cp   D. ln

(4) 以下(　　)命令用于显示当前目录的内容。
   A. cat　　　　　B. ls　　　　　C. more　　　　　D. head
(5) 在 Linux 中，使用(　　)符号可以实现输出重定向。
   A. |　　　　　B. &　　　　　C. >　　　　　D. @

4．简答题
(1) 请简述硬链接与软链接的区别。
(2) 如何使用 cat 命令将两个文件的内容合并输出到一个新的文件？
(3) 请说明如何使用管道命令将多个文件的内容按字母顺序排序后输出。

第3章 编辑器使用

在 Linux 系统中,软件开发、系统管理、日常文本编辑等任务通常涉及对相关的配置文件或文档进行一些操作,如打开、编辑、保存等。而 Ubuntu 中提供了多种编辑器以方便用户管理或编辑文档,如系统自带的 vi 编辑器、nano 编辑器及图形化界面的 gedit 编辑器。此外,也可以通过安装其他编辑器来完成不同文档的编辑需求。编辑器的使用是学习 Linux 操作系统不可或缺的关键环节,不仅让学生掌握编辑器启动的方式,还通过学习不同编辑器的快捷命令来简化编辑器的操作,同时培养学生的动手能力和跨平台编程技巧。

本章学习目标

◎ 了解编辑器在 Ubuntu 中发挥的作用。
◎ 掌握 vi/vim 编辑器的使用。
◎ 掌握 nano 编辑器的使用。
◎ 掌握 GNOME 桌面环境编辑器 gedit 的使用。

编辑器使用

本章思维导图

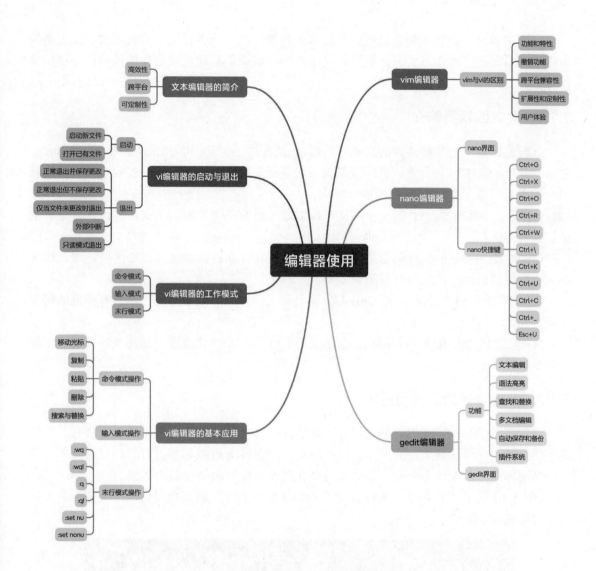

3.1 vi 文本编辑器

vi 编辑器是一款功能强大且灵活的文本编辑器，适用于各种文本编辑需求。无论是编写程序、编辑配置文件还是进行系统管理任务，vi 编辑器都能提供出色的性能和便捷的操作体验。

3.1.1 文本编辑器简介

vi 编辑器是一款功能强大的文本编辑器，广泛应用于 Unix 和类 Unix 系统，包括 Linux。它由 Bill Joy 在 1976 年开发，并因其高效、轻量级和可定制性而受到许多程序员和系统管理员的喜爱。以下是 vi 编辑器的基本特点。

(1) 纯文本编辑器：vi 是一个纯文本编辑器，没有图形界面，主要通过键盘命令和快捷键进行操作。

(2) 高效性：vi 的设计思想是让程序员的手指始终保持在键盘的核心区域，通过快捷键完成所有编辑操作，从而提高编辑效率。

(3) 跨平台：vi 几乎在所有 Unix-like 系统和 Linux 发行版中都可用，具有高度的跨平台兼容性。

(4) 可定制性：用户可以根据自己的需求对 vi 进行个性化设置，如修改快捷键、配置环境变量等。

3.1.2 vi 编辑器的启动与退出

vi 编辑器的启动方式为：输入"vi"命令后加文件名。启动 vi 编辑器后，会有两种情况产生。第一种情况是指定的文件如果已经存在，则启动 vi 编辑器并打开指定的文件；第二种情况即指定的文件不存在，那么系统会在当前工作目录创建新的文件。

【例 3.1】准备工作环境，通过 ls 命令查看桌面文件，当前桌面只有两个文件，命令执行结果如图 3.1 所示。

```
zwz@zwz-virtual-machine:~/桌面$ ls -l
总计 240
-rw-rw-r--  1 zwz zwz      0 8月 19 02:19 1.txt
-rwxrwxr-x  1 zwz zwz 244106 8月  7 17:19 myspell-en-au_2.1-5.4_all.deb
```

图 3.1 查看桌面文件

【例 3.2】在命令行中输入以下命令后敲击回车键，以启动 vi 编辑器并打开 1.txt 文件，如图 3.2 所示。

vi 1.txt

图 3.2 通过 vi 编辑器打开 1.txt 文件

【例 3.3】通过 vi 编辑器打开 1.txt 文件后，1.txt 文件并没有内容，左下角提示了当前文件名、文件行数和文件大小，执行结果如图 3.3 所示。

图 3.3 通过 vi 编辑器查看 1.txt 文件

【例 3.4】在命令终端输入下列命令后敲击回车键，以启动 vi 编辑器并打开 2.txt 文件，如图 3.4 所示。

```
vi 2.txt
```

图 3.4 通过 vi 编辑器打开 2.txt 文件

【例 3.5】由于 2.txt 文件本身不存在，通过 vi 命令会让系统创建此文件，并通过 vi 编辑器打开 2.txt 文件。此时打开的文件在编辑器左下角会显示文件名称，其后会跟着"[新]"标志。此标志代表这是由编辑器所创建的空白文件，执行结果如图 3.5 所示。

图 3.5 通过 vi 编辑器查看 2.txt 文件

【例 3.6】退出编辑器，在命令终端中使用 ls 命令查看当前工作目录文件，可以查看到 2.txt 文件被列出，命令执行结果如图 3.6 所示。

图 3.6 查看桌面文件

vi 编辑器的退出方式，主要取决于用户是否想要保存对当前文件的更改，以下是 vi 编辑器中几种常见的退出方式。

(1) 正常退出并保存更改：如果文件有更改，则保存并退出；如果文件没有更改，则直接退出不保存。

(2) 正常退出但不保存更改：直接退出 vi 编辑器，而不保存对文件的任何更改。

(3) 仅当文件未更改时退出：如果自上次保存以来没有对文件进行任何更改，则能够退出。如果文件已被修改，则 vi 会阻止退出，并提示保存更改。

(4) 使用快捷键退出：在命令模式下，可以按 Shift + ZZ 来保存文件并退出 vi。

(5) 外部中断：如果 vi 编辑器因为某种原因(如程序错误或系统挂起)无响应，则用户可能需要从外部强制关闭它。这通常可以通过关闭终端窗口(如果用户是在终端中运行vi)或使用操作系统的任务管理器来强制结束 vi 进程来实现。然而，这种方法应该作为最后的手段，因为它可能导致用户丢失所有未保存的更改。

(6) 只读模式退出：如果用户以只读模式打开文件，则无法保存对文件的更改。要退出只读模式，只需按照上述任何一种正常退出的方式操作即可。

3.1.3　vi 编辑器的工作模式

vi 编辑器中设置了三种工作模式：命令模式、输入模式和末行模式，每种模式分别又支持多种不同的命令快捷键，这大大提高了工作效率，而且用户在习惯之后也会觉得相当顺手。要想高效率地操作文本，就必须先搞清这三种模式的操作区别以及模式之间的切换方法。

(1) 命令模式：vi 启动后默认进入命令模式。在命令模式下，用户可以执行各种编辑命令，如移动光标、复制粘贴文本、查找替换等。

(2) 输入模式：在命令模式下，用户可以通过输入特定的命令(如 a、i、o 等)进入输入模式，此时可以输入文本内容。编辑完成后，按 Esc 键可以返回命令模式。

(3) 末行模式：在命令模式下，通过输入 ":"(冒号)可以进入末行模式。在末行模式下，用户可以执行文件操作命令，如保存文件、退出 vi 等。

在每次运行 vi 编辑器时，默认进入命令模式，此时需要先切换到输入模式后再进行文档编写工作，而每次在编写完文档后需要先返回命令模式，然后再进入末行模式，执行文档的保存或退出操作。在 vi 中，无法直接从输入模式切换到末行模式。三种模式的操作区别及模式之间的切换方法，如图 3.7 所示。

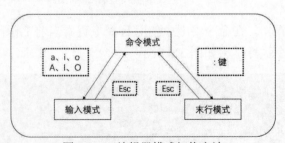

图 3.7　vi 编辑器模式切换方法

3.1.4　vi 编辑器的基本应用

用户若要高效使用 vi 编辑器操作文本，首先需要掌握 vi 编辑器各模式中的一些基本命令。下面是对 vi 编辑器三种模式的一些基本命令的使用。

对于命令模式而言，可以将操作分为以下几种：移动光标操作，复制、粘贴、删除等操作，搜索与替换操作。

(1) 移动光标操作。

在命令模式中，可以通过一些快捷键对光标进行移动，参数及作用如表 3.1 所示。

表 3.1　移动光标操作

参数	作用
G	将光标移动到文件的最后一行的行首
gg	将光标移动到文件的第一行行首，等价于 1gg 或 1G
0 或者^	数字 0 或者 Shift+6(上档键)，将光标移动到当前行的行首
$	Shift+4(上档键)，将光标从所在位置移动到当前行的行尾
n\<Enter\>	n 为数字，Enter 为回车键，表示将光标从当前行向下移动 n 行
ngg	n 为数字，表示移动到文件的第 n 行，同 nG
↑、↓、←、→	分别表示光标向上、下、左、右移动一个字符

【例 3.7】将/etc/rsyslog.conf 文件复制到当前桌面，为下面 vi 编辑器的基本应用做准备，命令执行结果如图 3.8 所示。

sudo cp /etc/rsyslog.conf test.txt

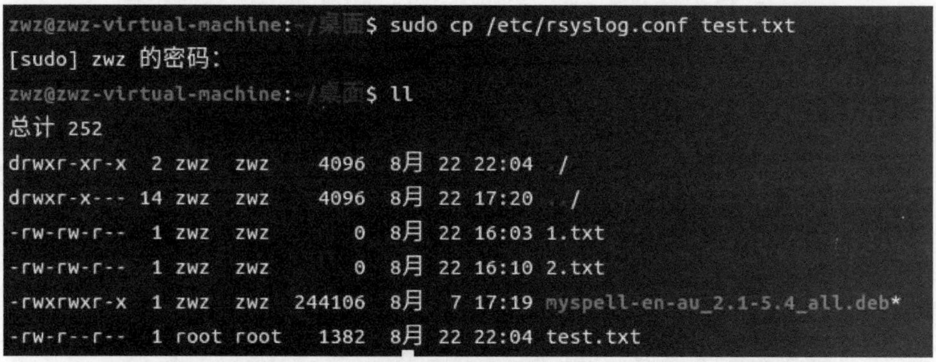

图 3.8　复制文件

【例 3.8】使用 vi 编辑器打开 test.txt 文件，通过"G"键将光标移动到文档最后一行的行首，执行结果如图 3.9 所示。

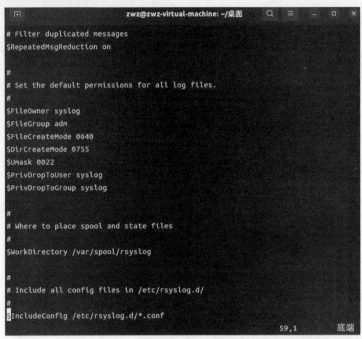

图 3.9　光标移动到最后一行的行首

【例 3.9】通过"gg"键将光标移动到文档第一行的行首,执行结果如图 3.10 所示。

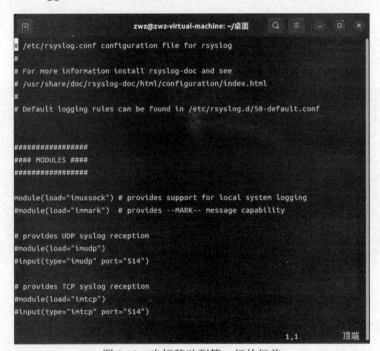

图 3.10　光标移动到第一行的行首

【例 3.10】将光标移至第 6 行的末尾,通过按键"0"将光标移动到当前行的行首,执行结果如图 3.11 所示。

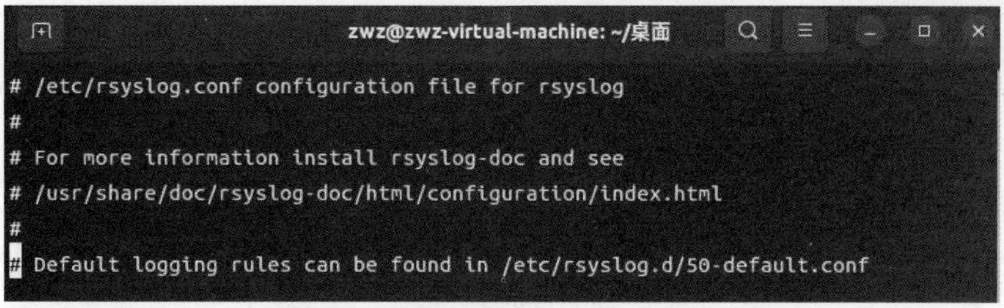

图 3.11　光标移动到第 6 行的行首

【例 3.11】通过按键"10gg"将光标移动到第 10 行的行首，执行结果如图 3.12 所示。

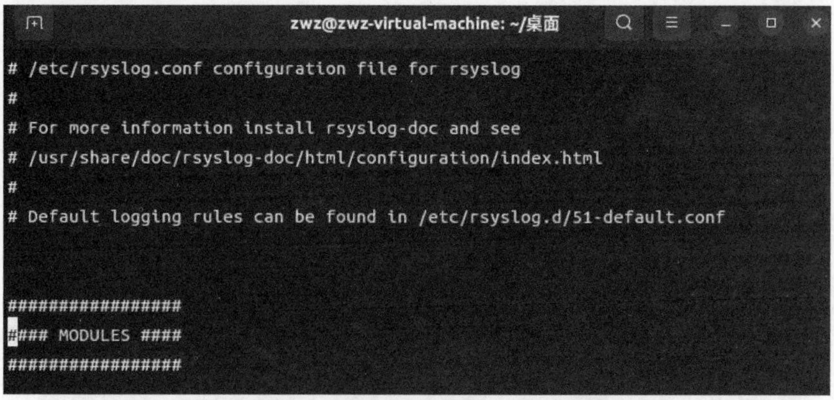

图 3.12　光标移动到第 10 行的行首

【例 3.12】通过按键"5"加"Enter"组合将光标向下移动 5 行，即到达第 15 行的行首，执行结果如图 3.13 所示。

图 3.13　光标下移 5 行

(2) 复制、粘贴、删除等操作。

在命令模式中，可以通过一些快捷键对文本内容进行复制、粘贴、删除等操作，参数及作用如表 3.2 所示。

表 3.2 复制、粘贴、删除操作

参数	作用
yy	表示复制光标所在的当前行
nyy	n 为数字，表示复制从当前行向下的 n 行
p	小写字母 p，表示将复制的数据粘贴到当前行的下一行
P	大写字母 P，表示将复制的数据粘贴到当前行的上一行
dd	删除光标所在的当前行
ndd	n 为数字，表示删除从当前行向下的 n 行
u	恢复上一次执行过的操作

【例 3.13】由于 test.txt 文件当前只有读权限，因此需要使用以下命令对该文件设置写权限，命令执行结果如图 3.14 所示。

sudo chmod o+w test.txt

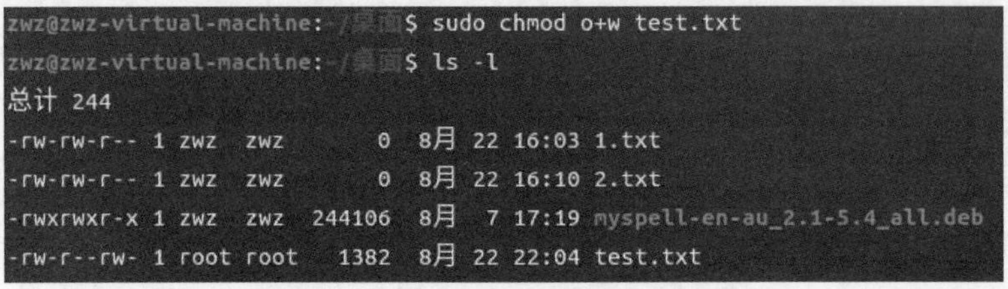

图 3.14 为 test.txt 文件添加写权限

【例 3.14】使用 vi 编辑器打开 test.txt 文件，首先将光标移动至第 6 行，按下"yy"键后再按"p"键，完成对第 6 行的复制，复制内容位于第 6 行下方即第 7 行，并且此时光标位于新复制内容的行首，执行结果如图 3.15 所示。

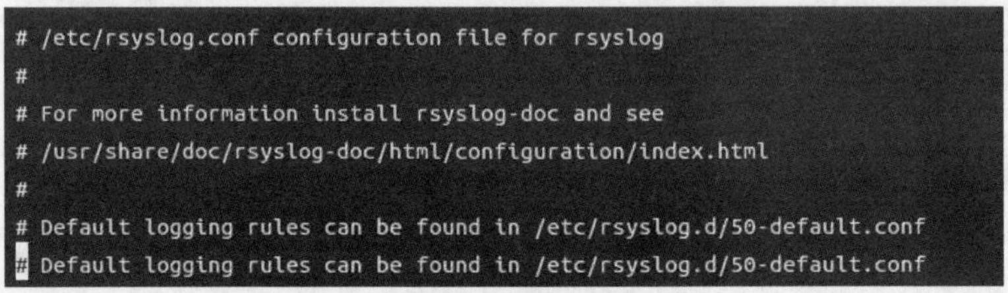

图 3.15 向下复制第 6 行文本

【例 3.15】通过按下"u"键，对刚才复制的操作进行撤销，此时原复制的内容消失，执行结果如图 3.16 所示。

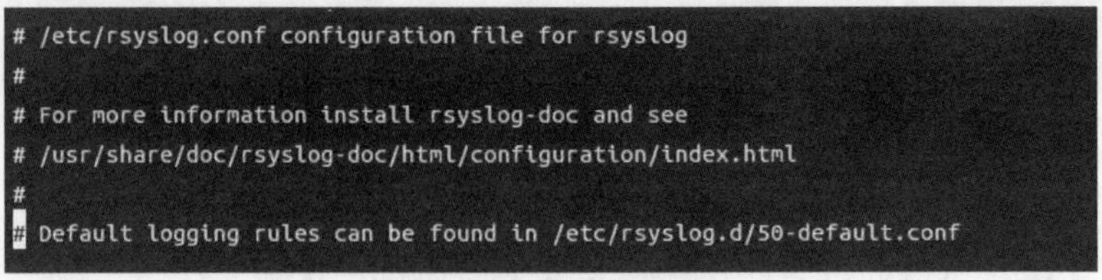

图 3.16 撤销复制操作

【例 3.16】通过按下"yy"键后再按"P"键,完成对第 6 行的复制,复制内容位于原第 6 行,原第 6 行内容下移至第 7 行,此时光标位于新复制内容的行首,即第 6 行行首,执行结果如图 3.17 所示。

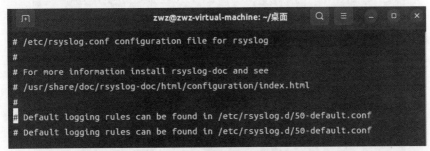

图 3.17　向上复制第 6 行文本

【例 3.17】此时通过按下"dd"键对复制内容进行删除,执行结果如图 3.18 所示。

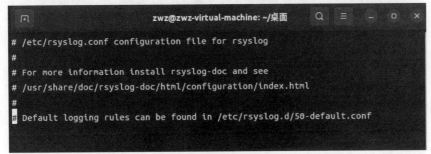

图 3.18　删除复制内容行

(3) 搜索与替换操作。

在命令模式中,可以通过一些快捷键对文本内容进行搜索或替换等操作,参数及作用如表 3.3 所示。

表 3.3　搜索与替换操作

参数	作用
/word	从当前光标位置开始,向下搜索名为 word 的字符串
?word	从当前光标位置开始,向上搜索名为 word 的字符串
n	重复前一个搜索的动作(如果默认是向下搜索的,则继续向下搜索)
N	反向重复前一个搜索的动作(如果默认是向上搜索的,则继续向上搜索)
:%s/A/B/g	搜索全文,把符合 A 的内容全部替换为 B,"/"为分隔符(@、#亦可)
:%s /A/B	搜索全文,把每行第一个符合 A 的内容替换为 B,每行后面的内容不改变
:n1,n2s/A/B/g	表示在 n1 和 n2 行间搜索,把符合 A 的内容全部替换为 B

【例 3.18】在 vi 编辑器命令模式下输入"/support",从光标位置开始向下搜索名为"support"的字符串,并且将其标记,按回车键后可定位到该处,执行结果如图 3.19 所示。

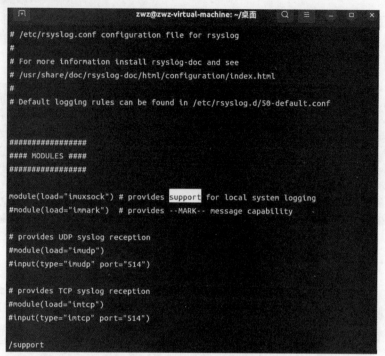

图 3.19　向下搜索 support 字符串

【例 3.19】在 vi 编辑器命令模式下输入"n",进行重复前一个搜索的动作,此时光标位于第 24 行的"support"处,执行结果如图 3.20 所示。

图 3.20　重复搜索操作

【例 3.20】在 vi 编辑器命令模式下输入“:%s/support/sport/g”以全文搜索“support”并将其改为“sport”，执行结果如图 3.21 所示。

```
module(load="imuxsock") # provides sport for local system logging
#module(load="immark")  # provides --MARK-- message capability

# provides UDP syslog reception
#module(load="imudp")
#input(type="imudp" port="514")

# provides TCP syslog reception
#module(load="imtcp")
#input(type="imtcp" port="514")

# provides kernel logging sport and enable non-kernel klog messages
module(load="imklog" permitnonkernelfacility="on")
```

图 3.21　全文搜索 support 并修改为 sport

输入模式是文档修改的基础，只有当编辑器进入输入模式之后才能对文档手动添加内容，通过一些快捷键从命令模式进入输入模式，参数及作用如表 3.4 所示。

表 3.4　输入模式操作

参数	作用
i	小写字母 i，在当前光标所在位置插入文字
I	大写字母 I，在当前行的行首第一个非空字符处开始插入文字
a	小写字母 a，在当前光标所在位置的后一位置开始插入文字
A	大写字母 A，在当前行的行尾处开始插入文字
o	小写字母 o，在当前行的下一行行首开始插入文字
O	大写字母 O，在当前行的上一行行首开始插入文字
Esc	Esc 键，退出输入模式，返回命令模式

【例 3.21】在 vi 编辑器命令模式下输入“i”，进入输入模式，此时光标处于当前位置，可以在此处插入文字“here”，执行结果如图 3.22 所示。

```
here#input(type="imudp" port="514")
```

图 3.22　在光标处插入文本 here

【例 3.22】在 vi 编辑器命令模式下输入“a”，进入输入模式，可以在光标后插入文字“here”，执行结果如图 3.23 所示。

```
here#input(type="imudp" port="514")
```

图 3.23　在光标后插入文本 here

【例 3.23】在 vi 编辑器命令模式下输入“A”，进入输入模式，可以在光标所在行的行尾处插入文字“here”，执行结果如图 3.24 所示。

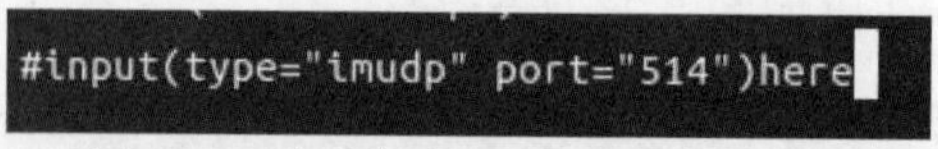

```
#input(type="imudp" port="514")here
```

图 3.24　在光标行尾处插入文本 here

【例 3.24】在 vi 编辑器命令模式下输入“o”，进入输入模式，可以在光标所在行的下一行行首处插入文字“here”，执行结果如图 3.25 所示。

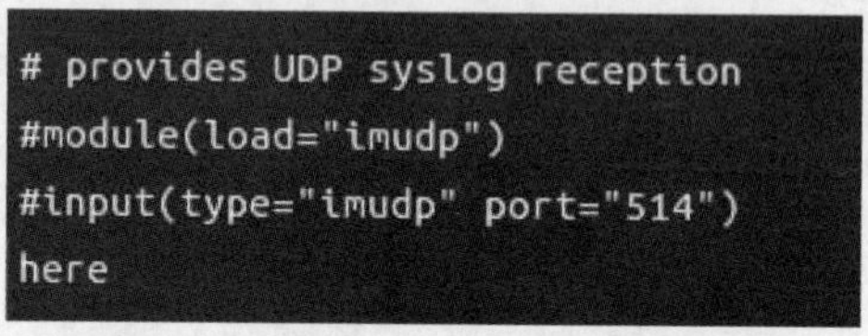

```
# provides UDP syslog reception
#module(load="imudp")
#input(type="imudp" port="514")
here
```

图 3.25　在光标下一行行首处插入文本 here

【例 3.25】在 vi 编辑器命令模式下输入“O”，进入输入模式，可以在光标所在行的上一行行首处插入文字“here”，执行结果如图 3.26 所示。

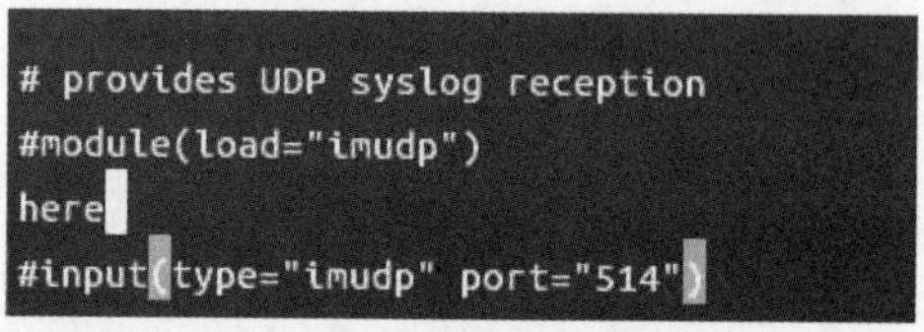

```
# provides UDP syslog reception
#module(load="imudp")
here
#input(type="imudp" port="514")
```

图 3.26　在光标上一行行首处插入文本 here

【例 3.26】在 vi 编辑器输入模式下按“Esc”键，退出输入模式，进入命令模式，执行结果如图 3.27 所示。

```
zwz@zwz-virtual-machine: ~/桌面
#
# For more information install rsyslog-doc and see
# /usr/share/doc/rsyslog-doc/html/configuration/index.html
#
# Default logging rules can be found in /etc/rsyslog.d/50-default.conf


#################
#### MODULES ####
#################

module(load="imuxsock") # provides sport for local system logging
#module(load="immark")  # provides --MARK-- message capability

# provides UDP syslog reception
#module(load="imudp")
here
#input(type="imudp" port="514")

# provides TCP syslog reception
#module(load="imtcp")
#input(type="imtcp" port="514")

                                                    18,4          2%
```

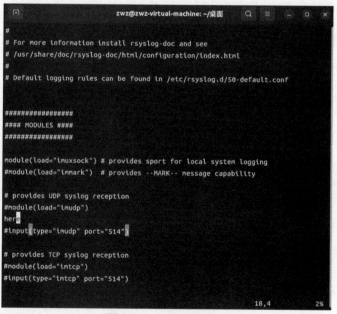

图 3.27　退出输入模式

对于末行模式而言，可以将操作分为保存文档、退出文档和设置编辑环境等，参数及作用如表 3.5 所示。

表 3.5　末行模式操作

参数	作用
:wq	退出并保存
:wq!	强制退出并保存，"!"代表强制
:q	当文档未曾修改时可退出
:q!	强制退出，不保存
:set nu	显示行号
:set nonu	取消行号，与 set nu 相反

【例 3.27】在 vi 编辑器命令模式下输入":q"，由于此时文档已经修改过，编辑器会提示已修改尚未保存，可以使用":q!"命令强制退出，执行结果如图 3.28 所示。

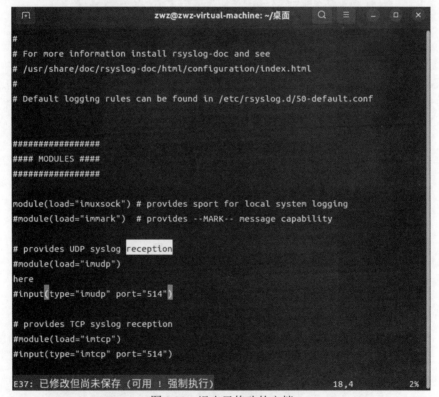

图 3.28　退出已修改的文档

【例 3.28】在 vi 编辑器命令模式下输入":q!"，编辑器会强制退出，且修改过的内容将不会被保存，重新使用编辑器打开 test.txt 文件，执行结果如图 3.29 所示。

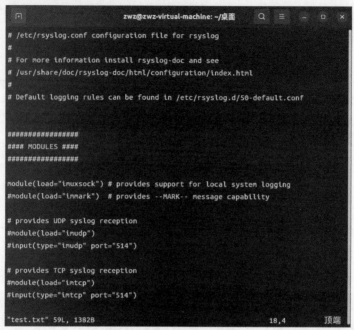

图 3.29　强制退出 vi 编辑器

【例 3.29】在 test.txt 文件的第 7 行处添加内容"save",vi 编辑器命令模式下输入":wq",编辑器会将文档保存并退出,重新使用编辑器打开 test.txt 文件,执行结果如图 3.30 所示。

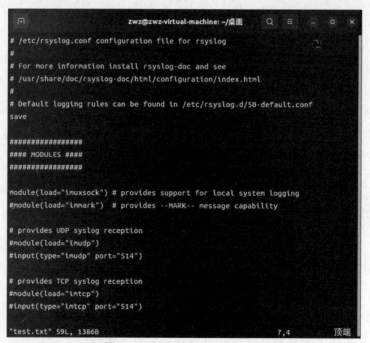

图 3.30　保存并退出 vi 编辑器

【例 3.30】在 vi 编辑器命令模式下输入":set nu",编辑器会显示行号,执行结果如图 3.31 所示。

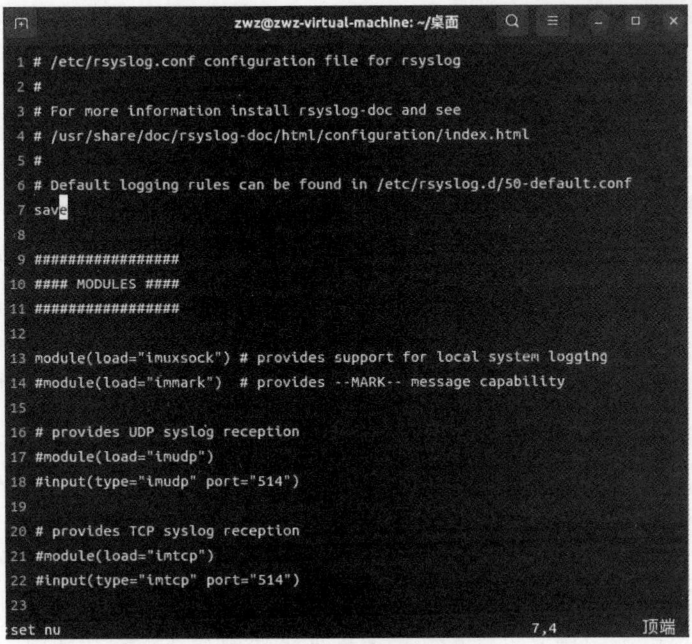

图 3.31　vi 编辑器显示行号

3.2　其他文本编辑器

除了 Ubuntu 自带的 vi 编辑器，还有许多编辑器可以供用户安装使用，如 vim 编辑器、nano 编辑器和 gedit 编辑器等。其他编辑器的使用可以提升用户编辑文档的效率。

3.2.1　vim 编辑器

vim(vi IMproved)是一种高度可配置的文本编辑器，旨在提供更高效、更强大的文本编辑能力。vim 起源于 vi——在 Unix 和类 Unix 系统中广泛使用的古老文本编辑器。随着时间的推移，vim 通过添加各种新特性和改进而发展壮大，成为程序员、作家和系统管理员等用户群体中的流行选择。

vim 编辑器在使用上与 vi 编辑器大体相同，区别主要体现在以下几个方面。

1．功能和特性

vim：作为 vi 的增强版，vim 提供了更为丰富的功能和特性。例如，vim 支持语法高亮、代码补全、自动缩进、多窗口编辑、宏录制、代码折叠等高级功能，这些功能使得 vim 在编程和开发方面更加强大和便捷。

vi：vi 相对简洁，主要提供了基本的文本编辑功能，如插入、删除、复制、粘贴等。虽然 vi 也支持正则表达式搜索和替换等高级功能，但整体上功能较为基础，没有 vim 那么丰富。

2. 撤销功能

vim：vim 的撤销功能可以无限制地撤销之前的操作，即使用户关闭了 vim 再重新打开，之前的撤销操作仍然有效，这种特性被称为"持久性撤销"。

vi：在 vi 中，撤销功能相对有限，通常只能撤销上一次的编辑操作。

3. 跨平台兼容性

vim：vim 几乎可以在所有主流操作系统上运行，包括 Windows、macOS、Linux 及 Unix 系统，这为跨平台开发提供了极大的便利。

vi：vi 最初是为 Unix 系统设计的，因此在 Unix 和 Linux 系统中有着广泛的应用。虽然 vi 也可以在 Windows 系统中通过模拟环境运行，但相比之下，vim 的跨平台兼容性更强。

4. 扩展性和定制性

vim：vim 支持使用插件来扩展其功能，用户可以根据自己的需求选择和安装各种插件，从而满足不同的编辑需求。此外，vim 还允许用户通过配置文件(如.vimrc)来自定义编辑器的行为和外观，包括键位映射、插件安装、界面主题等。

vi：vi 的扩展性和定制性相对较弱，用户主要依赖于 vi 提供的基本功能和命令来完成编辑工作，无法像 vim 那样通过插件和配置文件进行深入地定制和扩展。

5. 用户体验

vim：vim 提供了更为丰富和便捷的用户体验。例如，vim 的图形界面(如果通过图形界面工具启动)相对友好和直观，使得编辑操作更加便捷和高效。此外，vim 还支持多种编程语言的语法高亮和代码折叠等功能，使得代码阅读更加清晰和方便。

vi：vi 的用户体验相对简单直接，主要通过命令行界面进行操作。虽然 vi 也支持基本的文本编辑功能，但在用户体验方面可能不如 vim 那么丰富和便捷。

总的来说，vim 和 vi 都是非常强大的文本编辑器，它们各自具有独特的特点和优势。对于需要高效编辑文本的用户来说，vim 提供了更多的功能和快捷键选择；而对于只需要基本文本编辑功能的用户来说，vi 则是一个更为轻量级的选择。无论是 vim 还是 vi，掌握它们的基本使用方法都将大大提高文本编辑的效率。

3.2.2 nano 编辑器

nano 是一个轻量级且用户友好的文本编辑器，常用于 Unix、Linux 和 macOS 系统中。它简单易用，特别适合于初学者和快速编辑文本文件。与一些更复杂的编辑器(如 vim 或 Emacs)相比，nano 的界面更加直观，没有太多的快捷键和命令需要记忆。

1. 打开 nano 编辑器

在终端或命令提示符中，只需输入 nano 后跟文件名，然后按下回车键，即可打开 nano 编辑器。nano 编辑器打开文件的方式与 vi 编辑器一样，如果文件已存在，则直接打开。如果文件不存在，则创建新的文件并打开。

【例 3.31】在命令行下输入以下命令，敲击回车键。由于在当前工作目录中并不存在 3.txt 文件，因此系统首先会创建 3.txt 文件，然后 nano 会打开此文件，如图 3.32 所示。

nano 3.txt

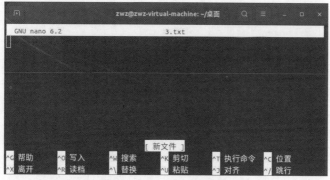

图 3.32 nano 命令打开 3.txt 文件

【例 3.32】与 vi、vim 编辑器的界面不同，nano 编辑器打开 3.txt 文件后的界面如图 3.33 所示。

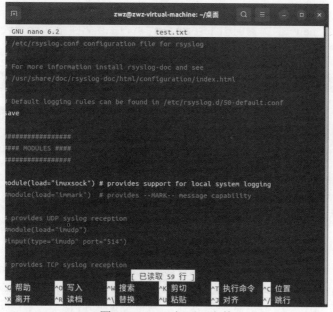

图 3.33 nano 创建新文件

2. nano 编辑器的界面

nano 编辑器界面分为四部分，其中顶部是编辑器的版本信息和文件名。后两行是操作快捷键的提示。倒数第三行是文件的信息提示，如果是新建的文件，中括号里面会显示[新文件]，如图 3.33 所示；如果是打开已存在的文件，中括号里面会显示[已读取 n 行]，其中 n 就是这个文本的行数，如图 3.34 所示。

图 3.34 nano 打开旧文件

中间部分即文本编辑区域，在此区域可以直接对文本进行编辑。在 nano 中，用户不需要进入"输入模式"或"命令模式"，因为它总是处于可以输入文本的状态。

使用 nano 编辑器打开文件之后，就可以通过使用底部的快捷组合按钮对文本内容进行增、删、改、查等操作。常用的快捷指令如表 3.6 所示。

表 3.6 nano 常用组合快捷操作及作用

参数	作用
Ctrl+G	显示帮助
Ctrl+X	离开 nano
Ctrl+O	保存文件(需要有权限)
Ctrl+R	从其他文件读入数据，可以将某个文件的内容贴在本文件中
Ctrl+W	查找字符串
Ctrl+\	替换字符串
Ctrl+K	剪切光标所在行
Ctrl+U	从剪贴板粘贴至当前行
Ctrl+C	显示目前光标所在处的行数与列数等提示信息
Ctrl+_	可以直接输入行号，让光标快速移动到该行
Esc+U	撤销操作

需要注意的是，nano 编辑器界面中的"^"表示"Ctrl"键。

【例 3.33】在命令行输入以下命令打开 test.txt 文件，命令执行结果如图 3.35 所示。

图 3.35 用 nano 编辑器打开 test.txt 文件

【例 3.34】通过 nano 编辑器打开 test.txt 文件后，在该文件第 7 行 save 后面输入"nano"，完成对 test.txt 文件的内容编辑，如图 3.36 所示。

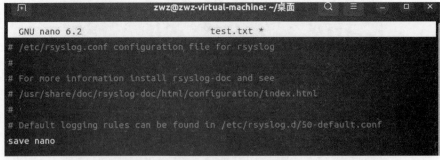

图 3.36 编辑 test.txt 内容

【例 3.35】在 nano 编辑器中，使用快捷组合键"Ctrl+O"，完成对 test.txt 文件内容的保存，此时在底部会默认出现"要写入的文件名为：test.txt"。此时如果不对文件名进行修改，那么文件修改的内容保存成功，命令执行结果如图 3.37 所示。如果将文件名修改成其他文件名，那么系统会将当前文本的内容进行另存为操作。

图 3.37　nano 编辑器保存 test.txt

【例 3.36】在 nano 编辑器中,使用快捷组合键"Ctrl+_"将光标快速移动到指定行。此时在底部输入 13 并敲击回车键,即可将光标移动到文档第 13 行,如图 3.38 所示。

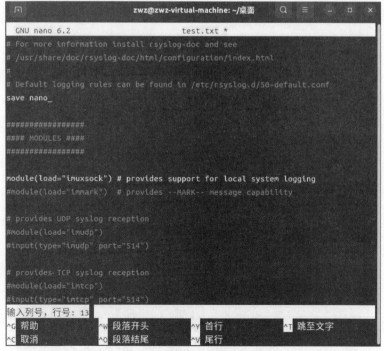

图 3.38　快速移动至指定行

【例 3.37】在 nano 编辑器中,使用快捷组合键"Ctrl+k"对第 13 行内容进行剪切。此时第 13 行内容位于缓存中,命令执行结果如图 3.39 所示。

图 3.39　剪切当前行

【例 3.38】将光标移动至文本当前第 14 行,使用快捷组合键"Ctrl+U"对刚才剪切的内容进行粘贴操作,命令执行结果如图 3.40 所示。

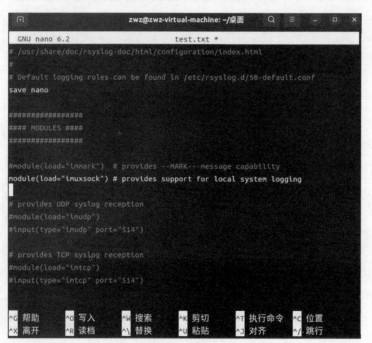

图 3.40　粘贴文本

【例3.39】使用快捷组合键"Ctrl+C"显示目前光标所在处的行数与列数等提示信息，命令执行结果如图 3.41 所示。

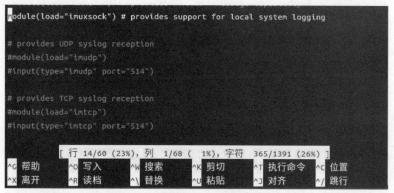

图 3.41　显示行数与列数等信息

【例3.40】使用快捷组合键"Esc+U"将刚才执行的粘贴操作撤回，命令执行结果如图 3.42 所示。

图 3.42　撤销粘贴操作

【例3.41】使用快捷组合键"Ctrl+x"退出 nano 编辑器。由于在退出编辑器前对内容进行了修改且没有执行保存操作，因此编辑器会提示"保存已修改的缓冲区？"，输入 Y 则保存修改操作并退出，输入 N 则不保存修改过的操作并退出编辑器，命令执行结果如图 3.43 所示。

图 3.43　退出 nano 编辑器

3.2.3　gedit 编辑器

gedit 是一个轻量级、快速且功能丰富的文本编辑器，适合各种类型的文本编辑任务。作为 GNOME 桌面环境的默认文本编辑器，gedit 与 GNOME 生态系统紧密集成，提供了良好的用户体验。gedit 是一个免费的开源软件，遵循 GPL 许可协议，用户可以自由地使用、修改和分发它。

在 GNOME 桌面生态系统中，gedit 作为核心文本编辑器占据着举足轻重的地位。作为 GNOME 项目家族的一员，它深度融入整个桌面环境，实现了与其他 GNOME 应用程序之间的流畅协作与无缝切换。GNOME 项目一贯秉持着构建统一且高效用户体验的愿景，而 gedit 正是这一理念的具体实践者，其设计紧密贴合 GNOME 生态系统的核心价值。因此，对于钟情于 GNOME 桌面环境的用户群体而言，gedit 不仅是他们编辑文本时的首选工具，更是他们日常工作和学习中不可或缺的高效伙伴。

gedit 的主要功能如下。

(1) 文本编辑：gedit 支持基本的文本编辑功能，如打开、保存、另存为、复制、粘贴、撤销、重做等。

(2) 语法高亮：根据编辑的文件类型，gedit 可以自动进行语法高亮，使代码更易于阅读。它支持多种编程语言的语法高亮，如 Python、C/C++、HTML 等。

(3) 查找和替换：gedit 提供了查找和替换文本的功能，用户可以通过快捷键或菜单选项快速定位并修改文本内容。

(4) 多文档编辑：gedit 支持同时打开多个文本文件进行编辑，每个文件以一个新的标签页形式展示，方便用户在不同文件之间切换。

(5) 自动保存和备份：gedit 具有自动保存和自动创建备份的功能，用户可以在首选项中启用这些功能，以防止数据丢失。

(6) 插件系统：gedit 拥有灵活的插件系统，用户可以通过安装插件来扩展其功能，如代码折叠、自动补全、版本控制等。

gedit 编辑器可以从 GNOME 桌面环境的应用程序菜单中启动，也可以在终端中输入"gedit"启动。gedit 编辑器在应用程序菜单中的图标如图 3.44 所示。

图 3.44 gedit 编辑器图标

双击文本编辑器，即可启动 gedit 编辑器，此时打开的是空白文档，如图 3.45 所示。在终端中也可以通过命令"gedit"打开 gedit 编辑器，还可以通过命令"gedit"后跟文件名打开指定的文件。

主界面通常被划分为几个核心区域，这些区域分别是：菜单栏、工具栏、编辑区域及状态指示栏。其中，菜单栏汇集了如文件操作、编辑功能、视图调整、搜索选项及运行命令等常用指令；工具栏则通过直观的图标按钮形式，为用户提供了快速执行常用命令的便捷途径；编辑区域则是用户进行文字录入、修改及编辑工作的核心空间；而状态指示栏则实时反馈当前文档的关键信息，比如当前行号、字符统计等，有助于用户掌握编辑状态。这样的布局设计，不仅确保了界面的美观与条理，也极大地提升了用户界面的易用性和理解度。

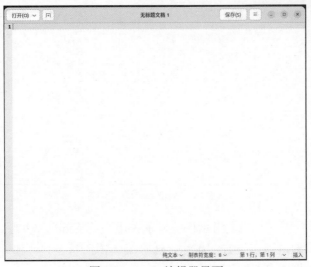

图 3.45　gedit 编辑器界面

【例 3.42】在终端中通过以下命令打开文件 test.txt，如图 3.46 所示。

gedit test.txt

图 3.46　gedit 命令打开 test.txt

【例 3.43】可以通过命令同时打开多个文件，比如通过命令"gedit test.txt 1.txt"，编辑器会同时打开 test.txt 和 1.txt 两个文件，可以通过点击文件切换编辑区域，命令执行结果如图 3.47 所示。

图 3.47　gedit 编辑器同时打开多个文件

在 gedit 编辑器界面右上方，有工具栏按钮，通过点击此按钮，可以看到一些常用的快捷操作按钮，执行结果如图 3.48 所示。

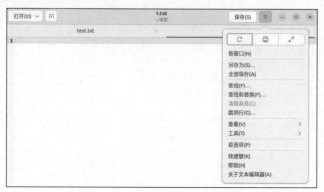

图 3.48　gedit 编辑器工具栏

在 gedit 编辑器界面下方状态指示栏中显示关于当前 gedit 活动的信息和关于菜单项的上下文信息，也可以通过点击下方的按钮，选择编辑器的状态。比如开启/关闭行号，显示右侧提示线等等，如图 3.49 所示。

图 3.49　gedit 编辑器状态栏

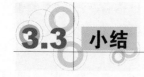 小结

编辑器的使用是 Ubuntu 系统中最基本、最重要的一环。无论是日常的文档编辑还是对系统配置文件的修改，抑或是对软件的配置，编辑器的使用都发挥了极大的作用。编辑器的使用涉及打开、编辑、保存文档和搜索与匹配等操作。在本章主要学习了如下知识点。

（1）vi 编辑器的使用大体包括 3 种模式：命令模式、输入模式、末行模式。在不同的模式中，可以通过其特定的指令完成对文档的特定功能。在命令模式下，用户可以执行各种编辑命令，如移动光标、复制粘贴文本、查找替换等。在输入模式下，用户可以通过输入特定的命令进入输入模式，此时可以对文档进行编辑。在末行模式下，用户可以执行文件操作命令，如保存文件、退出编辑器等。三种模式又存在着其特殊的转换关系。

（2）相比 vi，vim 在编辑功能、可定制性、学习体验、编辑模式、跨平台支持和性能等方面都具有显著的优势。这些优点使得 vim 成为一款备受推崇的文本编辑器，广泛应用于程序开发、系统管理和文本处理等领域。

（3）nano 是一个简单而强大的文本编辑器，特别适合快速编辑文件和初学者，其界面底部带有快捷组合键的提示，通过使用快捷组合键的功能，可以提高编辑文本的效率。

(4) gedit 是 Linux 下的一款功能强大、简单易用的文本编辑器，特别适合日常文本编辑和简单的代码编写。通过插件系统和自定义快捷键，用户可以轻松地扩展其功能，提高编辑效率。

实验 1　vi 编辑器的基本操作
要求：
(1) 将/etc/passwd 复制到当前目录。
(2) 通过 vi 编辑器打开 passwd 文件。
(3) 在第一行上方编写内容"#这是用户账户信息文件"。
(4) 将(3)的内容向下复制 5 行。
(5) 在命令模式下删除第 6 行内容。

实验 2　vi 编辑器查找与替换文本操作
要求：
(1) 查找文本：用户名。
(2) 将文本当中用户名的文本替换为 zwz1。
(3) 显示行号。

实验 3　nano 编辑器查找与替换文本操作
要求：
(1) 通过 nano 编辑器打开 passwd 文件。
(2) 查找文本中的"zwz1"。
(3) 将文本中的"zwz1"替换成"zwz123"。
(4) 保存文件。
(5) 退出文件。

1. 填空题
(1) 在 nano 编辑器中，要保存当前文件并退出，需要先按_____键保存文件，然后按_____键退出编辑器。
(2) 在 nano 编辑器中，_____键用于查找文本。
(3) 在 vi/vim 编辑器中，_____模式允许执行查找、替换、保存、退出等命令，而不是直接编辑文本。

(4) 若要跳转到文件的最后一行，可以在命令模式下输入_____命令。

(5) vi/vim 编辑器中的_____命令用于显示行号，这可以通过在命令模式下输入该命令并按回车键来启用。

2. 判断题

(1) 在 vi 或 vim 编辑器中，使用"yy"命令可以复制当前光标所在的整行。　　(　)

(2) 在 vi 或 vim 编辑器中，输入模式和末行模式可以直接相互切换。　　(　)

(3) 在 vi 或 vim 编辑器中，可以直接从输入模式切换到末行模式。　　(　)

(4) 在 vi 或 vim 编辑器中，使用":q!"命令可以在不保存更改的情况下退出编辑器。
　　(　)

(5) nano 编辑器的用户界面是图形化的。　　(　)

(6) nano 编辑器不支持多文件编辑。　　(　)

(7) 在 nano 编辑器中，Ctrl+X 用于退出编辑器。　　(　)

(8) gedit 是 GNOME 桌面环境下的默认文本编辑器。　　(　)

(9) gedit 编辑器不支持查找和替换文本。　　(　)

3. 单项选择题

(1) 在 vi 或 vim 编辑器中，要进入输入模式以开始编辑文本，应该按(　)键。
  A. I B. u C. : D. Esc

(2) 当处于 vi 或 vim 的输入模式时，(　)退出并返回命令模式。
  A. 按下 Ctrl + C B. 按下 Esc 键
  C. 按下 F2 键 D. 按下 Enter 键

(3) 在 vi 或 vim 的普通模式下，(　)命令用于删除当前光标下的字符。
  A. x B. d C. dd D. cw

(4) 在 nano 编辑器中，要保存当前文件并退出编辑器，应该按(　)键序列。
  A. Ctrl + X B. Ctrl + O 然后 Ctrl + X
  C. Ctrl + S 然后 Ctrl + Q D. Esc 然后 :wq

(5) 要在 nano 编辑器中查看所有可用的快捷键和命令，应该(　)。
  A. 按 F1 键 B. 按 Ctrl + G
  C. 输入 help 命令 D. 按 Esc 键，然后输入:help

4. 简答题

(1) vi 编辑器的三种模式分别是什么？

(2) 怎么从输入模式切换到末行模式？

第4章 用户管理

　　Ubuntu 操作系统的用户管理涉及用户的创建、删除、修改，用户组的管理，以及文件传输和权限设置等方面。在 Ubuntu 系统中，对用户和用户组的管理是系统管理的基础，确保了系统的有序使用和安全性。

 本章学习目标

◎ 理解用户管理基本概念。
◎ 掌握用户相关命令的语法。
◎ 熟悉用户组管理命令。
◎ 掌握其他用户管理相关命令的使用。

本章思维导图

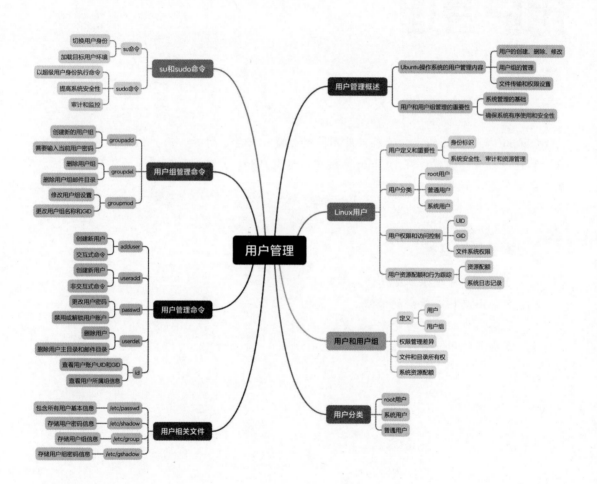

4.1 Linux 用户

Linux 系统是一个多用户多任务的操作系统，用户不仅是访问系统资源的身份标识，而且与系统的安全性、审计和资源管理直接相关。每个用户拥有唯一的用户 ID(UID)和通常关联的密码，这确保了系统登录的安全性。用户的权限和访问由其 UID、所属的用户组(GID)及文件系统权限共同决定。

用户可以分为 root 用户、普通用户和系统用户。其中，root 用户拥有最高权限，普通用户通常用于日常操作，而系统用户则主要用于执行特定的系统任务。用户可以属于一个或多个用户组，这为批量管理提供了便利。每个用户还有自己的家目录(也称为主目录)，这是他们的工作空间，可以存放个人文件和设置个人环境。

系统管理员可以通过实施资源配额来限制用户对系统资源的使用，如磁盘空间和 CPU 时间，从而避免资源滥用。用户的活动，包括命令执行和文件访问，会被记录在系统日志中，这对于审计和监控是非常重要的。

支持多用户是 Linux 系统的一个强大特性，允许多个用户同时工作，而不会互相干扰。用户空间和系统空间的划分提供了不同级别的文件系统访问，增强了系统的安全性。

Linux 系统中的用户管理涉及身份验证、权限控制、资源分配和行为跟踪等多个方面，这些都是确保系统有效运行和保持安全的关键要素。理解这些概念有助于更高效地管理用户账户和保护系统资源。

4.1.1 用户和用户组

在 Linux 系统中，用户(User)和用户组(Group)是两个基本概念，它们在权限管理和文件系统权限方面起着关键作用。表 4.1 是用户和用户组的主要区别。

表 4.1 用户和用户组的主要区别

项目	用户	用户组
定义	用户是系统中的一个账户，拥有登录系统、运行程序和执行操作的权限。每个用户都有唯一的用户名和 UID	用户组是一组用户的集合，通常根据共同的需求或权限来组织。每个用户组都有一个唯一的名称和 GID
权限管理	权限和配额可以针对单个用户设置，控制该用户对系统资源的访问	权限通常基于组来设置，属于同一组的用户共享这些权限
文件和目录所有权	文件和目录的所有权可以分配给单个用户	文件和目录可以属于一个用户组，组内所有用户可以根据对该组设置的权限访问这些文件和目录
访问控制	用户通过自己的 UID 与文件的所有权或访问权限关联	用户通过自己的 GID 与用户组关联，进而与文件的组权限关联

(续表)

项目	用户	用户组
系统资源配额	系统资源的配额可以分配给单个用户	资源配额通常不按用户组分配，但可以为用户组设置默认的资源限制
账户类型	可以是普通用户或系统用户。普通用户用于日常登录和工作，系统用户通常用于运行系统服务	没有系统用户组和普通用户组之分，但用户组可以包含系统用户和普通用户
安全性	密码和账户安全策略通常针对单个用户设置	用户组没有密码，安全性主要通过组成员和文件权限来维护
管理方式	可以通过 useradd、usermod、userdel 等命令管理用户账户	可以通过 groupadd、groupmod、groupdel 等命令管理用户组

4.1.2 用户分类

Linux 系统中存在三种用户，即 root 用户、系统用户、普通用户。

在 Linux 系统中，用户身份通常由用户 ID(User Identifier，简称 UID)和组 ID(Group Identifier，简称 GID)来标识。以下是关于 root 用户、系统用户和普通用户的 UID 和 GID 分配的一般规则。

1. root 用户

root 用户的 UID 通常是 0。root 用户也被称为超级用户，具有系统中的最高权限，能够执行任何操作，包括系统管理和对系统文件的修改。

2. 系统用户

系统用户的 UID 通常是一个负值或者处于 500 到 999 的范围内。这些用户是为了运行系统服务而创建的，不应该用来登录系统。以本书为例，Ubuntu 系统中的 Systemd 服务就使用了多个系统用户。

系统用户的 GID 通常与它们的 UID 相同，或者属于特定的系统组，如 sudo、adm 等。

3. 普通用户

普通用户的 UID 从 1000 开始(在某些旧的或特定的系统中可能是 500 或其他值，这取决于具体的 Linux 发行版和配置)。每个普通用户都有一个唯一的 UID。

普通用户的 GID 通常是他们所属的主组的 GID，这个 GID 在创建用户时分配，并且通常与 UID 不同。

在 Linux 系统中，用户和组的信息通常存储在/etc/passwd 和/etc/group 文件中。这些文件记录了用户的 UID、GID、用户名、密码(通常以 x 表示，实际密码存储在/etc/shadow 文件中)、家目录和登录 Shell 等信息。

现在使用快捷键 Ctrl+Alt+T 打开终端，输入 cat /etc/passwd 查看/etc/passwd 文件的内容，如图 4.1 所示。

在/etc/passwd 文件中，root 用户的条目如图 4.2 所示。

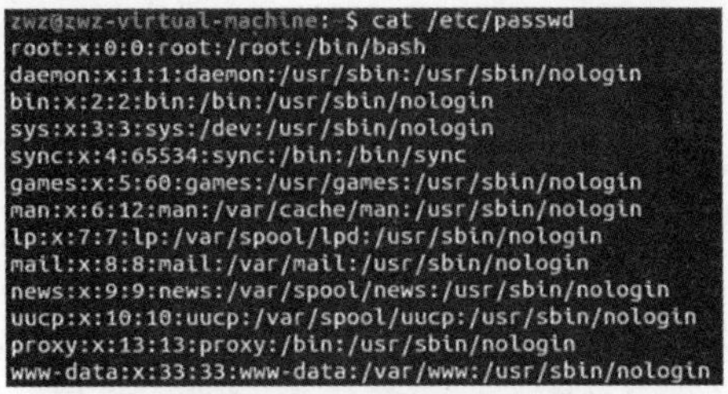

```
zwz@zwz-virtual-machine:~$ cat /etc/passwd
root:x:0:0:root:/root:/bin/bash
daemon:x:1:1:daemon:/usr/sbin:/usr/sbin/nologin
bin:x:2:2:bin:/bin:/usr/sbin/nologin
sys:x:3:3:sys:/dev:/usr/sbin/nologin
sync:x:4:65534:sync:/bin:/bin/sync
games:x:5:60:games:/usr/games:/usr/sbin/nologin
man:x:6:12:man:/var/cache/man:/usr/sbin/nologin
lp:x:7:7:lp:/var/spool/lpd:/usr/sbin/nologin
mail:x:8:8:mail:/var/mail:/usr/sbin/nologin
news:x:9:9:news:/var/spool/news:/usr/sbin/nologin
uucp:x:10:10:uucp:/var/spool/uucp:/usr/sbin/nologin
proxy:x:13:13:proxy:/bin:/usr/sbin/nologin
www-data:x:33:33:www-data:/var/www:/usr/sbin/nologin
```

图 4.1　查找系统上所有用户的基本信息

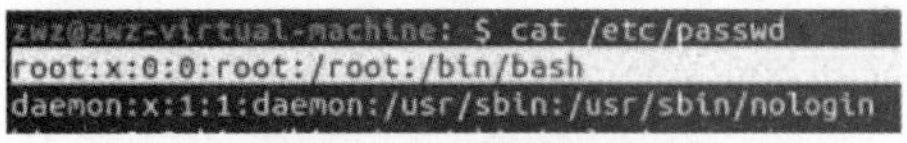

```
zwz@zwz-virtual-machine:~$ cat /etc/passwd
root:x:0:0:root:/root:/bin/bash
daemon:x:1:1:daemon:/usr/sbin:/usr/sbin/nologin
```

图 4.2　root 用户条目

这里 root:x:0:0:root:/root:/bin/bash 中 0:0 表示 root 用户的 UID 和 GID 都是 0。

系统用户的条目则如图 4.3 所示。

这里 www-data:x:33:33:www-data:/var/www:/usr/sbin/nologin 中 33:33 表示系统用户的 UID 和 GID 都是 33。

普通用户的条目如图 4.4 所示。

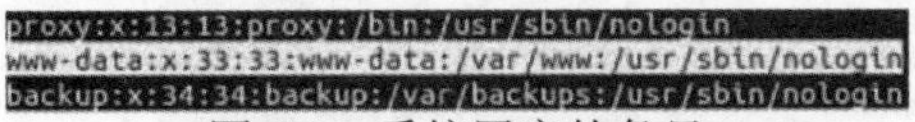

```
proxy:x:13:13:proxy:/bin:/usr/sbin/nologin
www-data:x:33:33:www-data:/var/www:/usr/sbin/nologin
backup:x:34:34:backup:/var/backups:/usr/sbin/nologin
```

图 4.3　系统用户的条目

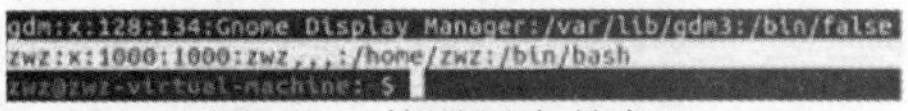

```
gdm:x:128:134:Gnome Display Manager:/var/lib/gdm3:/bin/false
zwz:x:1000:1000:zwz,,,:/home/zwz:/bin/bash
zwz@zwz-virtual-machine:~$
```

图 4.4　普通用户的条目

这里，1000:1000 表示普通用户的 UID 和 GID 都是 1000。

密码字段通常是一个 x 字符，表示密码是通过/etc/shadow 文件存储的。需要注意的是，不同 Linux 发行版和不同的系统配置可能会有不同的 UID 和 GID 分配规则。上述情况是大多数 Linux 版本下的通用实践。

4.1.3　用户相关文件

在 Ubuntu 系统中，用户和组的信息主要存储在一些关键文件中。了解这些文件及其作用，对于系统管理和安全维护至关重要。以下是对这些文件中最重要的/etc/passwd 文件的详细解释。

1. /etc/passwd

/etc/passwd 是一个文本文件，包含了系统中所有用户的基本信息。每个用户的信息占用一行，行内的字段用冒号(:)分隔。通常，这些字段包括以下内容。

(1) 用户名：用户登录系统时使用的名称。

(2) 密码占位符：大多数现代系统中，密码信息已被转移到更安全的/etc/shadow 文件，因此这里通常显示为 x。

(3) 用户 ID(UID)：标识用户的唯一数字 ID。系统中的每个用户都拥有一个唯一的 UID，根用户通常为 0。

(4) 组 ID(GID)：标识用户所属的主组的唯一数字 ID。这个 ID 对应于/etc/group 文件中的组信息。

(5) 用户信息(GECOS 字段)：这个字段通常用于存储用户的全名或其他注释性信息，如联系方式。

(6) 家目录：用户登录时的默认目录。通常，系统用户的家目录位于/home 目录下，如/home/username。

(7) 登录 Shell：用户登录时使用的命令解释器，通常为/bin/bash 或/bin/sh。

由于/etc/passwd 文件的权限设置较为宽松，普通用户也可以查看其内容。要查看此文件的内容，可以使用 cat 或 less 等命令。

2. cat 命令

cat(concatenate)是一个命令行工具，用于读取文件内容并将其输出到终端。使用 cat /etc/passwd 命令时，cat 会读取/etc/passwd 文件的内容，并直接输出到终端窗口，展示系统中所有用户的基本信息。例如需要读取 passwd 文件的内容，输入命令：cat/etc/passwd。

执行这个命令后，将能够在终端中查看每个用户的详细信息，如图 4.5 所示。由于这些信息可能较长，也可以使用 less 命令进行分页显示，方便逐行查看。

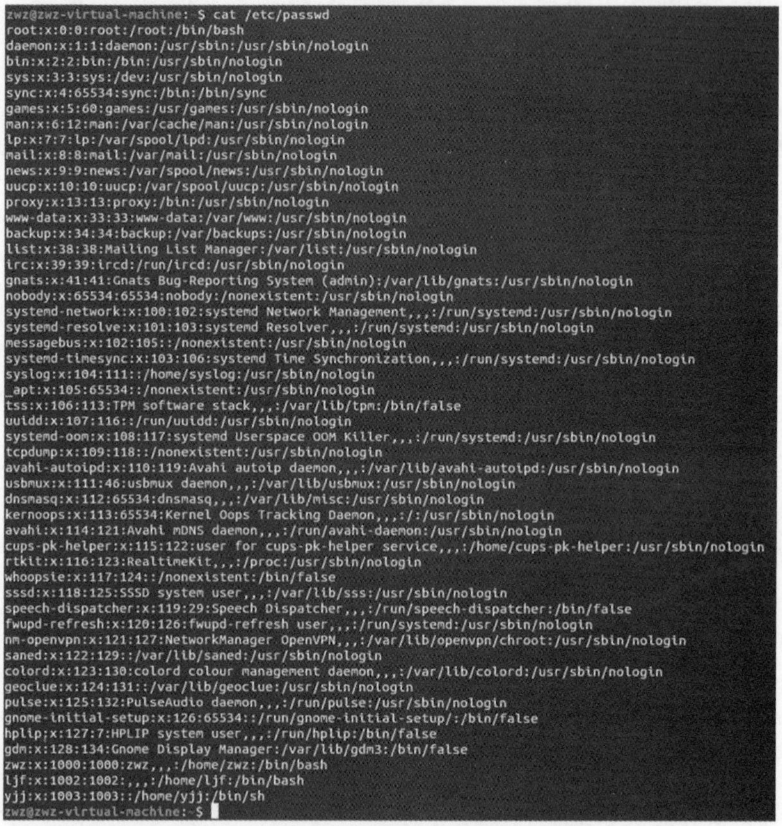

```
zwz@zwz-virtual-machine:~$ cat /etc/passwd
root:x:0:0:root:/root:/bin/bash
daemon:x:1:1:daemon:/usr/sbin:/usr/sbin/nologin
bin:x:2:2:bin:/bin:/usr/sbin/nologin
sys:x:3:3:sys:/dev:/usr/sbin/nologin
sync:x:4:65534:sync:/bin:/bin/sync
games:x:5:60:games:/usr/games:/usr/sbin/nologin
man:x:6:12:man:/var/cache/man:/usr/sbin/nologin
lp:x:7:7:lp:/var/spool/lpd:/usr/sbin/nologin
mail:x:8:8:mail:/var/mail:/usr/sbin/nologin
news:x:9:9:news:/var/spool/news:/usr/sbin/nologin
uucp:x:10:10:uucp:/var/spool/uucp:/usr/sbin/nologin
proxy:x:13:13:proxy:/bin:/usr/sbin/nologin
www-data:x:33:33:www-data:/var/www:/usr/sbin/nologin
backup:x:34:34:backup:/var/backups:/usr/sbin/nologin
list:x:38:38:Mailing List Manager:/var/list:/usr/sbin/nologin
irc:x:39:39:ircd:/run/ircd:/usr/sbin/nologin
gnats:x:41:41:Gnats Bug-Reporting System (admin):/var/lib/gnats:/usr/sbin/nologin
nobody:x:65534:65534:nobody:/nonexistent:/usr/sbin/nologin
systemd-network:x:100:102:systemd Network Management,,,:/run/systemd:/usr/sbin/nologin
systemd-resolve:x:101:103:systemd Resolver,,,:/run/systemd:/usr/sbin/nologin
messagebus:x:102:105::/nonexistent:/usr/sbin/nologin
systemd-timesync:x:103:106:systemd Time Synchronization,,,:/run/systemd:/usr/sbin/nologin
syslog:x:104:111::/home/syslog:/usr/sbin/nologin
_apt:x:105:65534::/nonexistent:/usr/sbin/nologin
tss:x:106:113:TPM software stack,,,:/var/lib/tpm:/bin/false
uuidd:x:107:116::/run/uuidd:/usr/sbin/nologin
systemd-oom:x:108:117:systemd Userspace OOM Killer,,,:/run/systemd:/usr/sbin/nologin
tcpdump:x:109:118::/nonexistent:/usr/sbin/nologin
avahi-autoipd:x:110:119:Avahi autoip daemon,,,:/var/lib/avahi-autoipd:/usr/sbin/nologin
usbmux:x:111:46:usbmux daemon,,,:/var/lib/usbmux:/usr/sbin/nologin
dnsmasq:x:112:65534:dnsmasq,,,:/var/lib/misc:/usr/sbin/nologin
kernoops:x:113:65534:Kernel Oops Tracking Daemon,,,:/:/usr/sbin/nologin
avahi:x:114:121:Avahi mDNS daemon,,,:/run/avahi-daemon:/usr/sbin/nologin
cups-pk-helper:x:115:122:user for cups-pk-helper service,,,:/home/cups-pk-helper:/usr/sbin/nologin
rtkit:x:116:123:RealtimeKit,,,:/proc:/usr/sbin/nologin
whoopsie:x:117:124::/nonexistent:/bin/false
sssd:x:118:125:SSSD system user,,,:/var/lib/sss:/usr/sbin/nologin
speech-dispatcher:x:119:29:Speech Dispatcher,,,:/run/speech-dispatcher:/bin/false
fwupd-refresh:x:120:126:fwupd-refresh user,,,:/run/systemd:/usr/sbin/nologin
nm-openvpn:x:121:127:NetworkManager OpenVPN,,,:/var/lib/openvpn/chroot:/usr/sbin/nologin
saned:x:122:129::/var/lib/saned:/usr/sbin/nologin
colord:x:123:130:colord colour management daemon,,,:/var/lib/colord:/usr/sbin/nologin
geoclue:x:124:131::/var/lib/geoclue:/usr/sbin/nologin
pulse:x:125:132:PulseAudio daemon,,,:/run/pulse:/usr/sbin/nologin
gnome-initial-setup:x:126:65534::/run/gnome-initial-setup/:/bin/false
hplip:x:127:7:HPLIP system user,,,:/run/hplip:/bin/false
gdm:x:128:134:Gnome Display Manager:/var/lib/gdm3:/bin/false
zwz:x:1000:1000:zwz,,,:/home/zwz:/bin/bash
ljf:x:1002:1002:,,,:/home/ljf:/bin/bash
yjj:x:1003:1003::/home/yjj:/bin/sh
zwz@zwz-virtual-machine:~$
```

图 4.5　利用 cat 命令查看系统中所有用户的基本信息列表

cat /etc/passwd 命令对于快速查看系统中所有用户的基本信息非常有用，尤其适合系统管理员。然而，cat 命令会一次性输出整个文件的内容，这在文件较长时，可能导致输出庞大且不易阅读。因此，在处理像/etc/passwd 这样可能包含大量用户信息的文件时，使用分页工具如 less 命令可能更加高效。

3. less 命令

less 是一个功能强大的命令行工具，用于分页浏览文件的内容，特别适合处理较大的文件。与 more 命令相比，less 提供了更多的功能，使用户能够更灵活地浏览文件内容。执行 less /etc/passwd 命令后，将进入一个新的界面，在终端中以分页方式显示/etc/passwd 文件的内容。如图 4.6 所示。

图 4.6 利用 less 命令查看系统中所有用户的基本信息列表

使用 less 命令时，可以通过以下键盘快捷键来自由导航文件。
(1) Page Up 和 Page Down 键：分别用于向上或向下翻页，方便逐页浏览内容。
(2) 搜索功能：按/键后输入搜索词，能够在文件中快速定位特定信息。
(3) 继续搜索：按 n 键可以跳转到下一个匹配项，加快查找效率。
(4) 跳转到文件末尾：按 Shift+g 键，快速跳转到文件的末尾。
(5) 跳转到文件开头：按 g 键，迅速回到文件的开头。
(6) 退出：按 q 键退出 less 视图，返回到命令行提示符。

这个命令的灵活性和易用性使得它在处理较长文件时，特别是在需要查找特定用户信息的情况下，显得尤为高效。通过使用 less 命令，系统管理员能够更加便捷地管理用户账户信息，并在需要时快速定位相关内容。

less /etc/passwd 是一个极其实用的命令，尤其适用于需要逐页查看和快速搜索用户信息的场景，帮助管理员在管理系统时提高效率并减少操作负担。

4. /etc/shadow

/etc/shadow 文件的安全性是 Linux 系统中用户密码管理的关键，任何对该文件的修改都需要非常谨慎。系统管理员可以通过修改该文件来更改用户密码、禁用用户账号或设置密码策略。例如，禁用用户账号可以在密码字段前添加一个感叹号(!)。

如果需要查看/etc/shadow 文件，可以使用命令 sudo cat /etc/shadow，如图 4.7、图 4.8 所示。修改用户密码则通常使用 passwd 命令，而禁用用户账号可以使用 usermod -L 用户名命令。

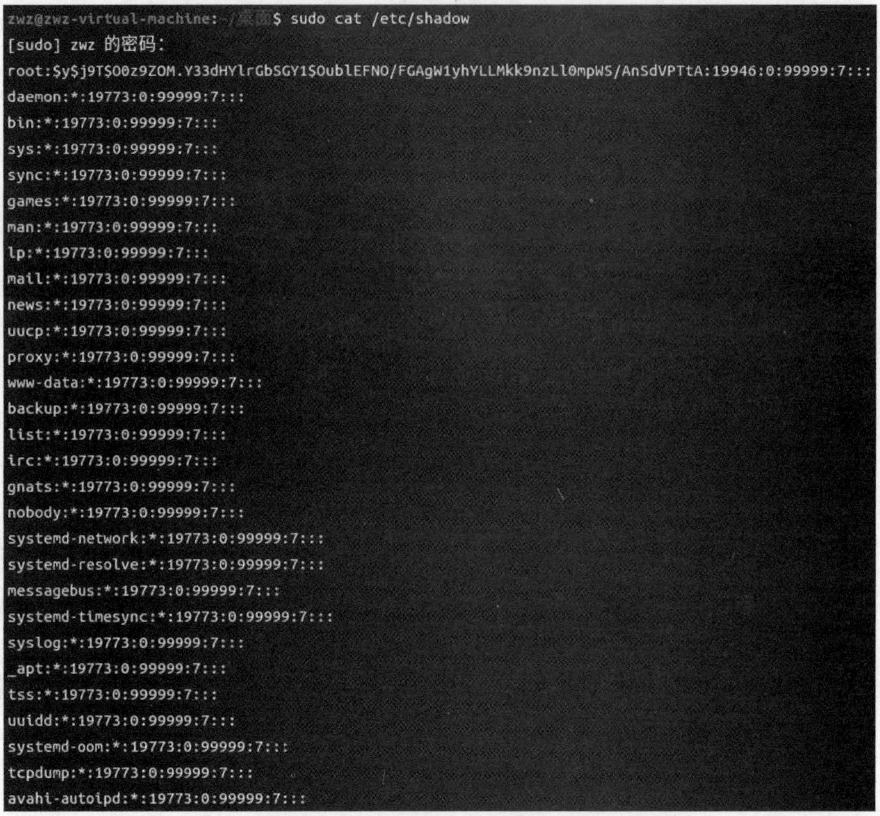

图 4.7 利用 sudo cat 命令查看/etc/shadow 文件

图 4.8 /etc/shadow 文件里的用户密码字段

/etc/shadow 文件中的每条记录通常包含以下字段，以冒号分隔：

username:password:last_change:min_days:max_days:warn_days:inactive_days:expire_date:reserved

在 Linux 系统中，/etc/shadow 文件用于存储用户密码及相关安全策略信息。每个用户的条目由 9 个字段组成，字段由冒号分隔。密码字段包含了加密后的密码，其中 username 代指用户名，与 /etc/passwd 中的用户名对应；password 表示密码的加密算法和散列值；last_change 指上次修改密码的日期，是以从 1970 年 1 月 1 日起的天数表示；min_days 表示密码最短使用期限，是指用户必须等待多少天后才能再次修改密码，当该值为 0 时表示可以随时修改；max_days 表示密码最长使用期限，是指密码有效期的最大天数，超过后用户必须更改密码，如该字段的值为 99999 或为空时，表示无限制；warn_days 表示密码过期前警告天数，是指密码即将过期时，提前多少天向用户发出警告；inactive_days 表示密码过期宽限天数，是指密码过期后，允许账户保持登录状态的宽限期天数，超过后账户将被锁定；expire_date 表示账户失效日期，该字段的数字为自 1970 年 1 月 1 日以来的天数，空字段表示账户永不过期；reserved 表示保留字段，未做使用，保留为未来扩展。

5. /etc/group

这个文件用于存储系统中用户组的信息。

每行记录一个用户组的信息，格式通常包括组名、组密码(通常留空或为 x)、组内用户的列表。如果要查看/etc/group 文件里面的内容，同样可以用 cat 与 less 命令进行查询。

二者选其一，输入以下代码进行查询：

```
cat /etc/group
less /etc/group
```

如图 4.9 所示，在/etc/group 文件中有多个用户组，而其中用户组 zzz 中有两个用户，分别为 kate 和 ellen。

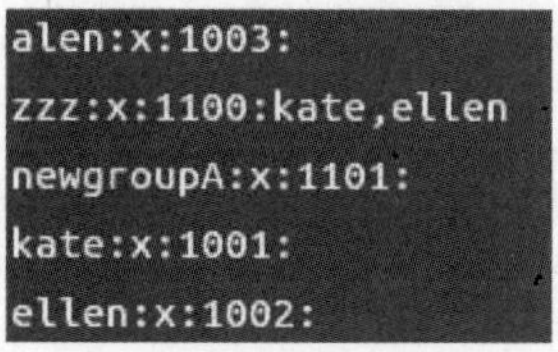

```
alen:x:1003:
zzz:x:1100:kate,ellen
newgroupA:x:1101:
kate:x:1001:
ellen:x:1002:
```

图 4.9 /etc/group 文件里的用户组

/etc/group 文件中的每条记录通常包含以下字段，以冒号(:)分隔：

```
Groupname:Password:User1,User2,User3,...
```

Groupname 代指组名，Password 代指组密码，组密码通常不使用，因此大多数组的密码字段是空的或者 x，User 均代指该组的成员。

6. /etc/gshadow

这个文件类似于/etc/shadow，用于存储用户组的密码信息及组成员列表。

每行记录一个用户组的密码和成员信息，格式包括组名、加密的组密码、组管理员和组成员列表。

二者选其一，输入以下代码：

```
sudo cat /etc/gshadow
sudo less /etc/gshadow
```

如图 4.10 所示，可以看到在/etc/shadow 文件中，用户组 zzz 内有两个用户，组密码为空，组成员分别为 kate 和 ellen。

/etc/group 文件中的每条记录通常包含以下字段，以冒号(:)分隔：

Groupname:EncryptedPassword:Admin:Member1,Member2,...

Groupname 代指组名，EncryptedPassword 代指组密码，加密的组密码通常不使用，因此这个字段可能是空的或者!，表示没有密码。Admin 为组管理员，通常与组名相同或为 root，Member 代指组成员列表，可能为空或包含多个用户名。

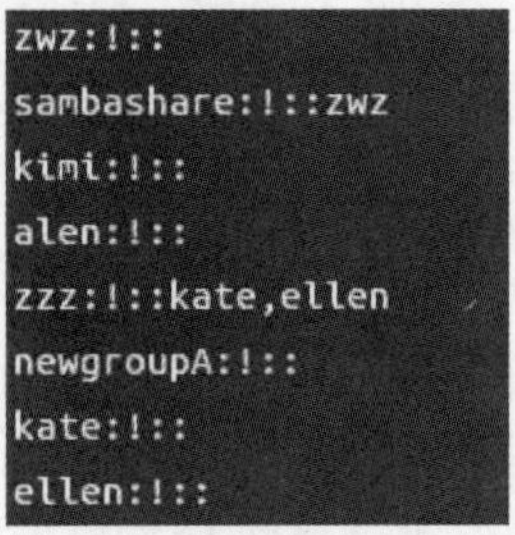

图 4.10 /etc/gshadow 文件里的用户组的密码信息

这些文件对于 Linux 系统的用户和组管理至关重要，它们控制着用户的登录、权限和访问控制。出于安全考虑，这些文件通常只允许系统管理员(如 root 用户)访问和修改。普通用户没有权限直接编辑这些文件，但可以通过各种系统命令(如 useradd、usermod、groupadd、passwd 等)来管理用户和组信息。

4.2 Linux 用户组

在 Linux 系统中，用户组是具有相同特性的用户集合，主要用于控制用户对文件和目录的访问权限。每个用户组都有一个唯一的组 ID(GID)，而每个用户可以属于一个或多个用户组。用户组的概念和管理是 Linux 系统用户管理的重要组成部分。通过用户组，可以简化权限管理，并提供集中管理机制。用户组的作用主要体现在控制访问权限、集中管理用户及简化权限管理等方面。

4.2.1 用户管理命令

在 Ubuntu 中，常用的用户管理命令如下。

1. adduser：创建新用户

例如，要创建一个名为 newuser 的用户，可以使用以下命令：

sudo adduser newuser

【例 4.1】使用 adduser 命令创建一个名为 alice 的用户。

打开控制台，运行 sudo adduser alice 命令，系统即会创建一个名为 alice 的用户。设置 alice 的密码后，系统会要求输入用户的全名、房间号、电话号码等信息，这些信息属于选填信息，可以直接按回车键跳过。如图 4.11 所示。

adduser 是一个交互式命令，它会提示输入用户信息并设置密码。在使用 adduser 命令时，需要按照提示输入两次密码以确认，之后系统可能会要求输入用户的全名、房间号、电话号码等信息，这些信息是可选的，可以直接按回车键跳过。最后，输入 y 并按回车键确认创建用户的详细信息。adduser 命令的常用选项如表 4-2 所示。

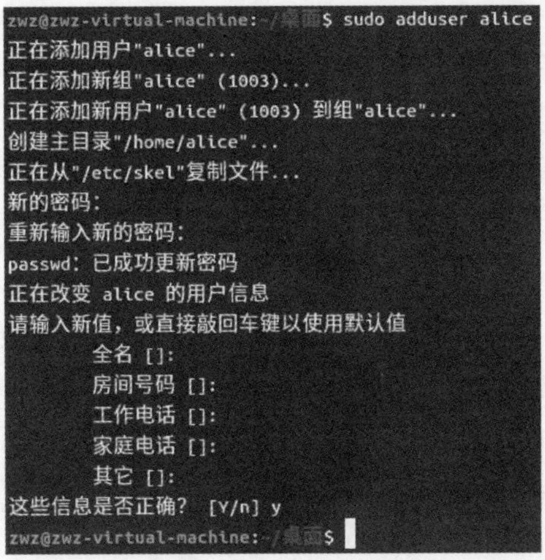

图 4.11 使用 adduser 命令创建名为 alice 的用户

表 4-2 adduser 常用选项

选项	描述
--home 目录	指定用户的主目录。如果不指定，默认主目录为/home/用户名
--shell SHELL	指定用户的登录 Shell，默认是/bin/bash。可以设置为其他 Shell，如/bin/sh、/bin/zsh 等
--group 组名	指定用户的初始组。如果该组不存在，将会创建该组
--gecos "信息"	添加用户的描述信息，通常用于存储用户的全名和其他信息
--disabled-password	创建用户时不设置密码，用户将无法直接登录
--system	创建一个系统用户，系统用户的 UID 通常小于 1000
--force	如果用户已经存在，则强制覆盖(通常不推荐使用)

除此之外，还可以使用 useradd 命令来创建新用户。

【例 4.2】使用 useradd 命令创建一个名为 kimi 的用户。

打开控制台，运行 sudo useradd -m kimi 命令，输入当前用户的密码即可创建成功，之后输入 sudo passwd kimi 以设置用户 kimi 的密码，接下来通过运行 su 命令进入 kimi 的账户，输入密码即可。通过运行以下命令，也可查询到 kimi 账户是否创建成功。

sudo cat /etc/passwd|grep kimi

具体操作如图 4.12 所示。

图 4.12 使用 useradd 命令创建名为 kimi 的用户

useradd 是一个非交互式命令，可以直接在命令行中指定用户信息。输入命令并按回车键：sudo useradd -m 新用户名，其中-m 选项表示创建用户的家目录，"新用户名"是想要创建的用户名。注意，接下来会提示输入当前账户的密码，而新建账户的密码需要输入 sudo passwd 新用户名后才开始设置。

特别注意，如果在 Linux 系统中使用 useradd 命令创建用户时忘记添加主目录(不使用-m 选项)，将会出现以下情况。

(1) 没有家目录：新用户的家目录不会被自动创建。家目录是用户存放个人文件的地方，没有家目录，用户可能无法正常保存文件。

(2) 登录问题：某些服务和应用程序在用户登录时会检查家目录是否存在。如果没有家目录，这些服务可能无法正常运行，或者用户在尝试登录时可能会遇到错误。

(3) 权限问题：在没有家目录的情况下，即使用户被创建，其文件系统权限也可能无法正确设置，这可能导致权限错误或无法访问某些系统资源。

(4) Shell 提示符问题：用户的 Shell 环境可能会根据家目录来设置提示符或环境变量，缺少家目录可能导致提示符显示不正确或丢失环境变量。

(5) 配置文件问题：用户的配置文件通常存储在家目录的某些位置，如.bashrc 或.profile。没有家目录意味着这些配置文件无法放置，用户可能无法使用个性化的 Shell 配置。

(6) SSH 访问问题：如果用户通过 SSH 远程登录，没有家目录可能导致 SSH 服务无法启动用户的 Shell，从而无法登录。

useradd 的常用命令，如表 4-3 所示。

表 4-3　useradd 常用命令

选项	描述
-d 目录	指定用户的主目录。如果不指定，默认主目录为/home/用户名
-m	创建用户的主目录，如果指定了-d 选项并且该目录不存在，则会创建该目录
-s shell	指定用户的登录 Shell，默认是/bin/bash。可以设置为其他 Shell，如/bin/sh、/bin/zsh 等
-g 组名	指定用户的初始登录组。如果该组不存在，将会报错
-G 组名 1,组名 2,...	指定用户所属的附加组
-p 密码	设置用户的密码(通常是加密后的密码)。注意，这个选项不推荐直接使用，建议使用 passwd 命令来设置密码
-e 日期	设置用户账户的过期日期，格式为 YYYY-MM-DD
-f 天数	设置用户账户在多少天后过期，过期后将无法登录，默认值为 0，表示立即禁用
-c 注释	添加用户的描述信息
-r	创建一个系统用户，系统用户的 UID 通常小于 1000
-o	允许使用非唯一的 UID，通常与-u 选项一起使用
-u UID	指定用户的 UID。如果不指定，系统会自动分配一个未使用的 UID

2. passwd：更改用户的密码

【例 4.3】使用 passwd 命令修改名为 alice 的用户的密码。

打开控制台，运行 sudo passwd alice 命令，输入当前用户 zwz 的密码后，即可更改 alice

用户的密码，具体操作演示如图 4.13 所示。

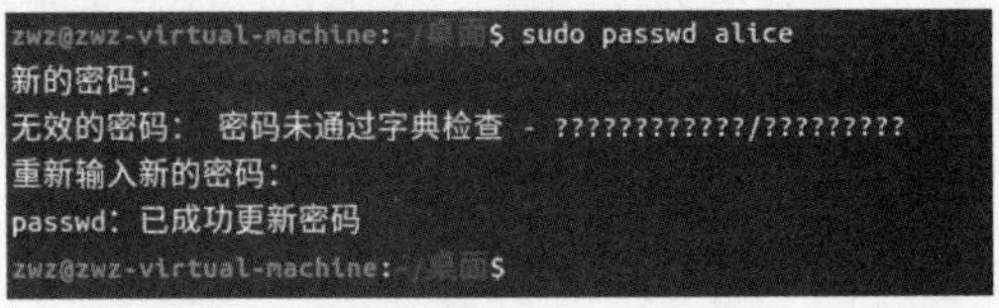

图 4.13　使用 passwd 命令修改名为 alice 的用户的密码

passwd 是用于管理用户密码的命令行工具。它允许系统管理员更改用户的密码，并执行其他与密码相关的操作。例如，要让用户 newuser 更改其密码，可以运行：sudo passwd newuser，之后系统会提示用户输入当前用户的密码(即他们当前的密码)，然后要求输入新密码两次以确认。图 4.13 是使用 zwz 用户修改 alice 用户的密码，需要输入 zwz 账户的密码以对 alice 用户的密码进行修改。此外，图中系统报错"无效的密码：密码未通过字典检查"，是因为密码不符合系统的安全策略。在这种情况下，密码未通过字典检查可能是因为密码太简单或者包含常见的单词或短语。为了解决这个问题，可以尝试设置一个更复杂的密码，包括大小写字母、数字和特殊字符，以增加密码的强度。但在实际的设置过程中，即使设置了简单的密码也不影响账户的使用。

除此之外，passwd 命令还可以被用来禁用或锁定用户账户。例如，要立即禁用用户 alice 的账户，可以运行：sudo passwd -l alice，这将禁止用户登录到系统直到下一次手动解锁。如果要解锁这个被禁用的用户账户，则需要使用到 passwd -u 命令。例如，要立即解锁用户 alice 的账户，可以运行：sudo passwd -u username。

【例 4.4】使用 passwd 命令禁用与解锁用户 alice。

打开控制台，运行 sudo passwd -l alice 命令禁用用户 alice，尝试使用 su alice 命令登录用户 alice，发现无法登录，在运行 sudo passwd -u alice 命令解锁用户 alice 后，即可登录用户 alice，具体操作如图 4.14 所示。

在运行 passwd -l 命令之后，是无法登录用户 alice 的，必须再运行 passwd -u 命令，解锁之后才能重新登录。但如果该用户有多个家目录或者属于多个用户组，则可能需要执行多次解锁操作。例如，如果用户还属于其他用户组，则可能需要先解锁这些组中的用户账户。

图 4.14　使用 passwd 命令禁用与解锁 alice

3. userdel：删除用户

【例 4.5】删除名为 olduser 的用户。

打开控制台，运行 sudo cat /etc/passwd|grep olduser 命令，这段命令是对/etc/passwd 文件进行查询，再通过管道将包含系统所有用户信息的文本文件传递给 grep 搜索命令，对 olduser 进行搜索，发现用户 olduser 是存在的，然后运行 sudo userdel olduser 命令，即可删除用户 olduser，再次运行 sudo cat /etc/passwd|grep olduser 命令，此时可以发现用户 olduser 已不存在，具体演示操作如图 4.15 所示。

```
zwz@zwz-virtual-machine:~/桌面$ sudo cat /etc/passwd|grep olduser
olduser:x:1005:1005:,,,:/home/olduser:/bin/bash
zwz@zwz-virtual-machine:~/桌面$ sudo userdel olduser
zwz@zwz-virtual-machine:~/桌面$ sudo cat /etc/passwd|grep olduser
zwz@zwz-virtual-machine:~/桌面$
```

图 4.15　使用 userdel 命令删除名为 olduser 的用户

userdel 命令常用于删除一个用户账户。这个命令允许系统管理员从系统中移除一个用户，并且可以删除与该用户相关的主目录、邮件目录和其他文件系统对象。

同样，userdel 命令的功能不仅限于此，可以利用表 4-4 中的命令实现删除用户组的相关功能。

表 4-4　userdel 的功能命令

操作	命令	说明
删除用户的主目录	sudo userdel -r username	删除用户及其主目录
保留用户数据但删除用户	sudo userdel -l username	删除用户但保留其数据
将用户的所有数据移动到 /tmp 目录	sudo userdel -M username	删除用户但保留主目录，且将其数据移动到 /tmp
删除特定用户组的用户	sudo usermod -aG groupname username && sudo userdel username	将用户从特定组中删除并删除该用户
递归删除用户及其主目录	sudo userdel --remove --recursive username	递归删除用户及其所有相关数据
强制删除用户	sudo userdel -f username	强制删除用户，即使用户当前正在使用

4. id：查看用户账户 id

【例 4.6】使用 id 命令查看用户账户的 UID 和 GID。

打开控制台，运行 id 命令，即可显示当前用户的 UID 及 GID，而运行 id +具体的用户名，即可查询具体用户的 UID 及 GID，具体操作如图 4.16 所示。

```
zwz@zwz-virtual-machine:~/桌面$ id
uid=1000(zwz) gid=1000(zwz) 组=1000(zwz),4(adm),24(cdrom),27(sudo),30(dip),46(plugdev),122(lpadmin),135(lxd),136(sambashare)
zwz@zwz-virtual-machine:~/桌面$ id kate
uid=1001(kate) gid=1001(kate) 组=1001(kate),1100(zzz)
zwz@zwz-virtual-machine:~/桌面$ id ellen
uid=1002(ellen) gid=1002(ellen) 组=1002(ellen),1100(zzz)
zwz@zwz-virtual-machine:~/桌面$
```

图 4.16　使用 id 命令查看用户账户的 UID 和 GID

id 命令用于显示当前用户的用户 ID(UID)及所属的用户组 ID(GID)。这个命令提供了关于当前会话用户的信息，包括登录名、家目录、使用的 Shell 及用户和组的 ID。当输入 id 命令时，系统会显示当前用户的用户 ID(UID)及所属的用户组 ID(GID)；当输入的是 id username 时，系统会显示所查询用户的用户 ID(UID)及所属的用户组 ID(GID)。

5. chown：更改文件或目录的所有者

例如，要将文件 file.txt 的所有权更改为 newuser，可以使用以下命令：

```
sudo chown newuser file.txt
```

【例 4.7】创建一个名为 file.txt 的空文件，将其所有权更改为 alice，并验证。

打开控制台，运行 touch file.txt 命令，创建一个名为 file.txt 的空文件，接着运行 sudo chown alice file.txt，即可将其所有权更改为 alice，接着通过超级用户 zwz、普通用户 kate 和普通用户 alice 分别对 file.txt 进行写入，具体操作如图 4.17、图 4.18、图 4.19、图 4.20 所示。

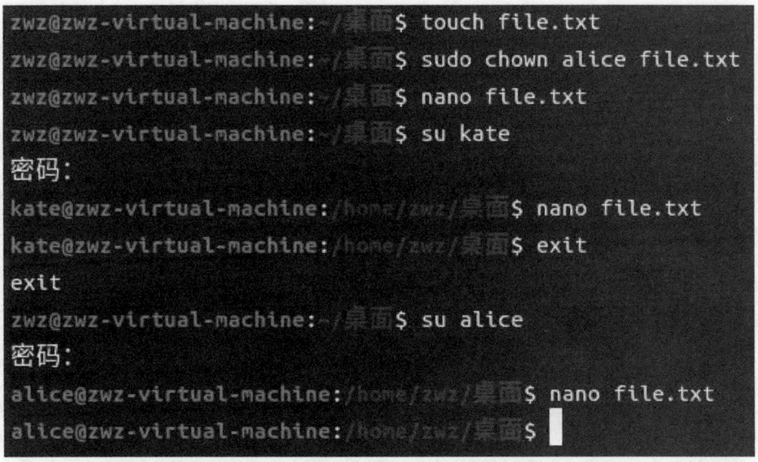

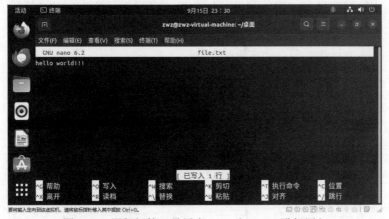

图 4.17 创建一个名为 file.txt 的空文件，将其所有权更改为 alice，并验证

图 4.18 用超级管理员用户 zwz 对 file.txt 进行写入

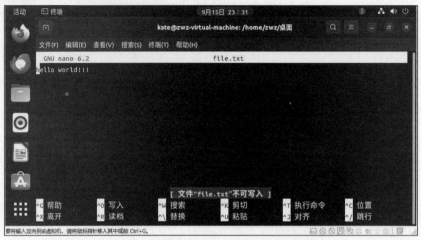

图 4.19 用普通用户 kate 对 file.txt 进行写入

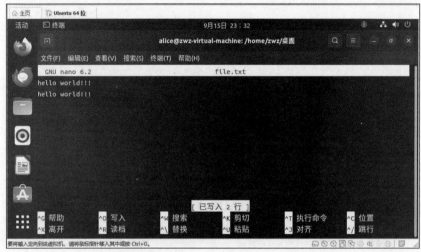

图 4.20 用普通用户 alice 对 file.txt 进行写入

可以看到，除拥有最高权限的超级管理员 zwz 及设置了所有权的普通用户 alice 之外，其他用户均无法对 file.txt 进行写入等操作。

6. chgrp：更改文件或目录的所属组

例如，要将文件 file.txt 的所属组更改为 newgroup，可以使用以下命令：

```
sudo chgrp newgroup file.txt
```

但是需要注意的是，chown 命令和 chgrp 命令通常需要 root 权限来执行，因为它涉及对文件系统的安全访问控制。因此，大多数情况下需要使用 sudo 前缀。此外，Ubuntu 系统可能会限制非管理员用户更改某些关键系统文件的所有权，以避免潜在的安全风险。

4.2.2 用户组管理命令

在 Ubuntu 中，用户组管理主要涉及创建、删除、修改用户组及管理用户组内的成员。

以下是关于这些操作的详细命令。

1. groupadd：创建新的用户组

【例 4.7】使用 groupadd 命令创建新的用户组 newgroupA。

打开控制台，运行 sudo groupadd newgroupA 命令，即可创建新的用户组 newgroupA，运行 sudo cat /etc/group | grep newgroupA 命令，即可查询并将用户组 newgroupA 筛选出来，此时可以发现用户组 newgroupA 已创建成功，具体代码运行结果如图 4.21 所示。

图 4.21　使用 groupadd 创建新的用户组 newgroupA

groupadd 命令常用于创建新的用户组，这个命令允许系统管理员快速创建用户组，通常用于批量管理用户账户或对用户进行分类。与上述一致的是，在使用 groupadd 创建新的用户组时，也需要输入当前登录用户的密码。

2. groupdel：删除用户组

【例 4.8】使用 groupdel 命令删除用户组 newgroupA。

打开控制台，运行 sudo cat /etc/group | grep newgroupA 命令，即可查询并将用户组 newgroupA 筛选出来，然后继续运行 sudo groupdel newgroupA 命令，即可将用户组 newgroupA 删除，再次运行 sudo cat /etc/group | grep newgroupA 命令，发现无返回结果，确认用户组 newgroupA 已被删除，代码运行结果如图 4.22 所示。

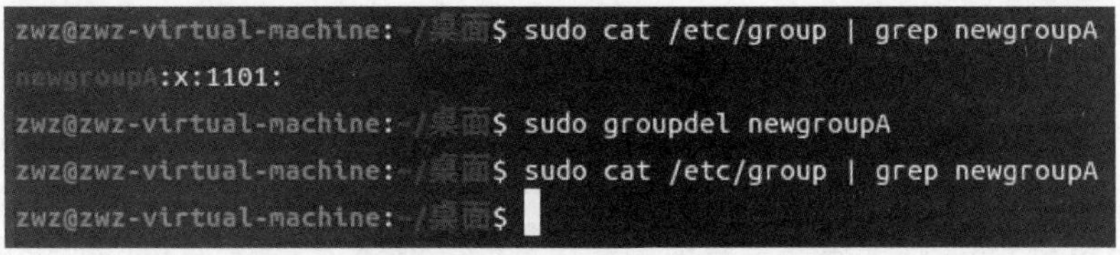

图 4.22　使用 groupdel 删除用户组 newgroupA

groupdel 命令常用于删除一个用户组。这个命令允许系统管理员从系统中移除一个用户组，并且可以删除与该用户组相关的所有组成员信息、邮件目录和其他文件系统对象。

当然，groupdel 命令能实现的功能不仅限于此，可以利用以下命令实现删除用户组的相关功能。

强制删除用户组：

sudo groupdel -f groupname

删除特定用户组的成员：

sudo usermod -aG groupname existingusername && sudo groupdel groupname

删除用户组的邮件目录：

```
sudo chgrp -R system: '/var/spool/mail'
sudo groupdel system
```

3. groupmod：修改现有用户的设置

【例 4.9】使用 groupmod 命令将用户 alen 添加到组 newgroupA 中。

打开控制台，运行 sudo groupadd newgroupA 命令，创建用户组 newgroupA，之后运行 sudo cat /etc/group | grep newgroupA 命令，查询用户组 newgroupA，会发现用户组 newgroupA 此时是空的，输入 sudo usermod -aG newgroupA alen 命令，将用户 alen 加入到用户组 newgroupA 中，再次运行查询命令，即可查询到用户 alen 已在用户组 newgroupA 中。代码运行结果如图 4.23 所示。

groupmod 命令常用于更改现有用户账户的设置。这个命令允许系统管理员添加或删除用户所属的用户组、更改用户的家目录、密码及其他属性。

当然，还能使用 groupmod 命令实现更多的功能。

图 4.23 使用 groupmod 命令将用户 alen 添加到组 newgroupA

(1) 更改用户组名称。如果想将组 A 的名称更改为 B，可以使用以下命令：

```
sudo groupmod -n B A
```

【例 4.10】使用 groupmod 命令将用户组 newgroupA 改名为 newgroupB。

打开控制台，运行 sudo groupmod -n newgroupB newgroupA 命令，即可将用户组 newgroupA 改名为 newgroupB，输入 sudo cat /etc/group | grep newgroupB 命令，通过查询 /etc/group 文件将用户组 newgroupB 筛选出来，发现用户组 newgroupA 已改名为 newgroupB，具体代码如图 4.24 所示。

图 4.24 使用 groupmod 命令将用户组 newgroupA 改名为 newgroupB

(2) 更改用户组 GID。如果想将组 A 的 GID 更改为 1001，可以使用以下命令：

```
sudo groupmod -g 1001 A
```

【例 4.11】使用 groupmod 命令将用户组 newgroupB 的 GID 更改为 1102。

打开控制台，输入 sudo cat /etc/group | grep newgroupB 命令查询/etc/group 文件，通过查询/etc/group 文件将用户组 newgroupB 筛选出来，发现此时用户组 newgroupB 的 GID 为 1101，运行 sudo groupmod -g 1102 newgroupB，再次运行 sudo cat /etc/group | newgroupB 命令，通过查询/etc/group 文件将用户组 newgroupB 筛选出来，发现用户组 newgroupB 的 GID 已修改为 1102，具体代码如图 4.25 所示。

```
zwz@zwz-virtual-machine:~/桌面$ sudo cat /etc/group | grep newgroupB
newgroupB:x:1101:alen
zwz@zwz-virtual-machine:~/桌面$ sudo groupmod -g 1102 newgroupB
zwz@zwz-virtual-machine:~/桌面$ sudo cat /etc/group | grep newgroupB
newgroupB:x:1102:alen
zwz@zwz-virtual-machine:~/桌面$
```

图 4.25　使用 groupmod 将用户组 newgroupB 的 GID 更改为 1102

（3）同时更改名称和 GID。如果想同时更改用户组的名称和 GID，可以分别使用-n 和-g 选项：

sudo groupmod -n B -g 1001 A

【例 4.12】使用 groupmod 同时更改用户组 newgroupB 的名称和 GID。

当然，也可以使用组合命令，打开控制台，输入 sudo cat /etc/group | grep newgroupB 命令，通过查询/etc/group 文件将用户组 newgroupB 筛选出来，发现此时用户组 newgroupB 的 GID 为 1102，运行组合命令 sudo groupmod -n newgroupA -g 1101 newgroupB，即可将 GID 为 1102 的用户组 newgroupB 修改为 GID 为 1101 的用户组 newgroupA，通过查询/etc/group 文件中的用户组 newgroupA，验证代码已运行成功，具体代码如图 4.26 所示。

```
zwz@zwz-virtual-machine:~/桌面$ sudo cat /etc/group | grep newgroupB
newgroupB:x:1102:alen
zwz@zwz-virtual-machine:~/桌面$ sudo groupmod -n newgroupA -g 1101 newgroupB
zwz@zwz-virtual-machine:~/桌面$ sudo cat /etc/group | grep newgroupA
newgroupA:x:1101:alen
zwz@zwz-virtual-machine:~/桌面$
```

图 4.26　使用 groupmod 同时更改用户组 newgroupB 的名称和 GID

4．gpasswd：管理用户组

【例 4.13】使用 gpasswd 命令将用户 alen 从用户组 newgroupA 中删除。

打开控制台，输入 sudo cat /etc/group | grep newgroupA 命令，用户 alen 此时在用户组 newgroupA 中，运行 sudo gpasswd -d alen newgroupA 命令，再次运行 sudo cat /etc/group | grep newgroupA 命令，验证代码已运行成功，用户 alen 已从用户组 newgroupA 中删除，具体代码如图 4.27 所示。

```
zwz@zwz-virtual-machine:~/桌面$ sudo cat /etc/group | grep newgroupA
newgroupA:x:1101:alen
zwz@zwz-virtual-machine:~/桌面$ sudo gpasswd -d alen newgroupA
正在将用户"alen"从"newgroupA"组中删除
zwz@zwz-virtual-machine:~/桌面$ sudo cat /etc/group | grep newgroupA
newgroupA:x:1101:
zwz@zwz-virtual-machine:~/桌面$
```

图 4.27 使用 gpasswd 命令将用户 alen 从用户组 newgroupA 中删除

gpasswd 命令常用于管理用户组，包括添加和删除组成员、设置组密码等。在 Ubuntu 系统中，gpasswd 是一个常用的命令行工具，具有简单的语法和实用功能。下面是一些关于 gpasswd 命令的例子。

(1) 添加用户到用户组。如果想将用户 user1 添加到用户组 A，可使用以下命令：

sudo gpasswd -a user1 A

【例 4.14】使用 gpasswd 命令将用户 alen 添加到用户组 newgroupA。

打开控制台，输入 sudo cat /etc/group | grep newgroupA 命令，将会发现此时的用户组 newgroupA 是空的，没有成员，运行代码 sudo gpasswd -a alen newgroupA，即可将用户 alen 添加到用户组 newgroupA。再次运行 sudo cat /etc/group | grep newgroupA 命令，验证代码已运行成功，用户 alen 已添加到用户组 newgroupA 中，具体代码如图 4.28 所示。

```
zwz@zwz-virtual-machine:~/桌面$ sudo cat /etc/group | grep newgroupA
newgroupA:x:1101:
zwz@zwz-virtual-machine:~/桌面$ sudo gpasswd -a alen newgroupA
正在将用户"alen"加入到"newgroupA"组中
zwz@zwz-virtual-machine:~/桌面$ sudo cat /etc/group | grep newgroupA
newgroupA:x:1101:alen
zwz@zwz-virtual-machine:~/桌面$
```

图 4.28 使用 gpasswd 命令将用户 alen 添加到用户组 newgroupA

(2) 设置组管理员。如果想设置用户 admin1 和 admin2 为用户组 A 的管理员，可使用以下命令：

sudo gpasswd -A admin1,admin2 A

【例 4.15】使用 gpasswd 命令将用户 alice 添加为用户组 newgroupA 的管理员，具体代码操作如图 4.29 所示。

在例 4.15 中，设置了用户 alice 为用户组 newgroupA 的管理员，让用户 alice 添加用户 kate 到 newgroupA 组中，经测试，让用户 alen 添加用户 ellen 到 newgroupA 组中，显示权限不足，添加失败。

值得注意的是，在 Linux 系统中，设置组管理员需要满足以下条件：

① 用户必须已经是该组的成员。
② 组内至少有一个成员必须是管理员。

```
zwz@zwz-virtual-machine:~/桌面$ sudo gpasswd -A alice newgroupA
zwz@zwz-virtual-machine:~/桌面$ sudo cat /etc/group | grep newgroupA
newgroupA:x:1101:alen
zwz@zwz-virtual-machine:~/桌面$ su alice
密码:
alice@zwz-virtual-machine:/home/zwz/桌面$ gpasswd -a kate newgroupA
正在将用户"kate"加入到"newgroupA"组中
alice@zwz-virtual-machine:/home/zwz/桌面$ cat /etc/group | grep newgroupA
newgroupA:x:1101:alen,kate
alice@zwz-virtual-machine:/home/zwz/桌面$ exit
exit
zwz@zwz-virtual-machine:~/桌面$ su alen
密码:
bash: /home/alen/.bashrc: 权限不够
alen@zwz-virtual-machine:/home/zwz/桌面$ gpasswd -a ellen newgroupA
gpasswd: 没有权限。
alen@zwz-virtual-machine:/home/zwz/桌面$ cat /etc/group | grep newgroupA
newgroupA:x:1101:alen,kate
alen@zwz-virtual-machine:/home/zwz/桌面$
```

图 4.29　使用 gpasswd 命令将用户 alice 添加为用户组 newgroupA 的管理员

但在例 4.15 中，添加了一个不在组内的成员 alice 作为组 newgroupA 的管理员。事实上，成员 alice 在运行 gpasswd 命令后，也不在其组内。这是由于在某些 Linux 发行版中，gpasswd 命令允许直接指定不在组内的用户作为管理员。这是不同版本的 Linux 系统或特定配置的差异导致的。然而，为了确保安全性和一致性，建议遵循标准的操作流程，即将用户添加到组内后再使用 gpasswd 命令设置管理员权限。这样可以确保只有合法成员才能拥有管理权限，并避免潜在的安全风险。

（3）设置组成员。将用户组 A 的成员设置为 user1 和 user2（覆盖现有成员）：

sudo gpasswd -M user1,user2 A

【例 4.16】使用 gpasswd 命令设置用户 kate 和用户 ellen 为用户组 newgroupA 的成员(覆盖现有成员)。

打开控制台，使用 cat 命令查询/etc/group 文件并结合 grep 命令进行筛选，得出用户组 newgroupA 的现有成员为 alen 和 kate，使用 gpasswd 命令设置用户 kate 和用户 ellen 为用户组 newgroupA 的成员，但需要注意，这个操作会覆盖掉用户组 newgroupA 已有的成员，而不是在原有的基础上添加。再次使用 cat 命令查询/etc/group 文件并结合 grep 命令进行筛选，得出用户组 newgroupA 的现有成员为 kate 和 ellen。具体代码运行如图 4.30 所示。

```
zwz@zwz-virtual-machine:~/桌面$ cat /etc/group | grep newgroupA
newgroupA:x:1101:alen,kate
zwz@zwz-virtual-machine:~/桌面$ sudo gpasswd -M kate,ellen newgroupA
zwz@zwz-virtual-machine:~/桌面$ cat /etc/group | grep newgroupA
newgroupA:x:1101:kate,ellen
zwz@zwz-virtual-machine:~/桌面$
```

图 4.30　使用 gpasswd 命令设置用户 kate 和用户 ellen 为用户组 newgroupA 的成员

gpasswd 命令与之前介绍的 groupmod 命令类似，都在 Ubuntu 系统中用于管理用户组，但两者的侧重点是不同的，具体分析如表 4-5 所示。

表 4-5 groupmod 与 gpasswd 命令的不同之处

特性	groupmod	gpasswd
功能	用于修改已有用户组的属性，如组 ID (GID) 或组名	主要用于管理组内成员，设置组密码，指定组管理员等
操作对象	操作的是已有的用户组，并修改其属性	操作的也是已有的用户组，但焦点是组成员及密码管理
命令选项	支持 -g GID 指定新的组 ID、-n 更改组名等选项	支持 -a 添加用户到组、-d 从组中删除用户、-A 指定组管理员等多种管理选项
文件影响	主要影响 /etc/group 文件，该文件中存储了组名与组 ID 的对应信息	影响 /etc/group 和 /etc/gshadow 两个文件，后者用于存储组密码和组管理员信息
应用场景	当需要更改用户组的 GID 或重命名用户组时使用	当需要管理用户组密码、组成员或权限时使用
安全考量	不涉及安全问题，仅修改组属性	涉及组密码的设置和管理，可以指定组管理员，有一定的安全风险，需注意
系统兼容性	广泛兼容于各 Linux 发行版	同样适用于大多数 Linux 发行版，但在某些版本中可能需要额外安装
使用频率	不频繁使用，通常在用户组创建后的设置阶段使用	根据需要，可能更频繁地使用来调整组成员

4.3 su 和 sudo

su 和 sudo 命令是 Linux 操作系统中用来切换用户身份或执行命令的命令，它们可以让你以不同的用户身份来运行程序或命令。

4.3.1 su 命令

su(Switch User)是 Linux 系统中用于切换用户身份的命令。通过该命令，用户可以在不注销当前会话的情况下，切换到另一个用户，甚至切换到超级用户(root)身份，以执行具有更高权限的操作。以下是有关 su 命令的基础知识及相关案例。

1. 基本语法

su 命令的语法格式：su [选项] [用户名]。

用户名：指定要切换的用户。如果不指定用户名，默认会切换到超级用户(root)。

选项：可以使用不同的选项来调整 su 命令的行为，如使用-或-l 选项来切换到目标用户的登录环境。表 4-6 是 su 命令常用的选项。

表 4-6 su 命令常用选项

选项	功能	解释
- 或 -l	切换到目标用户并加载其完整登录环境	切换用户后，加载目标用户的环境变量、配置文件(如.bashrc 或.profile)，并切换到目标用户的家目录
-c	执行指定命令并立即退出	允许切换到目标用户并执行单个命令，执行完毕后自动退出用户会话
-m 或 -p	保持当前用户的环境变量	切换用户后，保留当前用户的环境变量，不加载目标用户的环境
-s	指定使用的 Shell	允许用户在切换到目标用户时，指定一个特定的 Shell
-	切换到目标用户，忽略环境配置	切换用户后，不加载任何环境配置文件

2. 不带参数的 su

如果在命令行中输入 su 而不带任何参数，系统会默认尝试切换到超级用户身份。成功切换后，用户将拥有 root 权限，可以执行系统管理任务。

输入 su 命令后，系统会提示输入 root 用户的密码。输入正确的密码后，用户会切换到 root 账户，提示符通常会从 $ 变为 #，表示已经进入超级用户模式，具体操作如图 4.31 所示。

注意：Ubuntu 默认禁用了直接使用 su 命令切换到 root 用户，而是建议使用 sudo 命令。如果是这种情况，需要重新设置 root 密码。如图 4.31 所示，输入 sudo passwd root 进行设置。

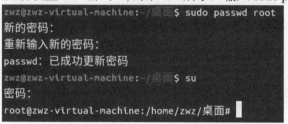

图 4.31 su 命令切换用户

3. 切换到指定用户

如果想切换到其他普通用户，可以在 su 后面指定用户名。这在需要临时切换到其他用户以执行特定任务时非常有用。

执行该命令后，系统会提示输入指定用户的密码。成功切换后，将以该用户的身份操作，拥有该用户的权限，如图 4.32 所示。

图 4.32 利用 su 命令切换到 kate 用户

4. 使用 - 选项加载用户环境

使用 su - 或 su -l 可以切换到目标用户，并加载该用户的完整登录环境。这意味着会切换到目标用户的家目录，并使用该用户的环境变量，如图 4.33 所示。

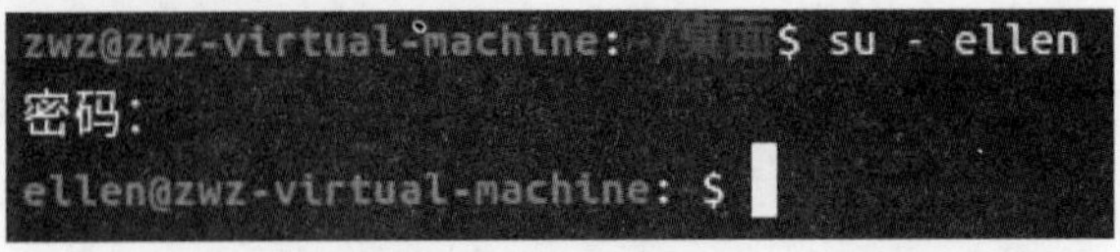

图 4.33 利用 su -命令加载用户环境

此命令不仅切换用户身份，还会加载目标用户的环境配置，如 .bashrc 或.profile 文件。这样，可以完全模拟该用户的登录环境。

5. 退出当前会话

当完成需要以其他用户身份执行的操作后，可以通过输入 exit 命令或按 Ctrl + D 键返回之前的用户身份。

su 命令为用户提供了灵活的用户切换机制，使得在不注销当前会话的情况下，可以以不同用户的身份执行任务。通过结合使用 - 选项，用户可以更深入地模拟目标用户的登录环境，方便在复杂场景下的操作。

4.3.2 sudo 命令

sudo(superuser do)命令在 Linux 系统中用于以超级用户(root)或其他用户的身份执行命令。它允许授权的用户在不完全切换到超级用户账户的情况下，执行需要更高权限的操作。使用 sudo 可以提高系统安全性，因为它减少了对超级用户账户的直接访问，同时提供了日志记录功能，便于审计和监控。

用途：临时提升权限以执行特定命令，避免长期以超级用户身份登录。

授权：通过/etc/sudoers 文件来配置哪些用户可以使用 sudo 及他们可以执行哪些命令。

日志记录：sudo 会记录用户的操作，便于系统管理员审计和跟踪。

语法：sudo [选项] 命令 [参数]。

通过不同选项，能为 sudo 命令提供不同的功能，具体如表 4-7 所示。

表 4-7 sudo 命令常用选项

选项	功能	解释
-u	以指定用户的身份执行命令	允许用户以其他用户的身份执行命令，而不仅仅是 root 用户
-s	启动一个 Shell	以超级用户或指定用户身份启动一个新的 Shell 会话
-k	清除缓存的凭证	立即终止当前用户的凭据缓存，下次执行 sudo 命令时必须重新输入密码
-l	列出用户可以执行的命令	显示当前用户能够使用 sudo 执行的命令列表
-v	刷新凭证缓存	更新用户的 sudo 凭证有效期，防止凭证过期

例如：

(1) 以超级用户身份执行命令：sudo apt-get update。

这个命令以超级用户身份运行 apt-get update，更新系统软件包列表。用户需要输入自己的密码来授权。

(2) 以指定用户身份执行命令：sudo -u username whoami。

使用-u 选项，whoami 命令将以指定的 username 用户身份执行。结果将显示 username 而不是当前用户。

(3) 启动一个 Shell会话：sudo -s。

这个命令以超级用户身份启动一个新的 Shell，会话中将具有 root 权限。

(4) 列出可以执行的命令：sudo -l。

显示当前用户可以使用 sudo 执行的命令列表，包括特定命令和允许的选项。

(5) 清除缓存的凭证：sudo -k。

要求强制在下一次执行 sudo特权命令时重新输入密码。这在修改/etc/sudoers 文件或需要立即验证时非常有用。

通过这些功能，sudo 提供了一种安全、灵活的方式来管理系统，允许用户在需要时获得适当的权限，同时保持系统的安全性和可审计性。

在使用 sudo 命令的时候，如果不是超级用户，则需要添加 sudo 权限；如果没有给用户添加 sudo 权限，使用的时候会出现如图 4.34 所示的结果。

```
ellen@zwz-virtual-machine: $ sudo mkdir /opt/myapp
[sudo] ellen 的密码:
ellen 不在 sudoers 文件中。此事将被报告。
ellen@zwz-virtual-machine: $
```

图 4.34　用户没有 sudo 权限报错

如图 4.35 所示，在添加 sudo 权限前，首先要输入命令 su 和密码，登录超级用户，然后使用 visudo 命令编辑/etc/sudoers 文件。

```
zwz@zwz-virtual-machine:~/桌面$ su
密码:
root@zwz-virtual-machine:/home/zwz/桌面# visudo
root@zwz-virtual-machine:/home/zwz/桌面#
```

图 4.35　用户在有 sudo 权限时成功运行

使用 visudo 命令进入/etc/sudoers 文件后，找到# User privilege specification 行，在 root ALL=(ALL:ALL) ALL 下一行添加 username ALL=(ALL:ALL)ALL，这样即可赋予相关用户 sudo 命令权限，编辑完后需要按 Ctrl+O 进行写入，然后按 Enter 键确认。编辑完后的结果如图 4.36 所示，然后退出生效。

例如：创建系统目录并设置权限。

alias 是一个普通用户，需要在系统目录 opt 中创建一个 myapp 目录，并给 alen 用户和 flora 组授予 myapp 目录的读写执行权限。

这些操作涉及系统的目录结构，通常需要超级用户权限才能在系统目录中创建和管理文件。

```
  GNU nano 6.2                    /etc/sudoers.tmp *
#Defaults:%sudo env_keep += "EMAIL DEBEMAIL DEBFULLNAME"

# "sudo scp" or "sudo rsync" should be able to use your SSH agent.
#Defaults:%sudo env_keep += "SSH_AGENT_PID SSH_AUTH_SOCK"

# Ditto for GPG agent
#Defaults:%sudo env_keep += "GPG_AGENT_INFO"

# Host alias specification

# User alias specification

# Cmnd alias specification

# User privilege specification
root    ALL=(ALL:ALL) ALL
alen    ALL=(ALL:ALL) ALL

# Members of the admin group may gain root privileges
%admin ALL=(ALL) ALL

# Allow members of group sudo to execute any command
%sudo   ALL=(ALL:ALL) ALL

# See sudoers(5) for more information on "@include" directives:

@includedir /etc/sudoers.d

^G 帮助     ^O 写入     ^W 搜索     ^K 剪切     ^T 执行命令     ^C 位置
^X 离开     ^R 读档     ^\ 替换     ^U 粘贴     ^J 对齐         ^/ 跳行
```

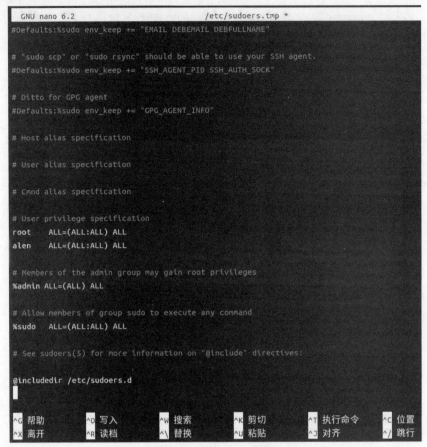

图 4.36　添加 sudo 权限

具体操作如图 4.37 所示。首先，创建一个新的系统目录，这需要在/opt 目录下创建一个新的目录。例如，要创建一个名为 myapp 的目录，需要使用命令 sudo mkdir /opt/myapp，以超级用户身份在/opt 目录下创建 myapp 目录。由于/opt 是系统目录，普通用户通常没有权限在此目录下创建文件。设置目录权限：创建目录后，给 alen 用户和 flora 组授予 myapp 目录的写权限。

```
zwz@zwz-virtual-machine:/opt$ sudo chown alen:flora /opt/myapp
zwz@zwz-virtual-machine:/opt$ sudo chmod 750 /opt/myapp
zwz@zwz-virtual-machine:/opt$ cd ..
zwz@zwz-virtual-machine:/$ sudo chown alen:flora /opt/myapp
zwz@zwz-virtual-machine:/$ sudo chmod 750 /opt/myapp
zwz@zwz-virtual-machine:/$ cd /opt
zwz@zwz-virtual-machine:/opt$ ls -l
总计 4
drwxr-x--- 2 alen flora 4096  9月 16 02:23 myapp
zwz@zwz-virtual-machine:/opt$
```

图 4.37　设置目录权限

输入命令：sudo chown alen:flora /opt/myapp 和 sudo chmod 755 /opt/myapp，执行完成后输入 ls -l 查看权限。

sudo chown alen:flora /opt/myapp：将 myapp 目录的所有权更改为用户 alen 和组 flora。chown 命令需要超级用户权限才能修改系统文件的所有权。

sudo chmod 750 /opt/myapp：设置 myapp 目录的权限为 750，即所有者可以读、写、执行，用户组有读和执行权限。chmod 命令需要超级用户权限来修改目录权限。

【例 4.17】添加用户 sara，并将其加入超级用户组。

在本例中，选取 sara 作为用户名，并利用超级用户权限执行 useradd -g 命令以创建一个普通用户账户，并将其归属于 sudo 超级用户组。接下来，将对用户 sara 的账户信息及密码影子文件进行核查。

输入以下命令：

```
sudo useradd -g sudo sara
id sara
cat /etc/passwd | grep sara
sudo cat /etc/shadow | grep sara
```

以上命令的执行结果如图 4.38 所示，使用超级用户权限和 useradd -g 命令添加一个 sara 的用户账户，并将该用户加入超级用户组，通过 id 命令查看到该用户的 UID 为 1006，GID 和组编号均为 27，组名为 sudo；其在/etc/passwd 文件中的信息显示该用户的默认主目录为 /home/sara，但由于没有使用-m 参数，因此实际上并没有默认创建该目录，使用 ls /home 命令验证了这一点，默认 Shell 环境为/bin/sh；其在/etc/shadow 影子文件中的加密密码是"!"，说明该用户还没有设置密码；另外，显示最后一次修改时间是 19 981 天，最小时间间隔为 0 天，最大时间间隔为 99 999 天，警告时间是 7 天。

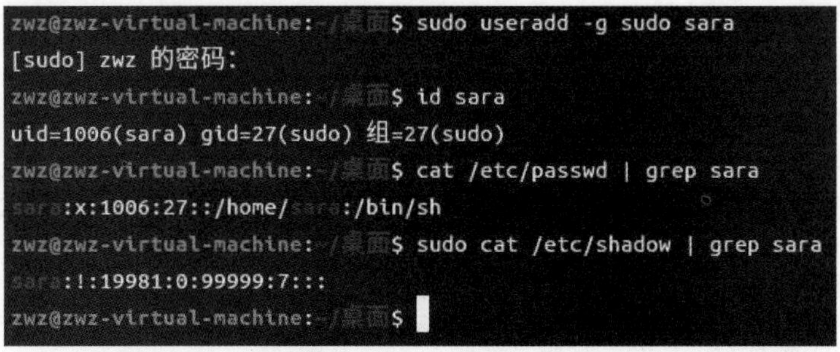

图 4.38　添加用户 sara，并将其加入超级用户组

4.4　小结

本章主要介绍了 Ubuntu 操作系统中用户管理的相关概念和命令。内容涵盖了 Linux 系统中的用户和用户组的概念、分类，以及与之相关的文件；进一步探讨了用户和用户组的

管理方法，包括创建、删除、修改等操作；最后，对 su 和 sudo 命令进行了详细解析，强调了它们在权限提升和安全性方面的重要性。

4.5 实验

1. /etc/passwd 文件中某一行记录为：john:x:1001:1001:John Doe:/home/john:/bin/bash 请解释每个字段的含义，并说明/etc/passwd 与/etc/shadow 文件的区别。

2. 在担任系统管理员的角色时，有时需要将一个普通用户临时提升至 root 权限以完成特定的维护任务。请详细列出执行此操作的具体步骤，并阐述其必要性。

3. 假设你是一名系统管理员，现在需要创建一个新的用户并为其设定资源配额。请按照以下要求进行操作：

(1) 使用 useradd 命令创建新用户，用户名应为 newuser，同时指定 UID 和 GID 分别为 1001 和 1002。

(2) 通过 passwd 命令为该新用户设置密码，确保密码复杂度满足至少 8 个字符的要求，且包含大写字母、小写字母及数字。

(3) 利用 chown 命令将新用户的家目录设定为/home/newuser，并且调整目录权限，保证新用户能够进行读写执行的操作。

4.6 习题

1. 填空题

(1) 在 Linux 系统中，每个用户拥有唯一的_____和通常关联的_____，这确保了系统登录的安全性。

(2) Linux 系统中的用户可以分为_____、_____和_____，其中_____具有最高权限。

(3) 用户组是一组用户的集合，每个用户组都有一个唯一的_____，而每个用户可以属于一个或多个_____。

(4) /etc/passwd 文件中记录了所有用户的基本信息，每行包含用户名、密码占位符、用户 ID(UID)、组 ID(GID)、用户信息、家目录和登录_____。

(5) 使用 sudo su -命令时，会加载被切换用户的_____，包括环境变量、Shell 配置等。

2. 判断题

(1) 在 Linux 系统中，每个用户拥有唯一的用户 ID(UID)和通常关联的密码，这确保了系统登录的安全性。   （   ）

(2) Linux 系统中的用户组没有密码，安全性主要通过组成员和文件权限来维护。

                                                                （   ）

(3) /etc/passwd 文件中记录的是系统中所有用户的基本信息，包括用户名、密码占位符、用户 ID(UID)、组 ID(GID)、用户信息、家目录和登录 Shell 等信息。   （   ）

(4) 使用 sudo 命令提升权限时，默认情况下，如果用户在 15 分钟内没有使用 sudo，再次使用时需要重新输入 root 的密码。   （   ）

(5) su 命令默认会启动被切换用户的登录 Shell，如果该用户没有登录 Shell，会使用默认的 Shell。   （   ）

3. 单项选择题

(1) 在 Linux 系统中，每个用户拥有的唯一标识符是(   )。
    A. 用户名　　　　　　　　　　　　B. 用户组 ID(GID)
    C. 用户 ID(UID)　　　　　　　　　D. 家目录路径

(2) 以下(   )命令用于创建新的用户组。
    A. useradd　　　　　　　　　　　　B. groupadd
    C. usermod　　　　　　　　　　　　D. Groupdel

(3) (   )，可以将一个普通用户临时提升为 root 用户以执行需要更高权限的操作。
    A. 使用 sudo su -命令并输入 root 密码
    B. 直接使用 su -命令并输入 root 密码
    C. 使用 sudo passwd root-password 命令并输入当前用户的密码
    D. 使用 sudo chown root:root /home/username 命令

(4) 在 Linux 系统中，(   )文件记录了系统中所有用户的基本信息。
    A. /etc/passwd　　　　　　　　　　B. /etc/shadow
    C. /etc/gshadow　　　　　　　　　D. /etc/groups

(5) 在 Linux 系统中，如果需要临时将某个用户的家目录的访问权限设置为只有该用户自己可以读写执行，应该使用(   )命令。
    A. chown
    B. chmod 700 /home/username
    C. ls -l
    D. usermod

4. 简答题

(1) Linux 系统中的 root 用户与其他用户(如普通用户和系统用户)相比，具有哪些特殊权限？请说明这些权限对系统安全性和管理有何影响。

(2) 描述 Linux 系统中的 su 命令与 sudo 命令的区别及各自的应用场景。

(3) 解释 Linux 系统中用户组的概念及其在权限管理中的作用。

第5章

磁盘管理

在 Linux 操作系统领域,磁盘管理不仅是一项技术性活动,更是一门需要精湛技艺和深刻理解的艺术。其复杂性体现在多个层面:从文件系统的精心布局,到磁盘分区的巧妙优化;从数据的细致备份,到灾难发生时的迅速恢复;再到对磁盘性能的持续监控,确保系统的稳定运行。每一个环节都要求系统管理员具备深厚的知识储备和丰富的实践经验,以便在面对各种挑战时能够应对自如。

文件系统的管理是磁盘管理中的核心,它要求系统管理员对文件的存储结构、权限设置和空间分配有精确的控制。磁盘分区的优化则需要对数据的读写速度和存储效率进行细致的考量,以达到最佳的性能表现。数据的备份与恢复是保障数据安全的基石,它要求系统管理员制定周密的备份计划,并在数据丢失或损坏时能够迅速采取行动,将损失降到最低。而磁盘性能的监控则像是对系统健康状况的持续检查,它通过各种工具和指标来确保磁盘运行在最佳状态,及时发现并解决潜在的问题。

本章学习目标

- ◎ 理解磁盘管理基本概念。
- ◎ 掌握磁盘分区的步骤。
- ◎ 熟悉磁盘分区管理命令。
- ◎ 掌握系统备份和恢复命令的使用。

磁盘管理 05

本章思维导图

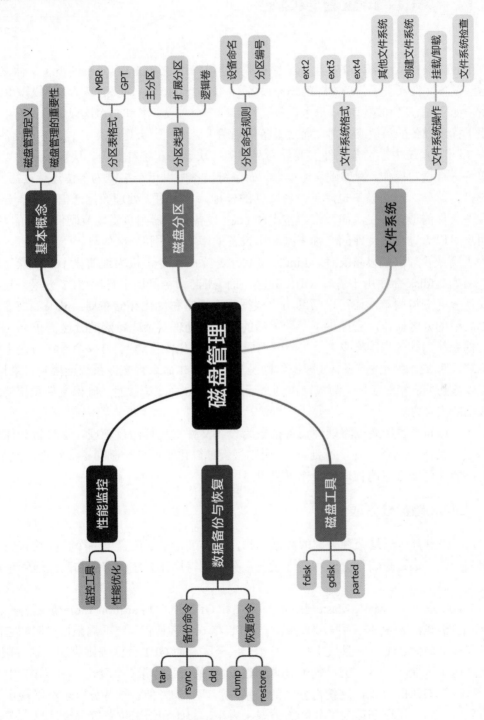

5.1 Linux 磁盘管理概述

在 Linux 操作系统中，对磁盘的管理主要是通过操作位于/dev 目录下的设备文件来实现的。这些设备文件代表了各种实际的物理设备，例如硬盘驱动器、USB 闪存驱动器，以及虚拟设备，如磁盘分区和逻辑卷。每个设备文件都有一个主设备号和一个次设备号，其中主设备号用于标识设备的类型或类别，而次设备号则用于区分同一类型或类别中的不同设备。

在 Linux 系统中，设备文件主要分为两大类：块设备和字符设备。块设备通常以数据块为单位进行读写操作，例如硬盘驱动器，而字符设备则以单个字符为单位进行读写操作，例如键盘。此外，网络设备也属于设备文件的一种，它们用于处理数据通信。磁盘分区同样以设备文件的形式存在，而系统内核中的 udev 设备管理器则负责规范硬件设备的名称，使得用户可以通过设备文件的名称来推断出设备的基本属性和分区信息。

为了高效管理这些设备文件，Linux 提供了一系列命令，极大地简化了磁盘操作的复杂性。例如，fdisk 命令用于管理 MBR 分区，而 gdisk 命令则用于管理 GPT 分区。这些工具不仅使分区变得简单，还可以帮助用户根据需要调整和优化存储布局。parted 命令用于执行更高级的分区操作，它提供了一种灵活的方式来处理复杂或特殊的分区需求。

文件系统的管理也同样重要。在分区完成后，格式化操作通过 mkfs 命令在分区上创建文件系统，为数据存储做准备。挂载操作则是通过 mount 命令将文件系统连接到目录树中，使其可以被访问。相对应地，卸载操作则是通过 umount 命令来执行，确保文件系统的完整性和数据的安全性。

因此，Linux 系统通过将硬件设备抽象为设备文件来进行磁盘管理，这种设计体现了 Unix 哲学中的"一切皆文件"原则。这一原则极大地简化了硬件控制和磁盘管理的复杂性，使得用户能够更加方便地管理和操作磁盘设备。

5.1.1 Linux 磁盘分区表

Linux 磁盘分区表是一种关键的数据结构，它详细记录了磁盘上各个分区的布局、特性及相关参数。通过逻辑划分磁盘物理设备，分区使得操作系统能够更加高效地管理和利用有限的存储空间。

在 Linux 系统中，MBR(Master Boot Record)和 GPT(GUID Partition Table)是两种广泛使用的分区表格式。MBR 是一种较为传统的分区表格式，它具有一定的局限性，例如它限制了磁盘容量至最大 2TB，并且仅支持最多 4 个主分区。而 GPT 分区表则克服了这些限制，它支持高达 128 个主分区，并且能够处理超过 2TB 的磁盘容量。每个分区在 GPT 中都拥有一个独特的 GUID 标识，这使得分区的识别和管理更加方便。这些分区表不仅规定了磁盘上的分区布局，还详细记录了分区的类型、大小、起始和结束位置等关键信息。例如，fdisk 或 gdisk 等工具可用于查看和修改这些分区表信息，以便更好地管理磁盘空间。

5.1.2 磁盘的命名

在 Linux 操作系统中，磁盘设备的标识通常通过特定的文件路径来实现。这些文件路径实际上对应于设备节点(device node)，它们由两部分组成：主设备号和次设备号。例如，常见的设备路径包括/dev/sda、/dev/sdb 等。

具体来说，/dev/sda 中的"sda"代表了系统中的第一个 SCSI 或 SATA 硬盘，而/dev/sdb 则表示第二个 SCSI 或 SATA 硬盘。这里的"sda"和"sdb"并不是直接代表主设备号或次设备号，而是用于区分不同的物理硬盘。

在 Linux 系统中，如果需要访问多个物理硬盘，那么系统会按照检测到的顺序分配设备名。例如，第一个物理硬盘可能会被命名为/dev/sda，第二个物理硬盘可能会被命名为/dev/sdb，以此类推。这样，通过这些特定的设备路径，用户可以方便地管理和访问系统中的各个磁盘设备。

需要注意的是，主设备号由内核分配以标识设备类型(如 8 表示 SCSI 磁盘)，次设备号用于细分实例或分区(如/dev/sda 的次设备号为 0，/dev/sda1 为 1)。设备路径名称(如 sda)由用户空间工具(如 udev)管理，与主次设备号无直接对应关系。

5.1.3 分区的命名

在 Linux 系统中，磁盘分区通过设备名称进行标识，这些名称通常存储在/dev 目录下。磁盘分区是硬盘上的逻辑部分，每个分区都可以被格式化并分配一个文件系统。分区的名称通常与其设备号相对应，后接数字以区分不同的分区。对于磁盘分区而言，一块磁盘最多只能包含四个主分区或三个主分区加上一个扩展分区。这是由于磁盘的第一个扇区(512字节)包含了 MBR(主引导记录)和分区表信息。其中，MBR 占用 446 字节，结束符占用 2 字节，分区表占用 64 字节。每个分区记录占用 16 字节，因此最大分区数为 64 字节除以 16 字节，即 4 个分区。

在 Linux 中，不同的硬盘接口拥有不同的设备命名规则。SCSI、SATA 和 USB 接口的硬盘在 Linux 中通常用 sd 作为前缀标识，而较老的 IDE 接口硬盘则使用 hd 作为前缀。例如，第一块 SCSI 硬盘的设备名为/dev/sda，第二块为/dev/sdb；而第一块 IDE 硬盘的设备名为/dev/hda，第二块为/dev/hdb。

具体示例包括以下几种。

(1) /dev/sda1：指的是硬盘上的第一个分区，隶属于主设备标识符 sda。该分区作为硬盘的首个逻辑单元，能够被格式化并赋予文件系统，从而实现数据存储功能。

(2) /dev/sda2：代表硬盘上的第二个分区，同样隶属于主设备标识符 sda。作为硬盘的第二个逻辑单元，该分区亦可进行格式化并配置文件系统，以便存储额外的数据。

(3) /dev/sdb1：指的是另一硬盘上的第一个分区，隶属于次设备标识符 sdb。该分区作为另一硬盘的首个逻辑单元，能够被格式化并赋予文件系统，以达到数据存储的目的。

(4) /dev/sdb2：代表另一硬盘上的第二个分区，同样隶属于次设备标识符 sdb。作为另一硬盘的第二个逻辑单元，该分区亦可进行格式化并配置文件系统，以便存储更多的数据。

5.1.4 分区的类型和关系

Linux 操作系统支持多种不同类型的磁盘分区,每种分区类型都有其特点和独特的用途,以满足不同的存储需求。以下是对这些分区类型的具体介绍。

主分区(Primary Partition):这是最基本的分区类型之一。在每个磁盘上,用户可以创建 1 到 4 个主分区。主分区可以包含文件系统,并且可以直接用于存储数据。然而,需要注意的是,在采用传统 MBR 分区表的磁盘上,最多只能创建 4 个主分区;若需要更多分区,则需将其中一个主分区替换为扩展分区。这种限制源自传统磁盘分区架构的设计。

扩展分区(Extended Partition):扩展分区提供了一种突破 4 个主分区限制的解决方案。它本身不能直接存储数据,而是作为逻辑分区的容器存在。一个磁盘最多只能创建一个扩展分区,该分区通过划分逻辑分区(Logical Partition)来突破主分区数量限制。扩展分区的引入使得磁盘空间的划分更加灵活。

逻辑分区(Logical Partition):逻辑分区是位于扩展分区内部的具体存储单元。用户可以在扩展分区中创建多个逻辑分区(理论上不受数量限制,实际受系统约束),每个逻辑分区都可以被独立格式化和挂载。需要注意的是,传统分区方案中逻辑分区的大小调整相对复杂,这为后来 LVM(逻辑卷管理)技术的诞生埋下了需求。需要特别说明的是,现代 Linux 系统普遍采用更先进的 GPT 分区表(替代传统 MBR),可支持 128 个主分区;同时 LVM 技术的应用,使得动态调整分区大小、创建快照等高级功能成为可能。这些技术演进进一步提升了 Linux 系统的存储管理能力。

总的来说,Linux 通过支持主分区、扩展分区和逻辑分区等基础分区方案,结合现代 GPT 和 LVM 技术,为用户提供了从基础到高级的多层次磁盘管理选项,能够满足不同场景下的存储需求。

5.1.5 Linux 文件系统

文件系统是计算机中用于命名、存储、检索和更新文件的逻辑架构,它通过分层目录结构和元数据管理机制,实现对存储设备上数据的有序组织。它负责管理磁盘上的数据,操作系统必须借助文件系统才能存储和检索磁盘上的原始数据。对于用户来说,文件系统是不可见的,它在后台默默地工作,确保数据的有序存储和高效检索。

1. Linux 主流文件系统格式

(1) ext 系列演进。

① ext2:基础无日志文件系统(1993 年)。

② ext3:增加日志功能(2001 年),支持最大 32TB 文件系统/2TB 单文件。

③ ext4(2008 年至今):关键创新是 Extent 连续块机制、延迟分配技术;性能突破是支持 1EB 文件系统/16TB 单文件;兼容特性是可挂载 ext3 分区,默认启用日志校验;应用现状是 Ubuntu 等主流发行版的默认文件系统。

(2) 日志式文件系统优势。

① 崩溃恢复:通过事务日志快速恢复一致性。

② 数据完整性:避免断电等异常导致文件损坏。

③ 性能优化：元数据操作异步处理。

2. 跨平台文件系统支持

在跨平台文件系统支持方面，Linux 提供了多种格式以实现与不同操作系统的兼容性。其中，NTFS 是 Windows 的主要文件系统格式，通过 ntfs-3g 驱动程序，Linux 能够读写 NTFS 分区，从而实现了与 Windows 系统的数据交换。

vfat 则是一种兼容 FAT16/FAT32/exFAT 的文件系统类型，广泛应用于 U 盘和其他移动存储设备中，确保了这些设备在不同操作系统间的通用性和便利性。

ISO9660 作为标准光盘文件系统，不仅支持基本的数据存储功能，还通过 RockRidge 扩展保留了 UNIX 权限信息，增强了其在多操作系统环境中的适用性。

XFS 是一种高性能的大容量存储解决方案，它支持高达 16EB 的文件系统和 9EB 的单个文件大小，特别适合于企业级应用和大规模数据存储需求。

3. 核心分区要求

(1) 根分区(/)：必须存在，支持 ext4/XFS/btrfs 等现代格式。
(2) 历史限制：Linux2.4 内核前强制使用 ext2(2001 年后解除)。
(3) Swap 交换分区：采用专用交换空间格式，建议配置策略如下。

① 当系统内存≤4GB 时，建议 Swap 空间设置为内存容量的 2 倍(例如 4GB 内存对应 8GBSwap)，以保障低内存设备的稳定运行。

② 若内存介于 4~8GB，Swap 空间可按内存的 1.5 倍配置(如 6GB 内存对应 9GBSwap)，平衡性能与存储资源占用。

③ 对于内存≥8GB 的设备，Swap 空间至少应配置为与物理内存容量相同(例如 16GB 内存对应 16GBSwap)。

4. 现代系统分区实践应用(以 Ubuntu 为例)

(1) 默认创建分区。
① EFI 系统分区：FAT32 格式，200~500MB(UEFI 启动必需)。
② /boot 分区：ext4 格式，1~2GB(存储内核与 GRUB 引导文件)。
③ 根分区(/)：ext4 格式，建议≥30GB。
④ Swap 分区：按内存自动计算(现代系统支持交换文件替代)。
(2) 可选创建。
① /home 分区：独立存储用户数据。
② /var 分区：存放日志和缓存文件(建议 20GB+)。
③ /tmp 分区：临时文件存储。

5. 分区规划注意事项

① 推荐合并的目录：/etc(系统配置)、/usr(应用程序)、/opt(可选软件包)。
② 分区策略优势：防止日志溢出导致系统崩溃，通过独立的/var 分区，可以避免日志文件无限增长而导致根分区空间耗尽的问题。支持差异化挂载参数优化，不同的分区可以根据其用途设置特定的挂载选项(如 noexec、nosuid)，从而提高安全性或性能。实现用户磁

盘配额控制，使用独立/home 分区配合 LVM 等技术，管理员能够为每个用户设定存储限额。

③ 分区策略风险：增加空间分配复杂度，过多的分区会导致管理上的不便和潜在的空间浪费问题。跨分区操作需要重新挂载，如果应用程序需要访问不同分区的数据，则可能需要额外的配置来实现无缝切换。需要 LVM 等工具动态调整空间，虽然 LVM 提供了灵活的空间管理能力，但这也意味着在某些情况下需要依赖这些高级功能来进行日常维护工作。

5.2 磁盘的分区

磁盘的分区是一种将物理硬盘划分为一个或多个逻辑单元的过程。这些逻辑单元被称为分区(Partition)，每个分区在操作系统中被视为一个独立的驱动器。磁盘分区主要包括主分区、扩展分区和逻辑分区。其中，主分区是能够被直接格式化并用于启动操作系统的分区；扩展分区则是一个包含逻辑分区的特殊主分区，可以进一步细分为多个逻辑分区。下面将介绍在 Ubuntu 操作系统中，如何使用 Gparted 软件来调整磁盘分区大小。

5.2.1 Gparted 软件调整磁盘分区大小

GParted，即 GNOME 分区编辑器，是一款专为磁盘分区及文件系统管理而设计的开源图形化工具。该工具向用户提供了一个直观的图形界面，便于执行创建、删除、调整大小、移动及格式化分区等操作。相较于传统的 Linux 命令行工具，GParted 在用户界面友好性和可视化方面具有显著优势。其直观的图形用户界面使得用户能够通过简单的拖放和单击轻松完成分区任务，无须记忆复杂的命令和参数。这种直观性尤其适合那些对命令行操作不熟悉的用户。

此外，GParted 允许用户在实际应用更改之前，实时预览所有操作的效果，从而帮助用户更清晰地理解即将执行的操作。它还支持同时处理多个分区操作，用户可以一次性安排多个任务，从而提高工作效率。在文件系统支持方面，GParted 兼容多种文件系统类型，包括 ext2/3/4、NTFS、FAT32 和 HFS+，使得用户能够在不同类型的磁盘和分区上进行操作。它提供清晰的错误信息和提示，帮助用户识别和解决问题，降低了学习曲线，使得新手用户更容易掌握使用方法。GParted 通过图形化的方式展示磁盘的分区布局和使用情况，使用户能够直观地了解磁盘状态，从而降低误操作的风险。

在使用 GParted 软件之前，需要先扩展虚拟机的硬盘空间，方法如下。

(1) 打开 VMware Workstation，选中需要扩展的 Ubuntu 64 位虚拟机，单击"编辑虚拟机设置"，在弹出的窗口中选择"硬盘(SCSI)"，继续单击"扩展"选项，如图 5.1 所示。

(2) 在"最大磁盘大小(GB)(S)"文本框中输入扩展分区的大小，如原来是 20GB，现在可以扩展到 40GB，单击"扩展"即可完成操作，如图 5.2 所示。

本书最初安装的 Ubuntu 系统原来设置为 20GB，现在设置为 40GB，读者可以自行按实际情况设置，但必须大于原来的大小。

磁盘管理 05

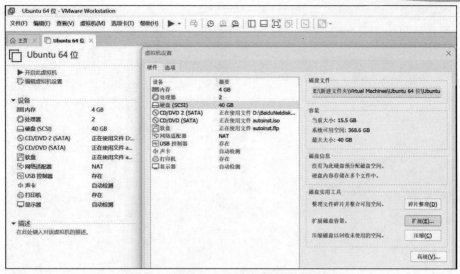

图 5.1 扩展 Ubuntu 虚拟机的硬盘空间

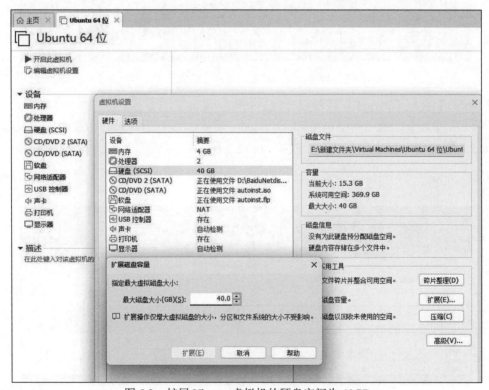

图 5.2 扩展 Ubuntu 虚拟机的硬盘空间为 40GB

硬盘空间扩展之后，分区的大小不会发生变化，这时候需要用到 GParted 软件进行划分，才能起到真正的作用。如果读者的系统中还没有安装 GParted，可以通过以下命令进行安装，具体运行结果如图 5.3 所示。

sudo apt install gparted

```
zwz@zwz-virtual-machine:~/Desktop$ sudo apt install gparted
[sudo] password for zwz:
Reading package lists... Done
Building dependency tree... Done
Reading state information... Done
The following additional packages will be installed:
  gparted-common
Suggested packages:
  dmraid gpart jfsutils kpartx mtools reiser4progs reiserfsprogs udftools xfsprogs
  exfatprogs
The following NEW packages will be installed:
  gparted gparted-common
0 upgraded, 2 newly installed, 0 to remove and 64 not upgraded.
Need to get 490 kB of archives.
After this operation, 2,128 kB of additional disk space will be used.
Do you want to continue? [Y/n] y
Get:1 http://mirrors.tuna.tsinghua.edu.cn/ubuntu jammy/main amd64 gparted-common all 1.3.
1-1ubuntu1 [71.9 kB]
Get:2 http://mirrors.tuna.tsinghua.edu.cn/ubuntu jammy/main amd64 gparted amd64 1.3.1-1ub
untu1 [418 kB]
Fetched 490 kB in 2s (313 kB/s)
Selecting previously unselected package gparted-common.
(Reading database ... 208146 files and directories currently installed.)
Preparing to unpack .../gparted-common_1.3.1-1ubuntu1_all.deb ...
Unpacking gparted-common (1.3.1-1ubuntu1) ...
Selecting previously unselected package gparted.
Preparing to unpack .../gparted_1.3.1-1ubuntu1_amd64.deb ...
Unpacking gparted (1.3.1-1ubuntu1) ...
Setting up gparted-common (1.3.1-1ubuntu1) ...
Setting up gparted (1.3.1-1ubuntu1) ...
Processing triggers for mailcap (3.70+nmu1ubuntu1) ...
Processing triggers for desktop-file-utils (0.26-1ubuntu3) ...
Processing triggers for hicolor-icon-theme (0.17-2) ...
Processing triggers for gnome-menus (3.36.0-1ubuntu3) ...
Processing triggers for man-db (2.10.2-1) ...
```

图 5.3　安装 GParted 软件

【例 5.1】使用 Gparted 软件新建分区。

可以通过命令行或应用菜单启动 GParted，需要注意的是，只有用超级用户权限启动 GParted 才能操作分区，命令的执行效果如图 5.4 所示。

```
sudo gparted
```

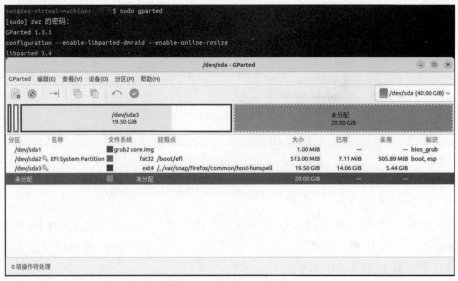

图 5.4　GParted 主界面

从图 5.4 中可以看出，Gparted 软件的主界面直观显示了硬盘上所有分区的情况，包括分区大小、类型和挂载情况。可以发现/dev/sda2 的"文件系统"是 fat32、"挂载点"为/boot/efi、"大小"为 513MB。/dev/sda3 的"文件系统"为 ext4、"大小"为 19.50GB、"挂载点"为/、/var/snap/firefox/common/host-hunspell，已用 14.06GB，未用 5.44GB。另外，还有一个未分配的分区，它的文件系统也未分配，大小为 20GB。

在 GParted 主界面中选中未分配区域，单击鼠标右键，再单击"新建"，在弹出的"创建新分区"窗口中将新大小(MiB)改为 10 240，单击"添加"，具体操作如图 5.5 所示。

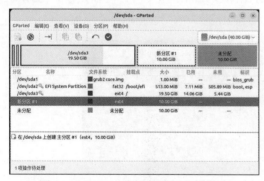

图 5.5　GParted 创建新分区

下一步，单击工具栏的 ✓ 按钮，在弹出的窗口中单击"应用"按钮，具体操作如图 5.6、图 5.7 所示。

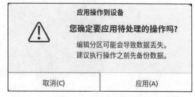

图 5.6　GParted 应用创建新分区操作　　　图 5.7　GParted 确认编辑分区操作

在弹出的窗口中单击"关闭"按钮，再关闭软件，即可完成操作，具体操作如图 5.8 所示。

如图 5.9 所示，可以通过运行 lsblk 命令，查询到新分区 sda4 已创建成功。

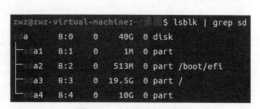

图 5.8　关闭操作窗口　　　　　　　　　图 5.9　创建成功页面

【例 5.2】 Gparted 软件扩展分区。

选择/dev/sda4 区域，单击鼠标右键，在弹出的"调整大小/移动/dev/sda4"对话框中将/dev/sda4 的大小调整到最大，如图 5.10 所示。

单击工具栏的 ✓ 按钮，在弹出的窗口中单击"应用"按钮，继续单击"关闭"按钮，关闭软件即可完成操作，结果如图 5.11 所示。

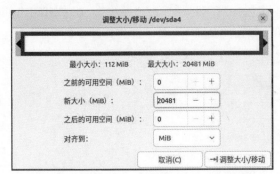

图 5.10 "调整大小/移动/dev/sda4"对话框

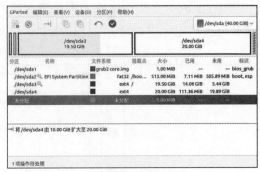

图 5.11 调整新分区 sda4 后的结果

完成 Gparted 软件的分区操作后，输入以下命令，再次查看当前的分区大小。

lsblk | grep sd

以上命令的执行情况如图 5.12 所示，对比图 5.9 的分区大小，可以发现，/dev/sda4 分区由原来的 10GB 扩展到现在的 20GB，增加了 10GB。

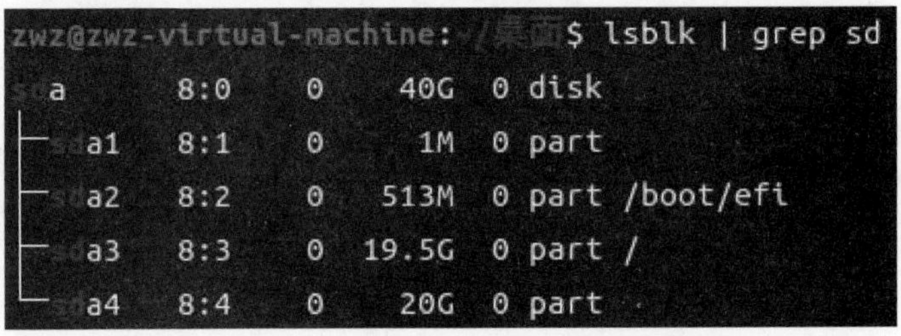

图 5.12 GParted 软件调整后的分区大小

5.2.2 磁盘分区管理命令

磁盘分区管理命令是一组用于在计算机硬盘上创建、删除、格式化和管理分区的命令。

【例 5.3】 ls 命令查看磁盘分区情况。

输入以下命令：

ls /dev/sd*
ls -l /dev/sd*

以上命令的执行效果如图 5.13 所示。图 5.13 中，第一个字符 b 表示该设备的类型为块设备，如果显示为 c，则表示字符设备。另外，8 表示主设备号，0、1、2、3 表示次设备号。

```
zwz@zwz-virtual-machine:~/Desktop$ ls /dev/sd*
/dev/sda  /dev/sda1  /dev/sda2  /dev/sda3
zwz@zwz-virtual-machine:~/Desktop$ ls -l /dev/sd*
brw-rw---- 1 root disk 8, 0 8月 31 13:52 /dev/sda
brw-rw---- 1 root disk 8, 1 8月 31 13:52 /dev/sda1
brw-rw---- 1 root disk 8, 2 8月 31 13:52 /dev/sda2
brw-rw---- 1 root disk 8, 3 8月 31 13:52 /dev/sda3
```

图 5.13　ls 命令查看磁盘分区

【例 5.4】 lsblk 查看磁盘分区命令。

lsblk 命令，其全称为 list block devices，意指以列表形式展示块设备的相关信息。在默认状态下，该命令以树状结构展示设备及其分区情况，从而清晰地揭示设备间的关系。在该树状结构中，可以观察到各个分区是如何挂载至系统的目录树的，并且能够识别它们所采用的文件系统类型。

执行以下命令：

```
lsblk | grep sd
```

上述命令的执行结果如图 5.14 所示。在图 5.14 中，通过管道命令将 lsblk 的输出结果传递至 grep 命令，以便过滤出包含 sd 的块设备。可以发现，系统里第一个 SCSI 硬盘 sda，大小为 20GB，sda 包括了 3 个分区：分区 sda1(大小为 1MB)、分区 sda2(大小为 513MB) 和分区 sda3(大小为 19.5GB)。

```
zwz@zwz-virtual-machine:~/Desktop$ lsblk | grep sd
sda      8:0    0   20G  0 disk
├─sda1   8:1    0    1M  0 part
├─sda2   8:2    0  513M  0 part /boot/efi
└─sda3   8:3    0 19.5G  0 part /var/snap/firefox/common/host-hunspell
```

图 5.14　lsblk 命令以树形格式查看磁盘分区

5.2.3　free 查看内存和交换分区

free 命令是 Linux 系统中一个非常实用的命令，用于显示系统内存的使用情况，包括物理内存、交换空间和缓存的状态。

在终端输入以下命令，具体运行结果如图 5.15 所示。

```
free
```

```
zwz@zwz-virtual-machine:~/桌面$ free
            total      used      free    shared  buff/cache  available
内存:      3961492   1000868   2091336    35012      869288    2693384
交换:      2191356         0   2191356
```

图 5.15　free 命令查看内存和交换分区

执行 free 命令后，其输出通常包含表 5.1 所示的信息。

表 5.1 free 命令输出解释

列名	描述
total	总的内存或交换空间大小
used	已使用的内存或交换空间大小
free	未使用的内存或交换空间大小
shared	多个进程共享的内存大小(通常用于 tmpfs 文件系统)
buff/cache	用于缓存和缓冲的内存大小
available	可供新进程使用的内存大小(包括未使用的内存和缓存的内存)

此外，free 命令还提供了多种参数选项，以满足用户根据具体要求获取详细信息的需求。表 5.2 详细列出了 free 命令的常用选项和代码，这些选项使得用户能够更灵活地获取内存使用情况的详细数据。通过这些参数，用户可以根据自身需求，灵活地获取内存使用情况的详细数据，从而更好地进行系统管理和性能优化。

表 5.2 free 命令常用参数

选项	描述	代码
-h	以人类可读的格式显示(自动选择合适的单位，如 KB、MB、GB)	free -h
-m	以 MB 为单位显示	free -m
-g	以 GB 为单位显示	free -g
-s [秒数]	以指定的秒数间隔重复显示内存使用情况，例如每 5 秒更新一次	free -s 5

5.2.4 free 查看内存和交换分区的常用命令

交换分区，亦称作虚拟内存分区，在 Linux 操作系统中扮演着内存管理的关键角色。其主要功能在于扩展系统的虚拟内存容量。该分区为一块独立的磁盘空间，用以保存那些暂时不被频繁访问的内存页面。在物理内存(RAM)资源紧张的情况下，Linux 系统会将部分内存页面迁移到交换分区，从而释放物理内存空间，供当前活跃进程使用。这一机制有效避免了因内存资源匮乏而导致的系统崩溃问题。

交换分区的功能如表 5.3 所示。

表 5.3 交换分区的功能

功能	描述
内存扩展	当物理内存不足时，交换分区提供额外的内存空间
系统稳定性	帮助系统在高负载时保持稳定，避免因内存不足导致的崩溃
休眠支持	在某些系统中，交换分区可以用于保存系统状态，以支持休眠功能

虽然在安装 Ubuntu 操作系统时会提示设置 swap 分区，但是这种方式并不灵活。如果需要在使用过程中调整交换分区的大小，可以使用交换分区管理命令，交换分区的常用命令如表 5.4 所示。

表 5.4 交换分区的常用命令

命令	描述
swapon	启用交换分区或交换文件
swapoff	禁用交换分区或交换文件
mkswap	创建交换分区或交换文件
swapon -s	显示当前启用的交换分区和文件的信息
free	显示系统的内存和交换空间使用情况
cat /proc/swaps	显示当前的交换分区和文件的详细信息
swapon --show	显示当前启用的交换空间的详细信息
fallocate [选项] [分区文件名]	创建交换文件(在文件系统上)

【例 5.5】设置新的交换分区大小。

在设置新的交换分区大小之前，需要先关闭当前的交换分区。

执行以下命令，具体执行结果如图 5.16 所示。

```
swapon
sudo swapoff /swapfile
swapon
free -h
```

图 5.16 关闭 swap 分区

接下来，需要创建一个与现有内存容量相近的交换分区。由图 5.16 可知，当前内存大小为 3.8GB，因此，建议分配一个 4GB 的文件，然后将其格式化为交换分区，并进行挂载。执行以下命令：

```
sudo fallocate -l 4G /swapfile
sudo mkswap /swapfile
sudo swapon /swapfile
swapon
free -h
```

如图 5.17 所示，执行上述命令后，可见已通过 fallocate 命令成功创建了一个容量为 4GB 的文件。随后，该文件经由 mkswap 命令转换为交换分区，并通过 swapon 命令进行挂载和检查。为了验证操作结果，建议执行 free -h 命令。执行后，系统反馈表明，交换分区的大小已正确配置为 4GB。

```
zwz@zwz-virtual-machine:~/桌面$ swapon
NAME      TYPE SIZE USED PRIO
/swapfile file 2.1G   0B   -2
zwz@zwz-virtual-machine:~/桌面$ sudo swapoff /swapfile
[sudo] zwz 的密码:
zwz@zwz-virtual-machine:~/桌面$ free -h
               total        used        free      shared  buff/cache   available
内存:          3.8Gi       964Mi       2.0Gi        34Mi       849Mi       2.6Gi
交换:             0B          0B          0B
zwz@zwz-virtual-machine:~/桌面$ sudo fallocate -l 4G /swapfile
zwz@zwz-virtual-machine:~/桌面$ sudo mkswap /swapfile
mkswap: /swapfile: 警告，将擦除旧的 swap 签名。
正在设置交换空间版本 1，大小 = 4 GiB (4294963200  个字节)
无标签， UUID=80eb33a1-a069-4e1d-9b23-140421137207
zwz@zwz-virtual-machine:~/桌面$ sudo swapon /swapfile
zwz@zwz-virtual-machine:~/桌面$ swapon
NAME      TYPE SIZE USED PRIO
/swapfile file   4G   0B   -2
zwz@zwz-virtual-machine:~/桌面$ free -h
               total        used        free      shared  buff/cache   available
内存:          3.8Gi       963Mi       2.0Gi        34Mi       850Mi       2.6Gi
交换:          4.0Gi          0B       4.0Gi
```

图 5.17　设置新的交换分区

5.3 文件系统管理命令

在 Ubuntu 操作系统中，文件系统管理命令用于执行一系列与文件系统相关的操作，包括查看、创建、删除、复制、移动文件和管理磁盘空间等，这些命令是进行文件系统管理的基本工具，可以帮助用户有效地管理和维护他们的文件系统。

5.3.1 du 查看磁盘目录命令

du(Disk Usage)命令用于查看文件和目录的磁盘使用情况。

命令语法：du [选项] [目录]。

du 命令是一个极为实用的工具，它能够帮助用户迅速掌握文件和目录所占用的磁盘空间。通过搭配不同的选项，用户可以根据自己的需求灵活定制输出信息。du 的常用命令如表 5.5 所示。

磁盘管理

表 5.5 du 的常用命令

选项	描述	示例命令
-h	以人类可读的格式显示(例如 KB、MB、GB)	du -h /path/to/directory
-s	仅显示总计，不列出每个子目录的使用情况	du -sh /path/to/directory
-a	显示所有文件和目录的使用情况，包括文件	du -ah /path/to/directory
-c	在输出末尾显示所有文件和目录的总和	du -ch /path/to/directory
-d N	限制显示的目录深度为 N 级	du -h -d 1 /path/to/directory
--max-depth=N	与 -d 类似，限制显示的目录深度	du -h --max-depth=1 /path/to/directory

【例 5.6】du 命令查看磁盘目录空间使用情况。

本例旨在展示如何检查主目录的磁盘空间占用情况。首先，需要切换至主目录，接着执行查看当前目录空间占用的命令。在 Linux 系统中，"."或"./"均代表当前目录。请执行以下命令：

```
cd ~
sudo du -sh .
sudo du -sh ./
```

如图 5.18 所示，执行上述命令后的结果表明，两个命令的输出完全一致。当前目录占用的空间大小为 16MB。

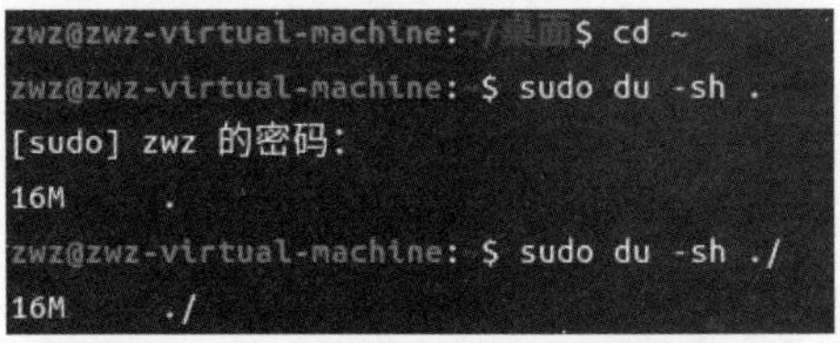

图 5.18 du 命令查看当前目录使用情况

接下来，将通过两种方法展示当前目录中占据前三名的目录大小。请执行以下命令：

```
du -sh * | sort -h | tail -n3
du -sh * | sort -rh | head -n3
```

观察图 5.19 可知，第一条命令的作用在于以易于人类理解的方式展示当前目录下各个子目录的大小。该命令首先利用管道将输出传递给 sort -h 命令，以便按照大小进行排序，随后再次通过管道将结果传递给 tail -n3 命令，以展示排序后的最后三个条目。值得注意的是，第二条命令首先将输出通过管道传递给 sort -rh 命令，该命令按照大小进行逆序排序，然后通过管道将结果传递给 head -n3 命令，以展示排序后的前三个条目。

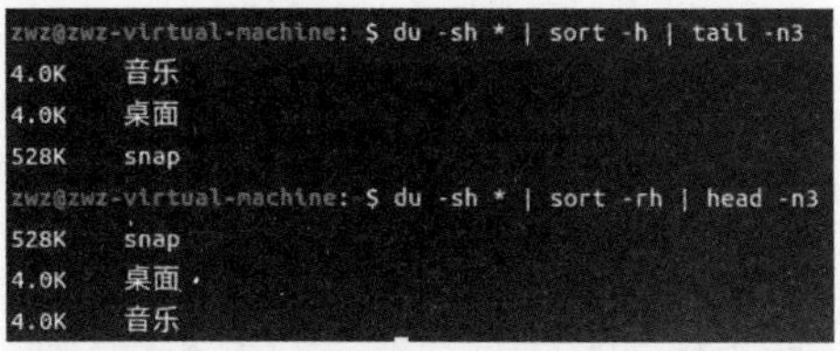

图 5.19 du 命令显示当前目录各子目录大小排在前三位的目录

最终，通过执行 du 命令来展示/var 目录下各个子目录占用空间的大小，并将结果按照大小顺序排列。然后，将这些信息重定向输出到名为 zwz.log 的日志文件中。接下来，使用 tail 命令的-n3 选项来查看并展示占用空间最大的前三个子目录。请执行以下命令：

```
sudo du -h /var | sort -h>zwz.log
tail -n3 zwz.log
```

以上命令的运行结果如图 5.20 所示。

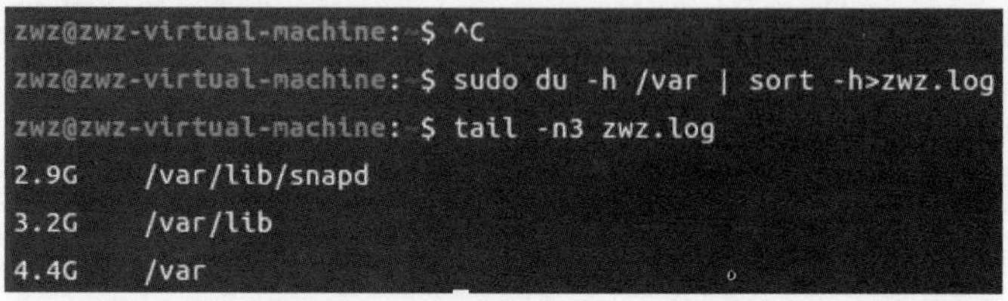

图 5.20 du 命令显示/var 目录各子目录大小排在前三位的目录

5.3.2 其他常用文件系统管理命令

除上述提到的 du 命令之外，还有其他常用的文件系统管理命令，熟悉这些命令有助于帮助用户更好地管理和组织文件和程序，表 5.6 所示是一些常用的文件系统管理命令及其详细描述和用法。

表 5.6 常用的文件系统管理命令

命令	描述	用法	常用选项及示例
ls	列出目录中的内容	ls [选项] [目录]	-l：以长格式显示； -a：显示所有文件
cd	更改当前工作目录	cd [目录]	示例：cd /home/user
pwd	显示当前工作目录的完整路径	pwd	在终端中输入 pwd 并按下回车键，系统会输出当前所在的目录路径
mkdir	创建新的目录	mkdir [选项] 目录名	-p：递归创建父目录
rmdir	删除空目录	rmdir 目录名	注意：如果目录不为空，须先删除其内容
rm	删除文件或目录	rm [选项] 文件名	-r：递归删除； -f：强制删除
cp	复制文件或目录	cp [选项] 源文件 目标文件	-r：递归复制； -i：覆盖时提示确认
mv	移动或重命名文件或目录	mv 源文件 目标文件	示例：mv oldname.txt newname.txt
touch	创建空文件或更新现有文件的时间戳	touch 文件名	示例：touch newfile.txt
chmod	修改文件或目录的权限	chmod [选项] 模式 文件名	示例：chmod 755 script.sh

(续表)

命令	描述	用法	常用选项及示例
chown	修改文件或目录的所有者和/或组	chown [选项] 所有者:组 文件名	示例：chown user:group file.txt
df	显示文件系统的磁盘空间使用情况	df [选项]	-h：以人类可读的格式显示
mount	挂载文件系统	mount [选项] 设备 文件夹	示例：mount /dev/sdb1 /mnt
umount	卸载文件系统	umount [选项] 文件夹或设备	示例：umount /mnt
fsck	检查和修复文件系统	fsck [选项] 设备	注意：通常在系统未挂载的情况下运行
mkfs	创建文件系统	mkfs -t 类型 设备	示例：mkfs.ext4 /dev/sdb1
tune2fs	调整 ext2/ext3/ext4 文件系统的参数	tune2fs [选项] 设备	-m：设置保留块的百分比； -o：设置挂载选项

5.4 文件系统备份和恢复命令

在 Linux 系统中，备份和恢复文件系统是一项重要的任务，这可以通过多种命令和工具来实现。表 5.7 所示是一些常用的备份和恢复命令及详细的说明。

表 5.7 一些常用的备份和恢复命令

命令	描述	用法	常用选项及示例
tar	创建和提取归档文件，便于备份和传输	创建归档：tar -cvf archive.tar /path/to/directory 提取归档：tar -xvf archive.tar	-c：创建新的归档文件； -x：从归档文件中提取文件； -v：在处理过程中显示详细信息(详细模式)； -f：指定归档文件名称
rsync	同步文件和目录，支持增量备份	rsync [选项] 源 目标	-a：归档模式,，保留文件的权限、时间戳等属性； -v：显示详细输出，以便了解同步过程； -z：传输时压缩，节省带宽； --delete：删除目标端存在但源端没有的文件，保持完全一致
cp	复制文件和目录，支持递归复制	cp [选项] 源 目标	-r：递归复制，用于复制整个目录及其子目录； -u：仅复制源目录中比目标目录中更新的文件； -i：在覆盖文件之前提示用户确认

(续表)

命令	描述	用法	常用选项及示例
dd	低级别的数据复制和转换,常用于磁盘备份	dd if=/dev/sdX of=/path/to/backup.img	if: 指定输入文件(源设备); of: 指定输出文件(目标文件); bs: 设置块大小,例如 bs=4M,可以提高复制速度
dump	备份文件系统,适用于 ext2/ext3/ext4 文件系统	dump [选项] level backup_file	-0 至-9: 指定备份级别,0 表示全量备份,1-9 表示增量备份; -f: 指定备份文件名称
restore	从 dump 备份文件中恢复文件和目录	restore [选项]	-f: 指定备份文件名称; -r: 执行恢复操作
bacula	功能强大的备份解决方案,适用于大型环境	依赖于配置文件,通过 bconsole 管理	—
borg	高效的备份工具,支持增量备份和加密	创建备份: borg create /path/to/repo::archive_name /path/to/directory 恢复备份: borg extract /path/to/repo::archive_name	--compression: 设置压缩方式,例如 zstd 或 lz4; --encryption: 设置加密方式,例如 repokey 或 keyfile
Snapshot (LVM)	使用 LVM 的快照功能创建文件系统的备份	创建快照: lvcreate -L 10G -s -n snap_name /dev/vg_name/lv_name 恢复: 从快照中恢复数据	-L 10G: 指定快照大小(若源卷为 50G,建议快照≥10G 以防止数据溢出); -s: 标记为快照类型; -n snap_name: 快照名称(如 db_snapshot)
find	查找特定类型的文件并进行备份操作	find/data-type f -name "*.pdf" -exec cp --parents {} /backup/pdf_files/ \;	查找所有 PDF 文件并复制到备份目录(保留目录结构需添加 --parents 参数); -type f: 限定普通文件,排除目录; --parents: 保留源文件的路径结构(如 /data/report.pdf 备份到 /backup/pdf_files/data/report.pdf)

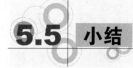

5.5 小结

本章主要介绍了 Linux 系统中的磁盘管理和相关命令。内容涵盖了磁盘和分区的命名方式,以及不同类型的分区(如主分区、扩展分区和逻辑卷)的特点和它们之间的关系。同时,还讲解了如何添加新磁盘、查看磁盘信息、创建分区、格式化分区、挂载和卸载分区等操作。此外,也提到了一些其他与磁盘管理相关的命令,如 parted、gparted、fallocate 等,这些命令可以用于更复杂的磁盘管理任务。掌握这些知识和命令对于系统管理员来说非常重要,因为它们是维护和优化 Linux 系统性能的关键工具。

5.6 实验

1. 在 Linux 系统中，如果要查看系统中所有磁盘设备的列表及它们的挂载点信息，请列出至少三种可用的命令。
2. 描述 Linux 中如何创建一个新的主分区并为其分配一个 ext4 文件系统。
3. 解释在 Linux 中如何卸载一个分区或设备。

5.7 习题

1. 填空题

(1) 在 Linux 系统中，查看磁盘空间使用情况的命令是_____。
(2) 创建新分区通常使用_____命令来完成。
(3) 为磁盘分区分配文件系统的过程称为_____。
(4) 将一个已格式化的文件系统连接到一个挂载点的过程叫_____。
(5) 从系统中卸载一个已挂载的文件系统，应该使用_____命令。

2. 判断题

(1) /dev/sda 是第一个 SCSI 硬盘设备的标准命名。（   ）
(2) 在 Linux 系统中，使用 df 命令只能查看目录的磁盘空间使用情况。（   ）
(3) 使用 sudo fdisk /dev/sdc 命令会改变新磁盘的分区结构，并可能影响到现有数据。（   ）
(4) 创建分区后，要使新的分区生效，必须重启系统。（   ）
(5) /etc/fstab 文件中的配置不会影响挂载点的自动挂载状态。（   ）

3. 单项选择题

(1) 在 Linux 系统中，查看磁盘空间使用情况的命令是(   )。
    A. df –h
    B. du -sh
    C. lsblk -d -o SIZE,MOUNTPOINT,MODEL,RAID_TYPE,SERIAL
    D. fdisk /dev/sda

(2) 如果要为新添加的磁盘设备/dev/sdc 创建一个主分区并分配 ext4 文件系统，首先需要使用(   )命令进行分区操作。
    A. fdisk   B. mkfs.ext4   C. mount   D. umount

(3) 在 Linux 中，要将一个已格式化的文件系统连接到一个挂载点，以便访问该文件系统上的数据，应该使用(   )命令来完成挂载操作。
    A. mount –bind   B. chmod   C. passwd   D. pvcreate

(4) 在 Linux 系统中，(　　)命令用于强制卸载目录及其关联的文件系统，即使有进程正在使用这些资源。

  A．umount –l   B．umount –n   C．umount –f   D．umount -r

(5) 若要调整 ext2/ext3/ext4 文件系统的容量大小，应使用(　　)命令。

  A．resize2fs   B．tune2fs   C．mkfs.ext4   D．e2fsck

4．简答题

(1) 解释 Linux 系统中磁盘设备名称的表示方式，如/dev/sda 和/dev/sdb 的含义。

(2) 描述 Linux 系统中分区的概念及其重要性。

(3) 讨论 Linux 系统中用户组的作用和如何通过命令行管理用户组。

第 6 章

软件包管理

在 Linux 系统中,软件包管理是一个至关重要的功能,它允许用户安装、更新、删除和配置软件包及其依赖关系。不同的 Linux 发行版可能使用不同的软件包管理工具。软件包管理是学习 Linux 操作系统不可或缺的关键环节,不仅让学生掌握软件安装的技能,还通过软件包的不同安装方式深化了对系统命令、工具及工作原理的理解,同时培养学生的问题解决能力和跨平台编程技巧。

Linux 操作系统中的软件安装方式有三种:基于软件包存储库进行安装、下载二进制软件包进行安装、下载源代码包进行编译安装。

Linux 系统主要支持 RPM(Red Hat Package Manager)和 Deb(Debian Package)两种软件包管理工具。CentOS、Fedora 和其他 Red Hat 家族成员通常使用 RPM 软件包管理工具。Debian 及其衍生版,如 Ubuntu、Linux Mint 和 Raspbian 等,格式是.deb,使用 dpkg 工具进行离线安装。

本章学习目标

◎ 了解软件安装的方式。
◎ 了解 RPM 和 Deb 软件包管理工具。
◎ 掌握 dpkg 命令和 apt 命令的使用。
◎ 掌握软件包的管理。

本章思维导图

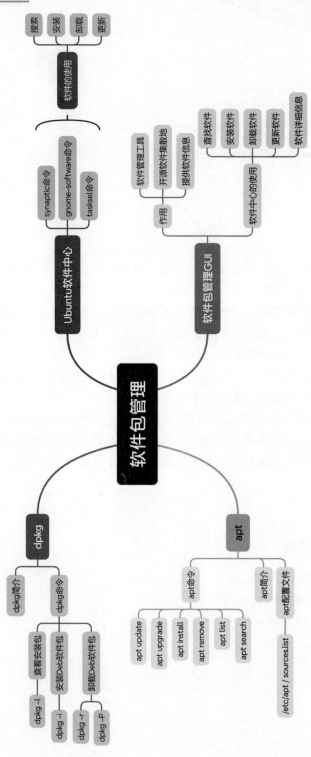

6.1 dpkg

dpkg 工具是 Ubuntu 传统的软件安装方式，也是安装软件的一种简易方式，需要自行处理软件依赖性问题。

6.1.1 dpkg 简介

dpkg 即 package manager for Debian，是 Debian 和基于 Debian 的系统中一个主要的包管理工具，由伊恩·默多克于 1993 年创建，可以用来安装、构建、卸载、管理 deb 格式的软件包。

dpkg 本身是一个底层工具。

6.1.2 dpkg 命令

dpkg 命令用来进行"deb"软件包的安装，并且是 Deb 软件包的管理工具，该命令操作的语法的格式为：

dpkg [参数选项] <软件包名>

常用的参数如表 6.1 所示。

表 6.1　dpkg 命令常用参数及作用

参数	作用
-C	显示软件包内文件列表
-i	安装软件包
-l	(小写字母 l)显示已安装软件包列表
-L	(大写字母 L)显示与软件包关联的文件
-P	(大写字母 P)删除软件包，同时删除软件包的配置信息
r	删除软件包，但保留软件包的配置信息
-s	显示软件包的详细信息
-S	显示软件包拥有哪些文件

1．查看 Deb 软件包

使用选项-l 可以显示已安装软件包列表，执行命令如下：

dpkg -l

【例 6.1】显示已安装软件包列表，命令执行结果如图 6.1 所示。

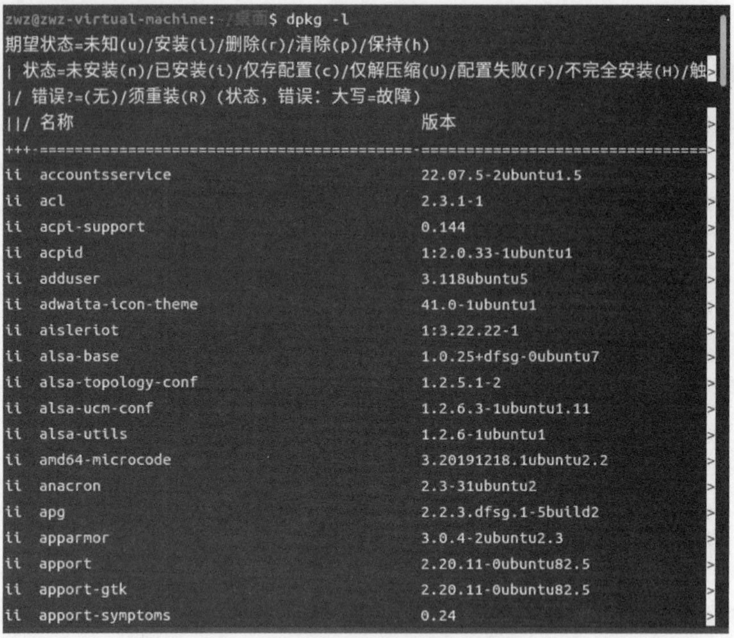

图 6.1　显示已安装软件包列表

也可以在命令后加上具体软件包名来查看简要信息，包括状态、名称、版本、架构和简要描述。

【例 6.2】查看 acl 软件包简要信息，命令如下：

dpkg -l acl

命令执行结果如图 6.2 所示。

图 6.2　查看 acl 简要信息

试一试：

使用-s 选项查看 adduser (具体软件包)的详细信息。

使用-S 选项查看 adduser (具体软件包)拥有哪些文件。

2. 安装 Deb 软件包

安装 Deb 软件包时，首先需要获取安装包，再使用选项-i 安装 Deb 软件包。例如，从清华大学开源软件镜像站(https://mirrors.tuna.tsinghua.edu.cn/raspbian/raspbian/ pool/main/o/openoffice.org-en-au/)下载 mythes-en-au_2.1-5.4_all.deb 软件包。图 6.3 所示为清华大学开源镜像网站。将下载好的软件包通过远程软件或共享文件夹的方式上传到 Linux 系统中并进行软件包安装。

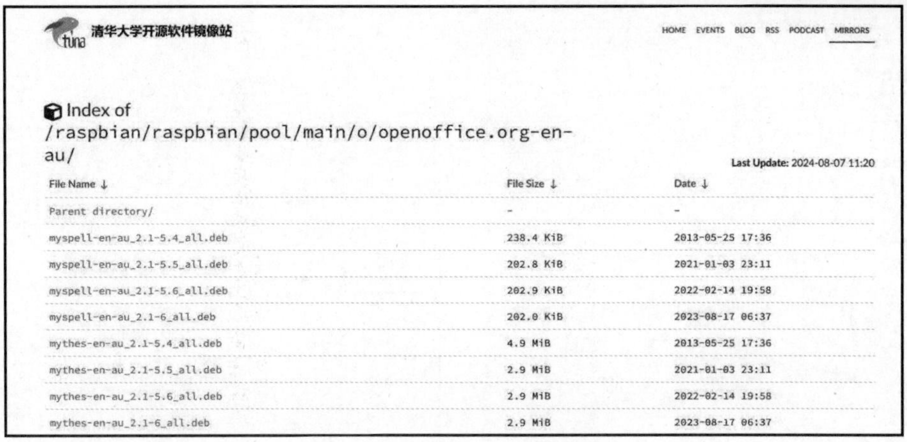

图 6.3　清华大学开源镜像站

【例 6.3】 共享文件夹方式互传。

在虚拟机中需要开启共享文件夹的功能。首先虚拟机中的 Ubuntu 要求是开机状态，然后进行设置：虚拟机、设置、选项、共享文件夹，然后选择"总是启用"，如图 6.4 所示。

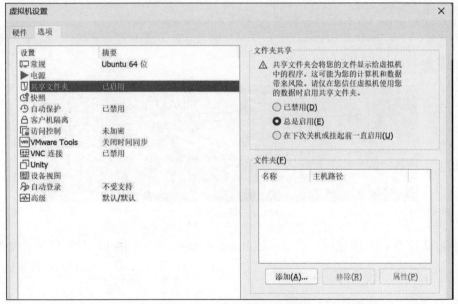

图 6.4　开启文件夹共享功能

然后再添加一个和主机 Windows 共享的路径，这里选择 Windows 主机中的下载路径 C:\Users\hp\Downloads，如图 6.5 所示。

点击下一步，接着点击"启用此共享"按钮，点击完成则开启了主机与虚拟机之间的文件共享功能，如图 6.6 所示。

图 6.5　选择共享文件夹

图 6.6　完成文件夹共享

【例 6.4】共享后的文件夹存放在/mnt/hgfs/Downloads 目录，此时可以进入该目录，将共享文件 myspell-en-au_2.1-5.4_all.deb 复制到桌面并查看是否复制成功，命令如下：

```
zwz@zwz-virtual-machine:~/桌面$
cp /mnt/hgfs/Downloads/myspell-en-au_2.1-5.4_all.deb /home/zwz/桌面
zwz@zwz-virtual-machine:~/桌面$ ls -l
```

复制软件包结果如图 6.7 所示。

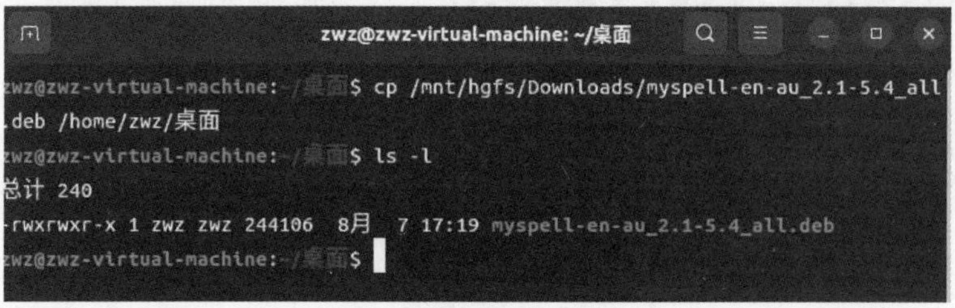

图 6.7　复制软件包

【例 6.5】准备好软件包后，开始安装 myspell-en-au_2.1-5.4_all.deb 软件包，命令如下：

```
sudo dpkg -i myspell-en-au_2.1-5.4_all.deb
```

安装命令执行结果如图 6.8 所示。

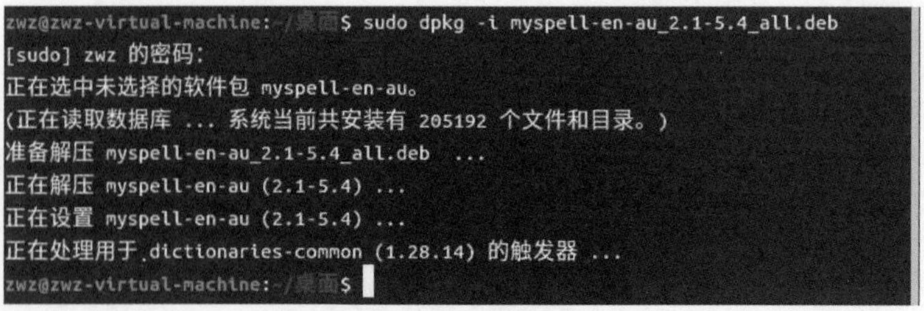

图 6.8　安装执行结果

3. 卸载 Deb 软件包

卸载 Deb 软件包可以使用选项-r，其命令格式如下：

dpkg -r 软件包

【例 6.6】对刚安装好的软件包 myspell-en-au_2.1-5.4_all.deb 进行卸载，命令如下：

sudo dpkg -r myspell-en-au

卸载软件包执行结果如图 6.9 所示。

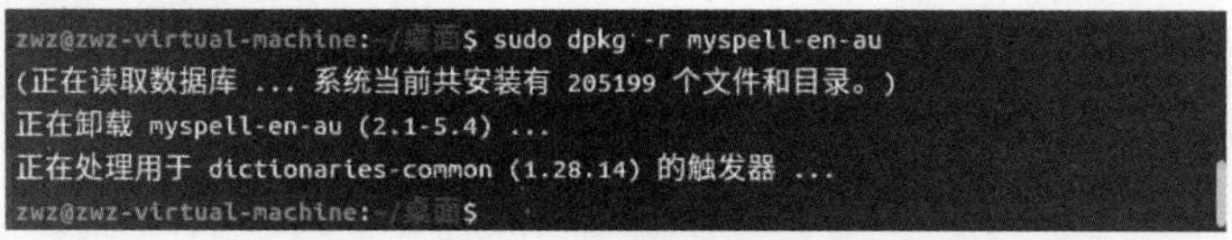

图 6.9　卸载执行结果

注意：采用 dpkg 命令进行软件安装，需要使用软件安装包的文件名，但卸载软件安装包时，则需要卸载该软件名称而非软件包的文件名，否则会出现如图 6.10 所示的结果。

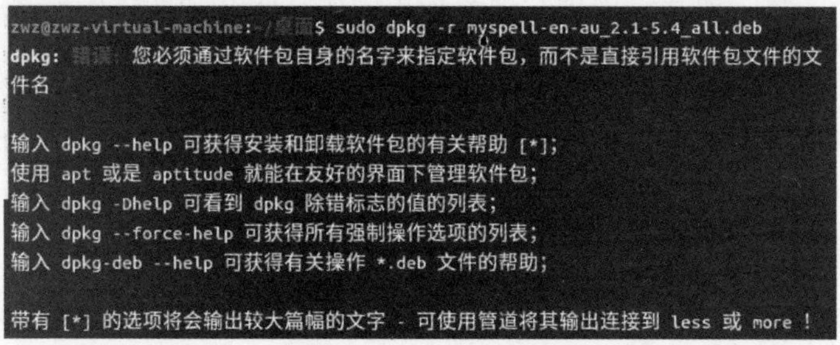

图 6.10　卸载错误示例

选项 -r 删除软件包的同时会保留该软件包的配置信息，如果想要将配置信息一并删除，则应使用选项 -P，其命令格式如下：

dpkg -P 软件包名

删除软件包配置信息命令如下：

sudo dpkg -P myspell-en-au

【例 6.7】删除软件包及配置信息，如图 6.11 所示。

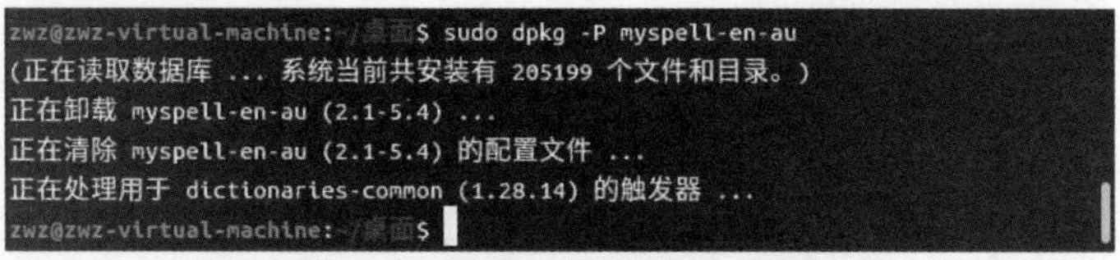

图 6.11　删除软件包及配置信息

注意：使用 dpkg 工具卸载软件包不会自动解决依赖问题，所卸载的软件包可能含有其他软件包所依赖的库和数据文件，这种依赖问题需要妥善解决。

6.2 APT

APT 软件包管理工具不同于 dpkg，其解决了软件安装和卸载过程中的软件包依赖性问题。

6.2.1 APT 简介

APT(Advanced Packaging Tool)是一个在 Debian 和 Ubuntu 中的 Shell 前端软件包管理器。

apt 命令提供了查找、安装、升级、删除某一个、一组甚至全部软件包的命令，而且命令简洁又好记。

apt 命令执行需要超级管理员权限(root)。

6.2.2 apt 命令

apt 命令同样支持子命令、选项和参数，常用命令及其功能说明如表 6.2 所示。

```
apt [options] [command] [package ...]
```

options：可选，选项包括 -h(帮助)，-y(当安装过程提示选择时，全部选 yes)，-q(不显示安装的过程)等等。

command：要进行的操作。

package：安装的包名。

表 6.2 apt 常用命令及其功能说明

apt 命令	功能说明
apt update	更新可用软件包列表
apt upgrade	升级所有可升级的软件包
apt install	安装软件包
apt remove	移除软件包
apt autoremove	自动删除不需要的软件包
apt purge	移除软件包及配置文件
apt full-upgrade	在升级软件包时自动处理依赖关系
apt source	下载软件包的源代码
apt clean	清理已下载的软件，实际是清除/var/cache/apt/archives 目录下的软件包，不会影响软件的正常使用
apt autoclean	删除已卸载的软件的软件包备份
apt list	用于列出包含条件的包(已安装，可升级)
apt search	搜索应用程序
apt show	显示软件包细节
apt edit-sources	用于编辑源列表

查询软件包：使用 apt 安装和卸载软件包时必须准确地提供软件包的名称，可以使用 apt 命令在 apt 的软件包缓存中搜索软件，收集软件包的信息，获知哪些软件可以在 Ubuntu 上安装。由于 apt 支持模糊查询，因此查询非常方便。

1. 使用子命令 list

使用子命令 list 可以列出软件包，其命令格式如下：

apt list 软件包名

如果不指定软件包名，则将列出所有可用的软件包名。

【例 6.8】列出所有可用软件包，如图 6.12 所示。

图 6.12　列出所有可用软件包

【例 6.9】列出指定软件 vim 的软件包，如图 6.13 所示。

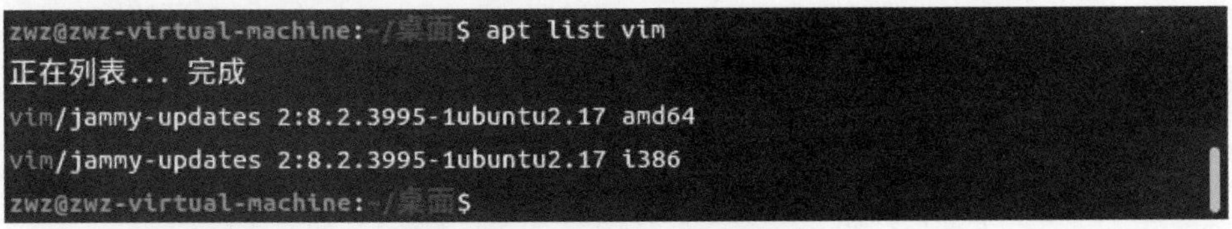

图 6.13　vim 的可安装软件包

2. 使用子命令 search

使用子命令 search 可以查找软件包的相关信息。

参数可以使用正则表达式，最简单的方法是直接使用软件的部分名称，列出包含该名称的所有软件，其命令格式如下：

apt search 软件包名

【例 6.10】查找包含 vim 关键字的软件包，部分包含 vim 关键字的软件包如图 6.14 所示。

```
vim-vimerl/jammy,jammy 1.4.1+git20120509.89111c7-2.1 all
  Erlang plugin for Vim

vim-vimerl-syntax/jammy,jammy 1.4.1+git20120509.89111c7-2.1 all
  Erlang syntax for Vim

vim-voom/jammy,jammy 5.3-8 all
  Vim two-pane outliner

vim-youcompleteme/jammy,jammy 0+20200825+git2afee9d+ds-2 all
  fast, as-you-type, fuzzy-search code completion engine for Vim

vis/jammy 0.7-2 amd64
  Modern, legacy free, simple yet efficient vim-like editor

vit/jammy,jammy 2.1.0-2 all
  full-screen terminal interface for Taskwarrior

youtube-dl/jammy,jammy 2021.12.17-1 all
  downloader of videos from YouTube and other sites
```

图 6.14 查找部分包含 vim 关键字的软件包

3. 使用子命令 show

使用子命令 show 可以查看指定名称的软件包的详细信息，其命令格式如下：

apt show 软件包名

【例 6.11】查找 vim 软件包的详细信息，如图 6.15 所示。

```
zwz@zwz-virtual-machine:~/桌面$ apt show vim
Package: vim
Version: 2:8.2.3995-1ubuntu2.17
Priority: optional
Section: editors
Origin: Ubuntu
Maintainer: Ubuntu Developers <ubuntu-devel-discuss@lists.ubuntu.com>
Original-Maintainer: Debian Vim Maintainers <team+vim@tracker.debian.org>
Bugs: https://bugs.launchpad.net/ubuntu/+filebug
Installed-Size: 4,025 kB
Provides: editor
Depends: vim-common (= 2:8.2.3995-1ubuntu2.17), vim-runtime (= 2:8.2.3995-1ubun
tu2.17), libacl1 (>= 2.2.23), libc6 (>= 2.34), libgpm2 (>= 1.20.7), libpython3.
10 (>= 3.10.0), libselinux1 (>= 3.1~), libsodium23 (>= 1.0.14), libtinfo6 (>= 6
)
Suggests: ctags, vim-doc, vim-scripts
Homepage: https://www.vim.org/
Task: cloud-image, ubuntu-wsl, server, ubuntu-server-raspi, lubuntu-desktop
Download-Size: 1,734 kB
APT-Sources: http://cn.archive.ubuntu.com/ubuntu jammy-updates/main amd64 Packa
ges
Description: Vi 增强版 - 增强的 vi 编辑器
```

图 6.15　vim 软件包的详细信息

4. 使用子命令 depends

使用子命令 depends 可以查看软件包所依赖的软件包，其命令格式如下：

apt depends 软件包名

【例 6.12】查找 vim 软件包所需的依赖软件包，如图 6.16 所示。

```
zwz@zwz-virtual-machine:~/桌面$ apt depends vim
vim
  依赖: vim-common (= 2:8.2.3995-1ubuntu2.17)
  依赖: vim-runtime (= 2:8.2.3995-1ubuntu2.17)
  依赖: libacl1 (>= 2.2.23)
  依赖: libc6 (>= 2.34)
  依赖: libgpm2 (>= 1.20.7)
  依赖: libpython3.10 (>= 3.10.0)
  依赖: libselinux1 (>= 3.1~)
  依赖: libsodium23 (>= 1.0.14)
  依赖: libtinfo6 (>= 6)
  建议: <ctags>
    exuberant-ctags
    universal-ctags
  建议: vim-doc
  建议: vim-scripts
```

图 6.16　vim 软件包所需的依赖包

5. 使用子命令 policy

使用子命令 policy 可以显示软件包的安装状态和版本信息，其命令格式如下：

apt policy 软件包名

【例 6.13】显示 vim 软件包的安装状态和版本信息，当前 vim 的安装状态为无，如图 6.17 所示。

```
zwz@zwz-virtual-machine:~/桌面$ apt policy vim
vim:
  已安装：(无)
  候选： 2:8.2.3995-1ubuntu2.17
  版本列表：
     2:8.2.3995-1ubuntu2.17 500
        500 http://cn.archive.ubuntu.com/ubuntu jammy-updates/main amd64 Packages
     2:8.2.3995-1ubuntu2.16 500
        500 http://security.ubuntu.com/ubuntu jammy-security/main amd64 Packages
     2:8.2.3995-1ubuntu2 500
        500 http://cn.archive.ubuntu.com/ubuntu jammy/main amd64 Packages
```

图 6.17　vim 安装状态及版本信息

在每次安装和更新软件包之前，执行 apt update 命令更新系统中 apt 缓存中的软件包信息，才能保证获取到最新的软件包，其命令格式如下：

sudo apt update

【例 6.14】在安装 vim 软件包之前，先更新软件包库，如图 6.18 所示。

```
zwz@zwz-virtual-machine:~/桌面$ sudo apt update
[sudo] zwz 的密码：
命中:1 http://security.ubuntu.com/ubuntu jammy-security InRelease
命中:2 http://mirrors.tuna.tsinghua.edu.cn/ubuntu jammy InRelease
获取:3 http://mirrors.tuna.tsinghua.edu.cn/ubuntu jammy-updates InRelease [128 kB]
命中:4 http://mirrors.tuna.tsinghua.edu.cn/ubuntu jammy-backports InRelease
获取:5 http://mirrors.tuna.tsinghua.edu.cn/ubuntu jammy-updates/universe i386 Packages [724 kB]
获取:6 http://mirrors.tuna.tsinghua.edu.cn/ubuntu jammy-updates/universe amd64 Packages [1,110 kB]
获取:7 http://mirrors.tuna.tsinghua.edu.cn/ubuntu jammy-updates/multiverse i386 Packages [4,772 B]
获取:8 http://mirrors.tuna.tsinghua.edu.cn/ubuntu jammy-updates/multiverse amd64 Packages [43.3 kB]
已下载 2,010 kB，耗时 2秒 (824 kB/s)
正在读取软件包列表... 完成
正在分析软件包的依赖关系树... 完成
正在读取状态信息... 完成
有 3 个软件包可以升级。请执行 'apt list --upgradable' 来查看它们。
```

图 6.18　更新软件包库

通过 apt 命令安装软件需要执行以下命令：

apt install 软件

【例 6.15】用 apt 命令安装 vim 软件包，敲击命令后，需要确认是否安装，通过输入 y 或 n 进行选择，如图 6.19 所示。

图 6.19 apt 命令安装 vim 软件包

使用 apt remove 命令可以卸载一个已安装的软件包，但会保留该软件包的配置文档，其命令格式如下：

apt remove 软件包名

【例 6.16】用 apt 命令卸载刚才安装的 vim 软件包，敲击命令后，需要确认是否删除，通过输入 y 或 n 进行选择，如图 6.20 所示。

图 6.20 apt 命令卸载 vim 软件包

如果要彻底删除软件包（包含其配置文档），则命令格式如下：

apt autoremove 软件包名

这将删除该软件包及其所依赖的、不再使用的软件包。

6.2.3 APT 的配置文件

Ubuntu 的软件源配置文件是 / etc / apt / sources.list，默认从国外的服务器上下载安装软件。如果速度较慢，可以更换成国内的镜像源。比如清华大学开源软件镜像站的 Ubuntu 镜像使用帮助(https://mirror.tuna.tsinghua.edu.cn/help/ubuntu/)，如图 6.21 所示。

图 6.21　清华大学开源软件镜像站

在修改配置文件之前，需要进行文件的备份，以备不时之需，命令如下：

root@MyPC:~# cp /etc/apt/sources.list　/etc/pat/sources.list.bak

此外，需要修改 sources.list 文件权限，以方便 sources.list 文件的编辑，命令如下：

sudo chmod 666 /etc/apt/sources.list

接着采用 nano 或者 vi 编辑器进行配置文件的修改，也可以直接输入 apt edit-sources 命令，系统会提示选择编辑器，随后进行文件内容的修改。

【例 6.17】通过 nano 编辑器打开 sources.list，为将软件镜像更改为清华大学软件开源镜像做准备，如图 6.22 所示。

图 6.22　nano 编辑器打开 sources.list 文件

6.3　软件包管理 GUI

软件包管理 GUI 允许用户通过图形化的界面来搜索、安装、更新、卸载和管理软件包。相较于命令行工具，GUI 提供了更直观、易用的操作方式，降低了用户的学习成本，使得软件包管理变得更加简单和高效。

6.3.1　Synaptic 命令

Synaptic 是 apt 软件包管理器系统的图形用户界面前端。这意味着它允许用户通过图形界面执行原本需要通过 apt-get 等命令行工具才能完成的软件包管理任务。

在 Linux 中，特别是基于 Debian 和 Ubuntu 的发行版中，Synaptic 并不是一个直接的命令行命令，而是一个图形化的软件包管理工具。它提供了一个用户友好的界面，让用户能够轻松地安装、更新、卸载和管理软件包。

1. Synaptic 的用途

(1) 安装软件包：Synaptic 提供了一个直观的搜索界面，用户可以根据软件包的名称、描述、维护者等信息进行搜索。

(2) 更新软件包：Synaptic 能显示系统中已安装软件包的更新信息，并允许用户有选择性地更新这些软件包或者更新整个系统，以确保所有软件包都保持最新状态。

(3) 卸载软件包：用户可以通过 Synaptic 轻松地卸载不再需要的软件包。Synaptic 会显示已安装的所有软件包列表，并为其提供卸载选项。

(4) 管理软件包依赖项：Synaptic 会自动处理软件包的依赖项。当安装一个软件包时，会检查并安装所有与该软件相关的必需的依赖项，以确保软件包能够正常运行。

(5) 管理软件包存储库：Synaptic 允许用户管理软件的存储库(repositories)，包括添加和删除 PPA(个人软件包存档)等。

(6) 搜索和过滤软件包：Synaptic 提供了强大的搜索和过滤功能，用户可以根据软件包的名称、类型、状态等条件进行搜索和过滤，以便快速找到所需的软件包。

(7) 解决软件包冲突和依赖问题：Synaptic 提供了一些工具来解决软件包冲突或依赖问题。例如，自动解决依赖关系、显示软件包之间的冲突等。

2. Synaptic 的安装

安装 Synaptic 这个软件包管理器很简单，只需要用到前面所学的 apt 命令即可完成安装，命令如下：

```
sudo apt install -y synaptic
```

【例 6.18】使用 apt 命令安装 Synaptic 工具，如图 6.23 所示。

```
zwz@zwz-virtual-machine:~/桌面$ sudo apt install -y synaptic
正在读取软件包列表... 完成
正在分析软件包的依赖关系树... 完成
正在读取状态信息... 完成
```

图 6.23 安装 Synaptic 工具

3. 启动 Synaptic

安装完成后，可以通过以下几种方式打开 Synaptic。

(1) 图形界面方式：在 Ubuntu 的 Dash(搜索栏)中输入"Synaptic"或"新立得"，然后点击图标打开。

(2) 命令行方式：在终端中输入 sudo synaptic(注意，由于 Synaptic 需要管理员权限来执行软件包管理任务，因此通常需要使用 sudo 命令)。

【例 6.19】通过点击应用程序中心的"新立得"图片，使用图形界面方式打开 Synaptic 工具，如图 6.24 所示。

图 6.24 新立得软件包管理器图标

【例 6.20】使用命令行方式打开 Synaptic 工具，如图 6.25 所示。

```
zwz@zwz-virtual-machine:~/桌面$ sudo synaptic
```

图 6.25　使用命令行方式打开 Synaptic 工具

4. Synaptic 的使用

Synaptic 的界面由多个面板组成，包括左侧的分类面板、右侧的软件包列表面板，以及底部的详细信息面板。

【例 6.21】浏览软件包，通过 Synaptic 工具浏览 vim 软件包，如图 6.26 所示。

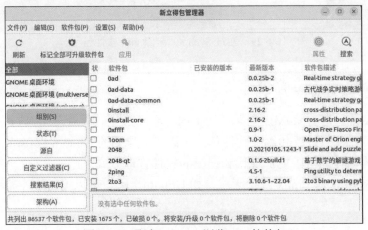

图 6.26　通过 Synaptic 浏览 vim 软件包

【例 6.22】搜索软件包，通过 Synaptic 工具搜索 vim 软件包，如图 6.27 所示。

图 6.27　通过 Synaptic 搜索 vim 软件包

【例 6.23】通过 Synaptic 工具搜索到 vim 软件包后，右击鼠标会出现弹窗，点击"标记以便安装"进行软件的安装，如图 6.28 所示。

图 6.28　通过 Synaptic 安装 vim 软件包

【例 6.24】通过 Synaptic 工具将 vim 软件包标记，以便删除后再应用此标记进行软件的卸载，如图 6.29 所示。

图 6.29 通过 Synaptic 删除 vim 软件包

6.3.2 gnome-software 命令

gnome-software 是 GNOME 桌面环境下的一个图形化软件管理工具，它允许用户以直观的方式查找、安装、更新和删除软件包。它替代了早期的 Ubuntu Software Center 等软件包管理工具，为用户提供了更加现代和便捷的软件管理方式。

在基于 GNOME 的 Linux 发行版中，如 Ubuntu，用户可以通过以下命令安装 gnome-software：

```
sudo apt install gnome-software
```

【例 6.25】使用 apt 命令安装 gnome-software 工具，如图 6.30 所示。

图 6.30 安装 gnome-software

gnome-software 的使用：在大多数情况下，不需要直接在终端中输入 gnome-software 命令来打开 GNOME Software，因为大多数 GNOME 桌面环境的发行版都会将 GNOME Software 添加到应用程序菜单中。可以通过点击应用程序菜单中的 GNOME Software 图标来启动它。当然，也可以通过命令 gnome-software 打开。

【例 6.26】通过图标启动 gnome-software，如图 6.31 所示。

查找和安装软件：在 GNOME Software 的图形界面中，使用搜索框来查找想要安装的软件。找到软件后，点击"安装"按钮即可开始下载和安装过程。GNOME Software 会自动处理软件的依赖关系，并在安装过程中提供进度反馈。

图 6.31 启动 gnome-software

【例 6.27】通过 gnome-software 查找 pycharm-professional 并安装，如图 6.32 所示。

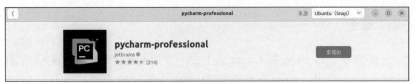

图 6.32 安装 pycharm-professional

更新和删除软件：GNOME Software 会定期检查软件仓库中的更新，并通知有哪些软件可以更新。可以点击"更新"按钮来更新一个或多个软件。要删除已安装的软件，可以在 GNOME Software 中找到该软件，然后点击"删除"或类似的按钮来卸载。

【例 6.28】通过 gnome-software 查看需要更新的软件，如图 6.33 所示。

图 6.33 查看待更新软件

【例6.29】通过 gnome-software 删除 pycharm-professional，如图 6.34 所示。

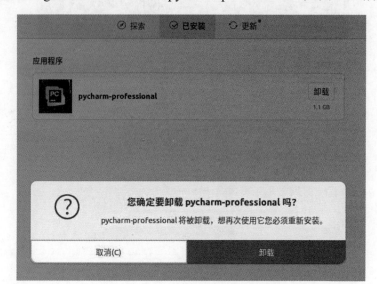

图 6.34　删除 pycharm-professional

6.3.3　tasksel 命令

tasksel 是一个在基于 Debian 的 Linux 发行版(如 Debian、Ubuntu 等)中用于安装预定义软件包组的工具。它提供了一种简便的方式来安装一系列相关的软件包，以满足特定的使用需求或任务。这些预定义的任务(或软件包组)实际上是多个软件包的组合，用户无须手动选择和安装每个单独的软件包，从而节省了时间和精力。

1. tasksel 命令的用途

(1) 快速安装软件包组：用户可以通过 tasksel 命令快速安装一组相关的软件包，如 LAMP 服务器(包含 Apache、PHP、MySQL 等)、桌面环境、数据库服务器等。这大大简化了安装过程，特别是对于那些需要安装多个相互依赖软件包的复杂任务。

(2) 自定义系统安装：在安装 Debian 系统时，用户可以在安装过程中使用 tasksel 来选择要安装的软件包组，从而定制系统的功能。这有助于用户根据自己的需求来构建最适合的系统环境。

(3) 系统维护：在系统已经安装后，用户仍然可以使用 tasksel 来添加或删除特定的软件包组，以满足新的使用需求或优化系统性能。

(4) 简化管理：通过 tasksel 安装的软件包组通常会被正确地配置和相互依赖，这有助于减少因手动安装和配置软件包而导致的错误和冲突。

默认情况下，tasksel 工具是作为 Debian 系统的一部分安装的，但桌面版 Ubuntu 则没有自带 tasksel，这个功能类似软件包管理器中的元包(meta-packages)。

【例6.30】通过 apt 命令安装 tasksel 命令，如图 6.35 所示。

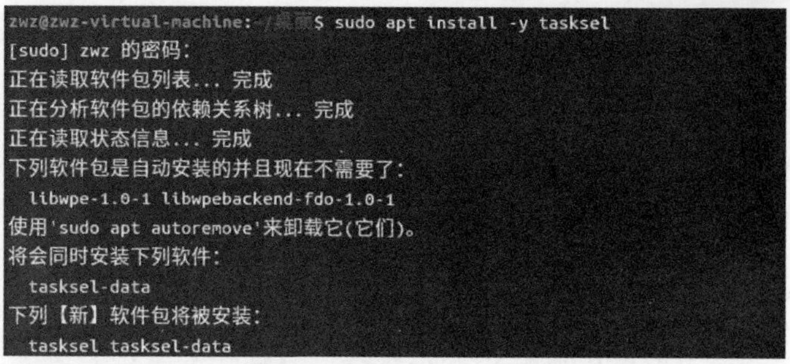

图 6.35　安装 tasksel 命令

2. tasksel 命令的基本用法

查看系统中运行了哪些任务：通过执行 tasksel --list-tasks 命令，用户可以查看系统中当前可用的任务列表，包括已安装和未安装的任务。列表中的任务以简单的形式展示，其中 u 表示未安装，i 表示已安装。

【例 6.31】通过 tasksel 命令查看系统中运行的任务，如图 6.36 所示。

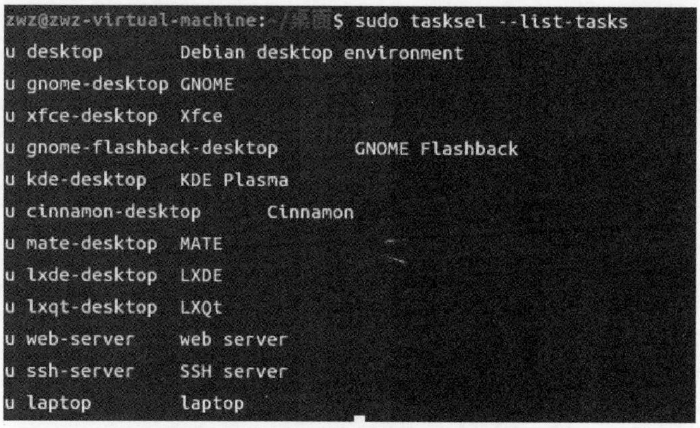

图 6.36　查看系统中运行的任务

安装任务：要安装某个任务，用户可以使用 tasksel install <task> 命令，比如安装 LAMP 服务器任务集，需要执行以下命令：

```
sudo tasksel install lamp-server
```

上述命令将会自动安装 Apache、MYSQL、PHP 等软件，由此可以看到，tasksel 命令在需要下载特定软件包组时的便利。

6.4　Ubuntu 软件中心

Ubuntu 软件中心是 Ubuntu 操作系统中不可或缺的一部分，它为用户提供了一个全面、便捷、安全的软件管理平台，助力用户更好地享受开源软件的魅力。

6.4.1 Ubuntu 软件中心的作用

(1) 软件管理工具：Ubuntu 软件中心是一个集软件浏览、搜索、安装、卸载于一体的图形化应用程序管理工具，为用户提供了一个便捷的方式来管理系统中的软件。

(2) 开源软件集散地：Ubuntu 软件中心作为一个开源软件的平台，汇聚了众多免费和开源的应用程序，包括开发工具、游戏、办公软件、音乐和视频软件等，满足了用户多样化的需求。

(3) 提供软件信息：Ubuntu 软件中心不仅提供软件包的下载和安装服务，还提供软件的详细信息、用户评价、评论、截图、简介等，帮助用户更好地了解和选择合适的软件。

6.4.2 Ubuntu 软件中心的使用

(1) Ubuntu 软件中心是 Ubuntu 操作系统自带的一款集安装、卸载、更新和管理软件于一体的工具，因此不同于上述软件包，在需要时下载就可直接使用。在 Ubuntu 的桌面环境中，通常可以在应用程序菜单中找到软件中心的图标。它可能是一个橙色购物袋的图标，具体外观可能因 Ubuntu 版本而异。点击该图标即可打开软件中心。

(2) Ubuntu 软件中心会按照不同的分类对软件进行展示，如"办公""开发""游戏""教育""音乐和视频"等等。此外，用户还可以在搜索框中输入软件名称或关键词，快速找到目标软件。软件中心会列出与搜索关键词相关的软件供用户选择。

(3) 用户可以通过点击软件名称或图标，进入软件的详细信息页面。在详细信息页面中，用户可以查看软件的截图、简介、用户评价、评论等信息，以便更好地了解软件。

(4) 在软件的详细信息页面中，找到并点击"安装"按钮。软件中心会开始下载并安装软件。在安装过程中，可能需要用户输入管理员密码以授权安装。

安装完成后，软件的图标会自动添加到桌面环境的应用程序菜单中，用户可以通过该菜单启动软件。

(5) 在 Ubuntu 软件中心中，已安装的软件会列在"已安装"的分类下。用户可以找到想要卸载的软件，并点击其旁边的"卸载"按钮。软件中心会询问用户是否确定要卸载该软件，并显示卸载删除的文件和配置的操作，当用户点击"确认"后，软件中心会开始卸载软件。

(6) 软件中心会自动检查可用的软件更新，并在主界面上显示更新通知。用户可以点击更新通知或进入"更新"分类来查看和安装更新。在更新分类中，软件中心会列出所有可更新的软件包，并提供一键更新所有软件包的功能。用户也可以单独选择更新特定的软件包。

【例 6.32】通过桌面左侧类似购物袋的图标打开 Ubuntu 软件中心，如图 6.37 所示。

图 6.37　Ubuntu 软件中心图标

【例 6.33】点击图标打开 Ubuntu 软件中心，可以看到软件中心推送的一些软件，如图 6.38 所示。

软件包管理

图 6.38　Ubuntu 软件中心界面

【例 6.34】在 Ubuntu 软件中心最下方，可以看到软件中心展示了软件的分类，可以通过点击不同的分类浏览软件，如图 6.39 所示。

图 6.39　软件的分类

【例 6.35】用户可以通过搜索栏搜索软件，本例在搜索栏中搜索与"php"有关的软件，如图 6.40 所示。

图 6.40　搜索软件

【例 6.36】在搜索相关软件后，可以通过点击软件，进入软件的详细信息页面，该页面展示了软件的一些相关描述，也为软件的安装提供了进一步的操作，如图 6.41 所示。

155

图 6.41　软件详细信息页面

【例 6.37】点击 Ubuntu 软件中上方的"已安装"按钮,可以浏览当前操作系统已经安装的各软件,通过点击各软件右侧的"卸载"按钮,可以对软件进行删除操作,如图 6.42 所示。

图 6.42　浏览已安装的软件

【例 6.38】点击 Ubuntu 软件中上方的"更新"按钮,可以浏览当前操作系统可以更新的软件,通过点击软件右侧的"更新"按钮,可以对软件"gnome-42-2204"进行更新,如图 6.43 所示。

图 6.43　软件的更新

6.5 小结

软件包管理是一个至关重要的功能，它允许用户安装、更新、删除和配置软件包及其依赖关系。在本章主要学习了如下知识点。

(1) 软件安装方式有三种：基于软件包存储库进行安装、下载二进制软件包进行安装、下载源代码包进行编译安装。

(2) dpkg 是 Debian 和基于 Debian 的系统中一个主要的包管理工具，可以用来安装、构建、卸载、管理 deb 格式的软件包。dpkg 在管理软件包时，需要注意软件包安装与删除这两个操作。安装可以直接使用软件包的文件名，而删除软件需要使用软件的名称，而非软件包的文件名。此外，在软件的安装和卸载过程中，如遇到软件依赖的问题，则需要先将前置软件安装或卸载，才能够完成目标软件的安装与卸载。

(3) 不同于 dpkg 需要自行解决软件依赖问题，APT 软件包管理工具解决了软件安装和卸载过程中的软件包依赖性问题。apt 命令提供了查找、安装、升级、删除某一个(一组甚至全部)软件包的命令。在 apt 工具的使用中，默认从国外的服务器上下载安装软件，因此速度较慢，可以通过修改/etc/apt/sources.list 文件更换成国内的镜像源，从而加快软件的安装速度。

(4) Ubuntu 软件中心提供了图形化的软件包管理操作，可以通过它来便捷地浏览、搜索、安装、卸载与更新软件。

(5) 可以通过不同的软件管理工具对软件进行简化管理，如 synaptic、gnome-software 和 tasksel。

6.6 实验

1. dpkg 命令的使用。

要求：

(1) 通过清华大学开源镜像站下载 vim 软件包，找到近期更新的软件包进行下载。镜像网站如下：https://mirrors.tuna.tsinghua.edu.cn/debian/pool/main/v/vim/。

(2) 将下载的软件包上传至虚拟机中，为软件包的安装做准备。

(3) 使用 dpkg 命令安装 vim 软件包。

(4) 使用 dpkg 命令卸载 vim 软件包。

2. apt 命令的使用。

要求：

(1) 配置 apt 本地软件源为清华大学开源镜像站。

(2) 使用 apt 命令列出所有 openjdk 的版本。

(3) 使用 apt 命令安装 openjdk-8-jdk。

(4) 使用 apt 命令移除 openjdk-8-jdk。

6.7 习题

1. 填空题

(1) Ubuntu 软件包管理的底层工具是_____。

(2) 如果要安装一个名为 example-package 的软件包，应该使用的 apt 命令是_____。

(3) 如果要卸载一个软件包：example-package，并同时删除其配置文件，应使用的 dpkg 命令是_____。

(4) 要查看已经安装的软件包列表，可以使用 dpkg 命令的_____选项。

(5) apt update 命令的作用是_____系统的软件包索引，以便知道最新的软件包版本信息。

2. 判断题

(1) Ubuntu 使用 RPM 作为其主要的软件包管理工具。   （ ）

(2) apt 命令用于安装新的软件包，不会自动处理所需的依赖关系。   （ ）

(3) dpkg 在卸载软件时会自动处理依赖关系。   （ ）

(4) Ubuntu 软件包管理的底层工具是 apt。   （ ）

(5) 执行 apt 命令需要以 root 权限才能运行。   （ ）

3. 单项选择题

(1) Ubuntu 使用的软件包格式是(　　)。

　　A. RPM　　　　　　B. Deb　　　　　　C. ZIP　　　　　　D. APT

(2) 使用 dpkg 命令实现检测软件包状态的选项是(　　)。

　　A. -r　　　　　　 B. -l　　　　　　 C. -s　　　　　　 D. -i

(3) 使用 apt 命令实现更新可用软件包列表的选项是(　　)。

　　A. apt update　　　B. apt install　　　C. apt list　　　　D. apt upgrade

4. 简答题

(1) 简述 dpkg 与 apt 两种安装方式的区别。

(2) 简述 apt 配置文件的作用及配置步骤。

第 7 章 进程管理与系统管理

在 Linux 操作系统中，定时查看当前系统中各个进程的具体状态，捕捉各种进程运行的异常，给不同的进程合理分配各类资源，特别是 CPU 资源，对各类进程有计划地控制等等，都属于进程管理的内容。进程管理是学习 Linux 操作系统不可或缺的关键环节，不仅让学生掌握进程启动的方式，还通过学习进程的调度完成对系统定时任务的设置，深化了对系统命令、工具及工作原理的理解，同时培养学生的问题解决能力和跨平台编程技巧。

本章学习目标

◎ 了解进程和作业的概念。
◎ 了解进程或作业的启动与前后台切换方法。
◎ 掌握进程的调度方式与监视进程。
◎ 掌握系统和服务管理器的使用。

本章思维导图

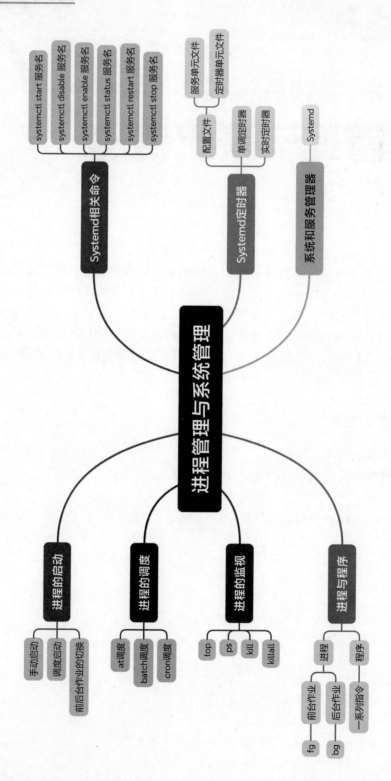

7.1 进程管理

Linux 系统中的进程管理是系统管理的核心之一，它涉及对系统中运行的程序实例(即进程)的查看、控制、优化等多个方面。

7.1.1 什么是进程

在 Linux 中，进程是系统进行资源分配和调度的一个独立单元，它是操作系统结构的基础。每个 Linux 进程都是正在执行的程序的一个实例，拥有其独立的系统资源集，包括内存空间、文件描述符、安全凭证等。进程是操作系统中最基本、最重要的概念之一。

进程不是程序，但由程序产生。程序是一系列指令的集合，是静态的概念；而进程是程序的一次执行过程，是动态的概念。程序可长期保存；而进程只能暂时存在，动态地产生变化和消亡。进程与程序并不一一对应，一个程序可启动多个进程；一个进程可调用多个程序。

正在执行的一个或多个相关进程可形成一个作业。使用管道和重定向命令，一个作业可启动多个进程。根据运行方式的不同，可将作业分为两大类。

(1) 前台作业：运行于前台，用户可对其进行交互操作。
(2) 后台作业：运行于后台，不接收终端的输入，但向终端输出执行结果。

作业既可在前台运行也可在后台运行，但同一时刻每个用户只能有一个前台作业。

7.1.2 进程的启动

1. 手动启动

手动启动是指通过用户输入 Shell 命令直接启动进程，又分前台启动和后台启动。用户输入一个 Shell 命令后按 Enter 键，就启动了一个前台作业。这个作业可能同时启动多个前台进程。

如果在输入的 Shell 命令末尾加上&符号，再按 Enter 键，则可启动一个后台作业。

2. 调度启动

调度启动是系统按用户要求的时间或方式执行特定的进程。Linux 中可实现 at 调度、batch 调度和 cron 调度。

3. 作业的前后台切换

(1) bg 命令。
格式：bg [作业号]。
功能：将前台作业切换到后台运行，若没有指定作业号，则把当前作业切换到后台。
(2) fg 命令。
格式：fg [作业号]。

功能：将后台作业切换到前台运行。若没有指定作业号，则把后台作业序列中的第一个作业切换到前台运行。

7.1.3 进程的调度

Linux 允许用户根据需要在指定的时间自动运行指定的进程，也允许用户将非常消耗资源和时间的进程安排到系统比较空闲的时间来执行。进程调度有利于提高资源的利用率，均衡系统负载，并提高系统管理的自动化程度。

用户可采用以下方法实现进程调度。

对于偶尔运行的进程，采用 at 或 batch 调度。

对于特定时间重复运行的进程，采用 cron 调度。

at 调度的命令格式如下。

格式：at ［选项］ ［时间］。

功能：设置指定时间执行指定的命令。主要选项说明如表 7.1 所示。

表 7.1 at 命令参数及作用

参数	作用
-f 文件名	从指定文件而非标准输入设备获取将要执行的命令
-l	显示等待执行的调度作业
-d	删除指定的调度作业

进程开始执行的时间可采用以下方法表示。

(1) 绝对计时法。

HH:MM (小时:分钟)：可采用 24 小时计时制。如果采用 12 小时计时制，则时间后面需加上 AM(上午)或 PM(下午)。

MMDDYY 或 MM/DD/YY 或 DD.MM.YY：指定具体日期，必须写在"HH:MM"后。

(2) 相对计时法。

now+时间间隔：时间单位为 minute(分钟)、hour(时)、day(天)、week(星期)。

(3) 直接计时法。

today(今天)、tomorrow(明天)、midnight(深夜)、noon(中午)、teatime(下午 4 点)。

【例 7.1】在当天的 13：30 自动关闭当前系统，命令执行结果如图 7.1 所示。

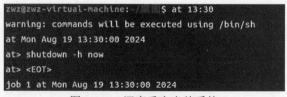

图 7.1 at 调度重启当前系统

【例 7.2】可以通过 atq 命令显示当前系统等待执行的调度作业，也可以通过执行 at -l 显示，命令执行结果如图 7.2 所示。

图 7.2　atq 命令显示等待的调度作业

【例 7.3】通过 at -d 命令选项将当前系统等待执行的调度作业进行删除，删除等待调度作业时需要指定作业号，命令执行结果如图 7.3 所示。

图 7.3　at 命令删除指定等待作业

【例 7.4】采用相对计时法设置调度任务：在当前时间 17:17 的 2 分钟后重启系统，命令执行结果如图 7.4 所示。

图 7.4　相对计时法设置 2 分钟后重启系统

batch 命令是用来在指定的时间或条件下执行一系列的命令或脚本。batch 命令是 at 命令的一种变体，它会将任务添加到 at 队列中，但是只有当系统的负载平均值低于 1.5 或者指定的值时，才会执行任务。batch 命令可以让用户在系统空闲的时候运行一些低优先级的任务，避免影响系统的性能。

batch 命令的基本语法如下。

batch　[选项]　[时间]

主要选项说明如表 7.2 所示。

表 7.2　batch 命令参数及作用

参数	作用
f file	指定一个包含要执行的命令或脚本的文件，而不是从标准输入读取
-m	发送邮件通知用户任务的执行结果，默认情况下，只有当任务执行失败时才会发送邮件
-q queuename	指定一个 at 队列，用来存放 batch 任务，默认的队列是 b
-v	显示任务的执行时间，而不是将任务添加到 at 队列中
-l	列出当前用户的所有 at 和 batch 任务

【例 7.5】使用 batch 命令在系统空闲时执行打印当前日期和时间的命令，命令执行结果如图 7.5 所示。

```
zwz@zwz-virtual-machine:~/桌面$ batch
warning: commands will be executed using /bin/sh
at Sun Aug 18 17:31:00 2024
at> date
at> <EOT>
job 8 at Sun Aug 18 17:31:00 2024
```

图 7.5　batch 命令在空闲时打印当前日期和时间

注意：batch 调度本质依赖于 atd 服务，所以在使用 batch 之前需要先安装 at 包。其次，batch 调度是 at 调度的一种变体，使用方式与 at 调度无异，batch 调度任务会添加到 at 调度队列中。

at 调度和 batch 调度中指定的命令只能执行一次，但实际工作中，有些命令需要在指定的日期和时间重复执行，如每天例行的数据备份，cron 调度可以满足这种需求。cron 调度与 crond 进程、crontab 命令和 crontab 配置文件有关。

crontab 配置文件保存 cron 调度的内容，共有 6 个字段，从左到右依次为分钟、时、日期、月份、星期和命令，如表 7.3 所示。

表 7.3　crontab 配置文件的格式

字段	分钟	时	日期	月份	星期	命令
取值范围	0~59	0~23	01~31	01~12	0~6，0 为星期天	

所有字段不能为空，字段之间用空格分开，如果不指定字段内容，则使用"*"符号。

可使用"-"符号表示一段时间。如在日期字段中输入"1-5"，则表示每个月前 5 天每天都要执行该命令。

可使用","符号来表示指定的时间。如在日期字段中输入"5，15，25"，则表示每个月的 5 日、15 日和 25 日都要执行该命令。

关于 cron 任务计划功能的操作都是通过 crontab 这个命令来完成的。crontab 命令常用的参数选项如表 7.4 所示。

表 7.4　crontab 命令参数及作用

参数	作用
-u	指定某个用户，不加-u 选项则为当前用户
-e	制定计划任务
-l	列出计划任务
r	删除计划任务

【例 7.6】使用 crontab 打开 crontab 配置文件，命令执行结果如图 7.6 所示。

```
zwz@zwz-virtual-machine:~$ sudo crontab -e
[sudo] zwz 的密码：
```

图 7.6　打开 crontab 配置文件

【例 7.7】打开 crontab 配置文件后，设置系统每天 14 点向/tmp/testlog.txt 文件追加内容：good afternoon，命令执行结果如图 7.7 所示。

```
0 14 * * * echo "good afternoon" >> /tmp/testlog.txt
```
图 7.7　小时的使用

【例 7.8】设置系统 22 点到 6 点之间每两个小时向/tmp/testlog.txt 追加内容 hava a good dream，命令执行结果如图 7.8 所示。

```
0 22-5/2 * * * echo "have a good dream" >> /tmp/testlog.txt
```
图 7.8　表示一段时间的使用

【例 7.9】设置系统每月 1 号 10 点向/tmp/testlog.txt 追加内容"今天是这个月的第一天，加油哦"，命令执行结果如图 7.9 所示。

```
0 10 1 * * echo "今天是这个月的第一天，加油哦" >> /tmp/testlog.txt
```
图 7.9　月份的使用

【例 7.10】设置系统每个星期六 10 点向/tmp/testlog.txt 追加内容"今天是周末的第一天"，命令执行结果如图 7.10 所示。

```
0 10 * * 6 echo "今天是周末的第一天" >> /tmp/testlog.txt
```
图 7.10　星期的使用

【例 7.11】设置系统每年 1 月 1 日 10 点向/tmp/testlog.txt 追加内容"元旦快乐"，命令执行结果如图 7.11 所示。

```
0 10 1 1 * echo "元旦快乐" >> /tmp/testlog.txt
```
图 7.11　月份的使用

【例 7.12】列出前面所制定的计划，命令执行结果如图 7.12 所示。

```
zwz@zwz-virtual-machine: $ sudo crontab -l
0 22-5/2 * * * echo "have a good dream" >> /tmp/testlog.txt
0 10 1 * * echo "今天是这个月的第一天，加油哦" >> /tmp/testlog.txt
0 10 * * 6 echo "今天是周末的第一天" >> /tmp/testlog.txt
0 10 1 1 * echo "元旦快乐" >> /tmp/testlog.txt
```
图 7.12　列出计划

【例 7.13】移除前面制定的计划并列出，结果显示 no crontab for root，命令执行结果如图 7.13 所示。

```
zwz@zwz-virtual-machine:~$ sudo crontab -r
zwz@zwz-virtual-machine:~$ sudo crontab -l
no crontab for root
```
图 7.13　移除计划

注意：如果在 cron 服务中需要同时包含多条计划任务的命令语句，应每行写一条。还需要注意的是，在 cron 服务的计划任务参数中，所有命令一定要用绝对路径的方式来写，如果不知道绝对路径，请用 whereis 命令进行查询。

7.1.4 进程的监视与控制

1. 进程的监视

(1) top 命令。

格式：top　[-d 秒数]。

功能：动态显示 CPU 利用率、内存利用率和进程状态等相关信息，是目前使用最广泛的实时系统性能监视程序。默认每 5s 更新显示信息，而"-d 秒数"选项可指定刷新频率。

top 命令默认按进程的 CPU 使用率排列所有进程。按"m"键将按内存使用率排列所有进程，按"t"键将按进程的执行时间排列所有进程，按"h"键或"？"键显示帮助信息，按"Ctrl+c"组合键或"q"键结束 top 命令。

【例 7.14】使用 top 命令动态显示与进程相关的信息，命令执行结果如图 7.14 所示。

```
zwz@zwz-virtual-machine:~/桌面$ top
top - 17:58:02 up 42 min,  1 user,  load average: 0.48, 0.15, 0.10
任务: 291 total,   1 running, 290 sleeping,   0 stopped,   0 zombie
%Cpu(s):  3.4 us,  3.6 sy,  0.0 ni, 91.4 id,  0.0 wa,  0.0 hi,  1.5 si,  0.0 st
MiB Mem :   3870.6 total,    149.8 free,   1224.9 used,   2495.9 buff/cache
MiB Swap:   2140.0 total,   2138.7 free,      1.3 used.   2366.6 avail Mem

 进程号 USER      PR  NI    VIRT    RES    SHR S  %CPU  %MEM     TIME+ COMMAND
  3966 _apt      20   0   27696  10496   9472 S  14.2   0.3   0:00.50 http
  1643 zwz       20   0 4407240 276396 133132 S   1.3   7.0   0:27.18 gnome-s+
  2449 zwz       20   0  710696  60552  45996 S   1.3   1.5   0:02.77 gnome-t+
   607 root      20   0  247008   9216   7808 S   1.0   0.2   0:05.78 vmtoolsd
  3946 root      20   0  357088 180860 118400 S   0.7   4.6   0:51.01 unatten+
   244 root      20   0       0      0      0 I   0.3   0.0   0:01.87 kworker+
  1843 zwz       20   0  318940  12544   7168 S   0.3   0.3   0:01.08 ibus-da+
  1931 zwz       20   0  144636  37208  28212 S   0.3   0.9   0:05.68 vmtoolsd
  3709 root      20   0       0      0      0 I   0.3   0.0   0:02.62 kworker+
  3958 zwz       20   0   16356   4224   3328 R   0.3   0.1   0:00.05 top
  3965 _apt      20   0   27704  10112   9088 S   0.3   0.3   0:00.03 http
     1 root      20   0  168084  13056   8192 S   0.0   0.3   0:03.92 systemd
     2 root      20   0       0      0      0 S   0.0   0.0   0:00.05 kthreadd
     3 root       0 -20       0      0      0 I   0.0   0.0   0:00.00 rcu_gp
```

图 7.14　top 命令动态显示与进程相关的信息

【例 7.15】使用 top 命令动态显示与进程相关的信息，通过按"m"键使进程排列顺序按内存使用率由高到低排序，命令执行结果如图 7.15 所示。

```
进程号 USER      PR  NI    VIRT    RES    SHR  %CPU  %MEM     TIME+ COMMAND
 1643 zwz       20   0 4472804 196408  75936 S   4.0   5.0   0:29.33 gnome-s+
 3875 root      20   0       0      0      0 I   3.7   0.0   0:00.57 kworker+
   35 root      20   0       0      0      0 S   3.3   0.0   0:00.79 kcompac+
   50 root      20   0       0      0      0 S   2.3   0.0   0:02.55 kswapd0
13418 root      20   0    3144   2176   1792 S   2.0   0.1   0:00.10 mkinitr+
   23 root      20   0       0      0      0 S   1.0   0.0   0:01.13 ksoftir+
 3899 root       0 -20       0      0      0 I   1.0   0.0   0:00.31 kworker+
   16 root      20   0       0      0      0 I   0.7   0.0   0:02.73 rcu_pre+
   15 root      20   0       0      0      0 R   0.3   0.0   0:00.55 ksoftir+
  245 root      20   0       0      0      0 I   0.3   0.0   0:03.75 kworker+
  352 root     -51   0       0      0      0 S   0.3   0.0   0:00.23 irq/16-+
  607 root      20   0  247008   9216   7808 S   0.3   0.2   0:06.16 vmtoolsd
 1931 zwz       20   0  146044  35544  25268 S   0.3   0.9   0:06.04 vmtoolsd
 2449 zwz       20   0  710696  53384  40364 S   0.3   1.3   0:03.13 gnome-t+
 3946 root      20   0  501152 328984 217892 S   0.3   8.3   1:12.63 unatten+
11538 root      20   0       0      0      0 I   0.3   0.0   0:00.10 kworker+
    1 root      20   0  168084  13056   8192 S   0.0   0.3   0:03.98 systemd
```

图 7.15　进程顺序由内存使用率排序

【例 7.16】使用 top 命令动态显示与进程相关的信息，通过按“t”键使进程排列顺序按进程使用时间排序，命令执行结果如图 7.16 所示。

```
进程号 USER      PR  NI    VIRT    RES    SHR  %CPU  %MEM     TIME+ COMMAND
  245 root      20   0       0      0      0 I   1.0   0.0   0:04.57 kworker+
 3290 zwz       20   0  545300  36156  26812 S   1.0   0.9   0:00.59 update-+
   16 root      20   0       0      0      0 R   0.3   0.0   0:03.19 rcu_pre+
  727 root      20   0  243284   7788   6892 S   0.3   0.2   0:00.29 account+
  759 message+  20   0   11248   6556   4096 S   0.3   0.2   0:02.46 dbus-da+
 2235 root       0 -20       0      0      0 I   0.3   0.0   0:00.90 kworker+
 2449 zwz       20   0  729940  55736  43356 S   0.3   1.4   0:03.63 gnome-t+
 3831 root      20   0       0      0      0 I   0.3   0.0   0:00.12 kworker+
 3852 zwz       20   0 2840100  68264  50812 S   0.3   1.7   0:01.98 gjs
 3899 root       0 -20       0      0      0 I   0.3   0.0   0:00.72 kworker+
    1 root      20   0  168084  13056   8192 S   0.0   0.3   0:04.02 systemd
    2 root      20   0       0      0      0 S   0.0   0.0   0:00.05 kthreadd
    3 root       0 -20       0      0      0 I   0.0   0.0   0:00.00 rcu_gp
    4 root       0 -20       0      0      0 I   0.0   0.0   0:00.00 rcu_par+
    5 root       0 -20       0      0      0 I   0.0   0.0   0:00.00 slub_fl+
    6 root       0 -20       0      0      0 I   0.0   0.0   0:00.00 netns
   11 root       0 -20       0      0      0 I   0.0   0.0   0:00.00 mm_perc+
```

图 7.16　进程顺序由进程使用时间排序

(2) ps 命令。

格式：ps　[选项]。

功能：显示进程的状态。无选项时显示当前用户在当前终端启动的进程。虽然它不如 top 那样实时，但提供了灵活的方式来显示进程的详细信息。

ps 命令主要参数及作用如表 7.5 所示。

表 7.5　ps 命令主要参数及作用

参数	作用
a	显示所有进程
-a	显示同一终端下的所有程序

(续表)

参数	作用
-A	显示所有进程
c	显示进程的真实名称
-N	反向选择
-e	等于"--A"
e	显示环境变量
f	显示程序间的关系
-H	显示树状结构
r	显示当前终端的进程
T	显示当前终端的所有进程
u	指定用户的所有进程
-au	显示较详细的信息
-aux	显示所有包含其他使用者的进程
-C<命令>	列出指定命令的状态
--lines<行数>	每页显示的行数
--width<字符数>	每页显示的字符数
--help	显示帮助信息
--version	显示版本信息

【例 7.17】使用以下 ps 命令显示所有进程，命令执行结果如图 7.17 所示。

ps -A

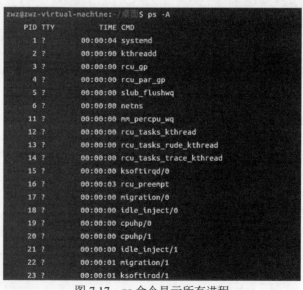

图 7.17　ps 命令显示所有进程

【例 7.18】使用以下 ps 命令显示与用户 zwz 有关的进程，命令执行结果如图 7.18 所示。

```
ps -u zwz
```

```
zwz@zwz-virtual-machine:~/桌面$ ps -u zwz
    PID TTY          TIME CMD
   1469 ?        00:00:01 systemd
   1470 ?        00:00:00 (sd-pam)
   1476 ?        00:00:00 pipewire
   1477 ?        00:00:00 pipewire-media-
   1478 ?        00:00:04 pulseaudio
   1484 ?        00:00:00 gnome-keyring-d
   1495 ?        00:00:01 dbus-daemon
   1496 ?        00:00:00 xdg-document-po
   1499 ?        00:00:00 xdg-permission-
   1518 tty2     00:00:00 gdm-wayland-ses
   1521 tty2     00:00:00 gnome-session-b
   1578 ?        00:00:00 gnome-session-c
   1594 ?        00:00:00 gvfsd
   1599 ?        00:00:00 gvfsd-fuse
   1600 ?        00:00:00 gnome-session-b
   1640 ?        00:00:00 at-spi-bus-laun
   1643 ?        00:00:40 gnome-shell
   1652 ?        00:00:00 dbus-daemon
   1679 ?        00:00:00 gnome-shell-cal
   1685 ?        00:00:00 evolution-sourc
   1690 ?        00:00:00 dconf-service
   1695 ?        00:00:00 gvfs-udisks2-vo
```

图 7.18　ps 命令显示与用户 zwz 有关的进程

【例 7.19】使用以下 ps 命令显示所有进程的信息，包括命令行，命令执行结果如图 7.19 所示。

```
ps -ef
```

```
zwz@zwz-virtual-machine:~/桌面$ ps -ef
UID          PID    PPID  C STIME TTY          TIME CMD
root           1       0  0 22:14 ?        00:00:04 /sbin/init splash
root           2       0  0 22:14 ?        00:00:00 [kthreadd]
root           3       2  0 22:14 ?        00:00:00 [rcu_gp]
root           4       2  0 22:14 ?        00:00:00 [rcu_par_gp]
root           5       2  0 22:14 ?        00:00:00 [slub_flushwq]
root           6       2  0 22:14 ?        00:00:00 [netns]
root          11       2  0 22:14 ?        00:00:00 [mm_percpu_wq]
root          12       2  0 22:14 ?        00:00:00 [rcu_tasks_kthread]
root          13       2  0 22:14 ?        00:00:00 [rcu_tasks_rude_kthread]
root          14       2  0 22:14 ?        00:00:00 [rcu_tasks_trace_kthread]
root          15       2  0 22:14 ?        00:00:00 [ksoftirqd/0]
root          16       2  0 22:14 ?        00:00:03 [rcu_preempt]
root          17       2  0 22:14 ?        00:00:00 [migration/0]
root          18       2  0 22:14 ?        00:00:00 [idle_inject/0]
root          19       2  0 22:14 ?        00:00:00 [cpuhp/0]
root          20       2  0 22:14 ?        00:00:00 [cpuhp/1]
root          21       2  0 22:14 ?        00:00:00 [idle_inject/1]
root          22       2  0 22:14 ?        00:00:01 [migration/1]
root          23       2  0 22:14 ?        00:00:01 [ksoftirqd/1]
root          26       2  0 22:14 ?        00:00:00 [kdevtmpfs]
root          27       2  0 22:14 ?        00:00:00 [inet_frag_wq]
root          29       2  0 22:14 ?        00:00:00 [kauditd]
```

图 7.19　ps 命令显示所有进程的信息

【例 7.20】使用以下 ps 命令显示目前所有正在内存中的程序，命令执行结果如图 7.20 所示。

```
ps aux
```

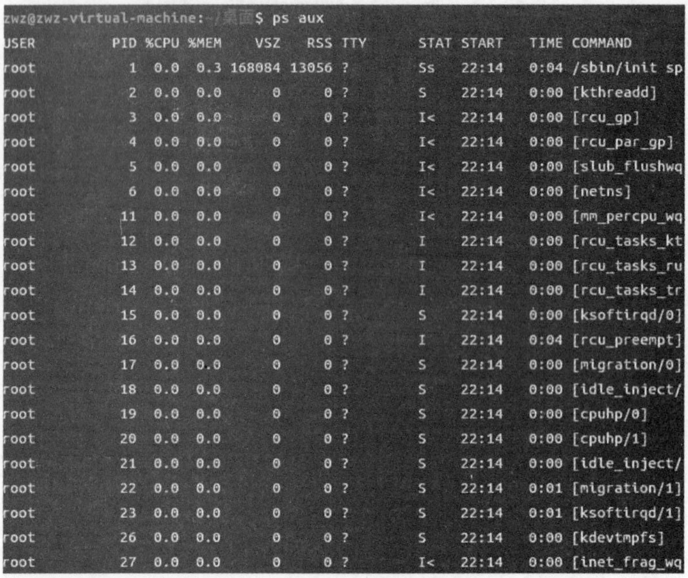

图 7.20　显示正在内存中的程序

其中 ps aux 命令的输出格式如下，各字段含义如表 7.6 所示。

【USER PID %CPU %MEM VSZ RSS TTY STAT START TIME COMMAND】

表 7.6　ps aux 命令的输出各字段含义

选项	功能	选项	功能
USER	进程拥有者	STAT	进程的状态如下。 D：不可中断的静止 R：正在执行中 S：静止状态 T：暂停执行 Z：僵尸状态 W：没有足够的内存分页可分配 <：高优先序的进程 N：低优先序的进程 L：有内存页面被锁定
PID	pid		
%CPU	CPU 使用率		
%MEM	内存使用率		
VSZ	占用的虚拟内存大小		
RSS	占用的内存大小		
TTY	终端的次设备号		
STAT	见右侧说明		
START	进程开始时间		
TIME	执行的时间		
COMMAND	所执行的指令		

2. 控制进程

(1) kill 命令。

格式：kill [信号代码] PID。

功能：kill 命令用来终止一个进程，向指定的进程发送信号，是 Linux 下进程管理的常用命令。通常，终止一个前台进程可以使用 Ctrl+C 组合键，但是，终止一个后台进程，就要用 kill 命令，需要先使用 ps/pidof/pstree/top 等工具获取进程 PID，然后使用 kill 命令来杀掉该进程。kill 命令是通过向进程发送指定的信号来结束相应进程的。默认信号为 SIGTERM(15)，可终止指定的进程。如果仍无法终止该进程，则可以使用 SIGKILL(9)信号强制终止进程。

kill 命令主要参数及作用如表 7.7 所示。

表 7.7 kill 命令主要参数及作用

参数	作用
-0	给所有在当前进程组中的进程发送信号
-1	给所有进程号大于 1 的进程发送信号
-9	强行终止进程
-15(默认)	终止进程
-17	将进程挂起
-19	将挂起的进程激活
-a	终止所有进程
-l	指定信号的名称列表。若不加选项，则-l 参数会列出全部信号名称
-p	模拟发送信号。显示进程的 ID，不发送信号
-s	指明发送给进程的信号，例如-9 (强行终止)， 默认发送 TERM 信号
-u	指定用户

【例 7.21】通过 ps 命令查出正在后台运行的进程“vi 1.txt”的进程号为 24050，通过 kill 命令将该进程终止，命令执行结果如图 7.21 和图 7.22 所示。

```
zwz@zwz-virtual-machine:~/桌面$ ps -ef | grep vi
root         604       1  0 00:40 ?        00:00:00 /usr/bin/VGAuthService
avahi        747       1  0 00:40 ?        00:00:00 avahi-daemon: running [zwz-vi
rtual-machine.local]
zwz         1600    1469  0 00:41 ?        00:00:00 /usr/libexec/gnome-session-b
inary --systemd-service --session=ubuntu
zwz         1690    1469  0 00:41 ?        00:00:00 /usr/libexec/dconf-service
zwz         1731    1469  0 00:41 ?        00:00:00 /usr/libexec/goa-identity-se
rvice
zwz         1982    1600  0 00:41 ?        00:00:04 /usr/bin/gnome-software --ga
pplication-service
zwz         2028    1469  0 00:41 ?        00:00:06 /snap/snap-store/1113/usr/bi
n/snap-store --gapplication-service
zwz        24050    2592  0 02:19 pts/0    00:00:00 vi 1.txt
zwz        24054    2592  0 02:19 pts/0    00:00:00 grep --color=auto vi
zwz@zwz-virtual-machine:~/桌面$
```

图 7.21 ps 命令查看进程号

图 7.22　kill 命令终止进程

(2) killall 命令。

格式：killall　[参数]．[进程名]．

功能：用于杀死指定名字的进程 (kill processes by name)。可以使用 kill 命令杀死指定进程 PID 的进程，如果要找到需要杀死的进程，还需要在之前使用 ps 等命令再配合 grep 来查找进程，而 killall 把这两个过程合二为一，是一个很好用的命令。

7.2　系统管理

Linux 系统管理是指针对 Linux 系统进行的一些日常管理和维护性工作，以保证系统安全、可靠地运行，同时确保用户能够合理、有效地使用系统资源来完成任务。

7.2.1　系统和服务管理器

在 Ubuntu 中，Systemd 是默认的初始化系统和服务管理器。Systemd 不仅负责启动系统时引导系统进程，还管理着系统运行时服务的启动、停止、重启等。它取代了传统的 SysVinit 和 Upstart 系统，为 Linux 系统带来了更现代、更灵活的服务管理方式。

Systemd 的主要特点如下。

(1) 并行启动：Systemd 能够并行启动多个服务，这大大加快了系统的启动速度。

(2) 依赖管理：Systemd 能够自动处理服务之间的依赖关系，确保服务按照正确的顺序启动和停止。

(3) 日志管理：Systemd 集成了 journald 作为日志守护进程，提供了强大的日志管理功能，包括日志的集中存储、过滤和查询等。

(4) 快照和恢复：Systemd 支持创建系统的快照，并在需要时从快照中恢复系统状态，这有助于快速恢复系统到某个已知的稳定状态。

(5) 兼容性：Systemd 提供了与传统 SysVinit 和 Upstart 的兼容性，使得旧的系统脚本和服务能够在新系统上继续运行。

(6) 目标(Targets)：Systemd 使用目标来替代 SysVinit 的运行级别(runlevels)。目标是一组服务的集合，当系统达到某个目标时，这些服务将被启动。

7.2.2 Systemd 相关命令

systemctl 是 Systemd 的主要命令行工具，用于管理系统服务。通过 systemctl，用户可以启动、停止、重启服务，查看服务状态，启用或禁用服务开机自启等。

主要的基本命令有以下几个。

(1) systemctl start 服务名：启动服务。

(2) systemctl stop 服务名：停止服务。

(3) systemctl restart 服务名：重启服务。

(4) systemctl status 服务名：查看服务状态。

(5) systemctl enable 服务名：设置服务开机自启。

(6) systemctl disable 服务名：禁止服务开机自启。

Nginx 是一款功能强大、性能优越、易于配置的 Web 服务器和反向代理服务器，适用于各种规模的网站和应用。在互联网项目中，Nginx 因其高性能、轻量级和灵活的配置而得到广泛应用。下面通过几个案例安装与启动 Nginx，以此了解这款服务器。

【例 7.22】Nginx 并非系统自带的服务，因此需要提前下载。打开命令终端，输入以下命令完成服务的安装，命令执行结果如图 7.23 所示。

```
sudo apt install -y nginx
```

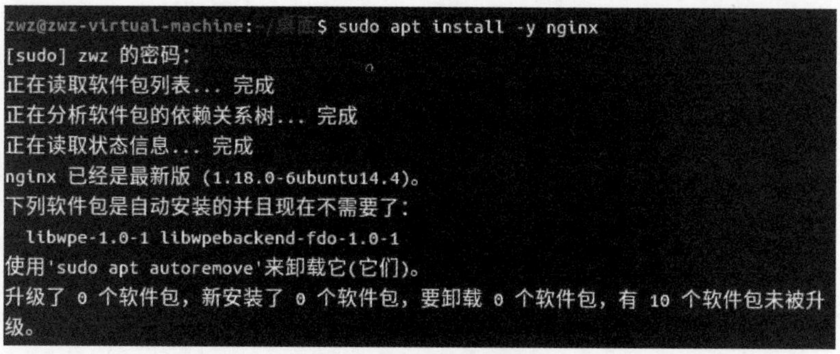

```
zwz@zwz-virtual-machine:~/桌面$ sudo apt install -y nginx
[sudo] zwz 的密码:
正在读取软件包列表... 完成
正在分析软件包的依赖关系树... 完成
正在读取状态信息... 完成
nginx 已经是最新版 (1.18.0-6ubuntu14.4)。
下列软件包是自动安装的并且现在不需要了:
  libwpe-1.0-1 libwpebackend-fdo-1.0-1
使用'sudo apt autoremove'来卸载它(它们)。
升级了 0 个软件包，新安装了 0 个软件包，要卸载 0 个软件包，有 10 个软件包未被升级。
```

图 7.23 安装 nginx

【例 7.23】通过以下 systemctl 命令完成 Nginx 服务的启动，命令执行结果如图 7.24 所示。

```
sudo systemctl start nginx
```

图 7.24 启动 nginx

【例 7.24】通过以下 systemctl 命令查看 Nginx 服务的状态，由此结果可以看到服务名称、加载状态、活动状态、主进程 ID、任务数、控制组、子进程信息、最后一次活动时间，命令执行结果如图 7.25 所示。

sudo systemctl status nginx

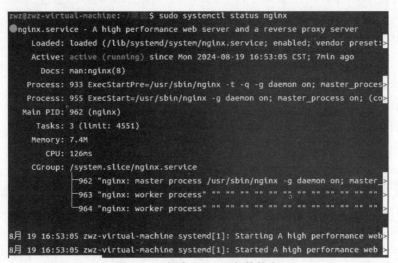

图 7.25 查看 nginx 服务的状态

【例 7.25】打开火狐浏览器，在地址栏输入 "http:localhost:80" 后敲击回车键，网页跳转至 Nginx 主页，说明 Nginx 服务的运行正常，执行结果如图 7.26 所示。

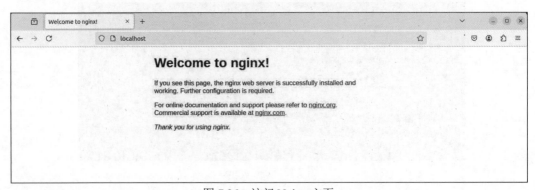

图 7.26 访问 Nginx 主页

【例 7.26】当服务器里的资源进行了更新上传时，需要通过以下 systemctl 命令完成 Nginx 服务的重新启动才能够重新加载各种资源，命令执行结果如图 7.27 所示。

sudo systemctl restart nginx

```
zwz@zwz-virtual-machine:~/桌面$ sudo systemctl restart nginx
[sudo] zwz 的密码:
```

图 7.27　Nginx 服务的重新启动

【例 7.27】当需要停止 Nginx 服务时，可以通过以下 systemctl 命令完成 Nginx 服务的停止运行，命令执行结果如图 7.28 所示。

```
sudo systemctl stop nginx
```

```
zwz@zwz-virtual-machine:~/桌面$ sudo systemctl stop nginx
```

图 7.28　Nginx 服务的停止

【例 7.28】Nginx 服务默认在系统重启或关机后自动停止运行，可以通过以下 systemctl 命令来设置 Nginx 服务在系统启动时完成自启动，命令执行结果如图 7.29 所示。

```
sudo systemctl enable nginx
```

```
zwz@zwz-virtual-machine:~/桌面$ sudo systemctl enable nginx
Synchronizing state of nginx.service with SysV service script with /lib/systemd/
systemd-sysv-install.
Executing: /lib/systemd/systemd-sysv-install enable nginx
```

图 7.29　设置 Nginx 自启动

【例 7.29】可以通过 systemctl 命令来关闭 Nginx 服务自启动，命令执行结果如图 7.30 所示。

```
sudo systemctl disable nginx
```

```
zwz@zwz-virtual-machine:~/桌面$ sudo systemctl disable nginx
Synchronizing state of nginx.service with SysV service script with /lib/systemd/
systemd-sysv-install.
Executing: /lib/systemd/systemd-sysv-install disable nginx
Removed /etc/systemd/system/multi-user.target.wants/nginx.service.
```

图 7.30　关闭 Nginx 自启动

journalctl：用于查看和管理 Systemd 的日志，可以使用 journalctl 来查询、过滤和显示日志信息。

7.2.3　Systemd 定时器

Systemd 定时器，作为 Linux 系统的一项内置能力，旨在规划并执行周期性或一次性预设任务。它允许用户安排任务在未来的特定时间点或周期性时间点自动运行，涵盖了诸如数据收集、邮件发送及各类自动化处理等多种操作场景。

Systemd 定时器机制提供了两种核心类型：单调定时器与实时定时器。前者基于一个相对起始点(比如系统启动的瞬间或某个服务单元启动之时)的经过时间量来触发任务，具有时间流逝的连贯性考量。相比之下，实时定时器则直接依赖于一个绝对的时间点(即具体的时钟时间)，其触发方式更接近传统的 cron 作业调度，确保了任务在精确的时间执行。

在使用 Systemd 定时器时，通常需要创建两个配置文件：一个服务单元文件(.service)

和一个定时器单元文件(.timer)。服务单元文件定义了要执行的任务，而定时器单元文件则定义了任务的调度表。通过这两个文件，可以方便地设置和管理定时任务。

【例 7.30】创建单调定时器。

(1) 编写任务脚本。创建任务脚本 mytimer.sh，用于将系统时间输出到/tmp/testlog.txt 文件中，脚本命令如图 7.31 所示。

图 7.31　创建脚本 mytimer.sh

此外还需要授予该脚本执行权限，命令如图 7.32 所示。

图 7.32　修改脚本权限

(2) 在/etc/systemd/system 目录中编写一个配套的服务单元文件，可将其命名为 boot_backup.service，文件内容如图 7.33 所示。

```
[Unit]
Description=Backup boot

[Service]
Type=simple
ExecStart=/root/mytimer.sh
```

图 7.33　服务单元文件内容

这个 Service 单元文件分为两个部分。

[Unit]部分介绍本单元的基本信息(即元数据)，Description 字段给出这个单元的简单介绍(名字叫作 Backup boot)。

[Service]部分用来定制行为，Systemd 提供许多字段，具体如下。

① ExecStart：systemctl start 所要执行的命令。

② ExecStop：systemctl stop 所要执行的命令。

③ ExecReload：systemctl reload 所要执行的命令。

④ ExecStartPre：ExecStart 之前自动执行的命令。

⑤ ExecStartPost：ExecStart 之后自动执行的命令。

⑥ ExecStopPost：ExecStop 之后自动执行的命令。

这里要将 Type 值设置为 simple(也是默认值)。如果设置 oneshot，该服务单元仅执行一次，之后就会退出，系统会关掉定时器。ExecStart 定义要执行的任务为上一步所准备的脚本文件 mytimer.sh。

(3) 在/etc/systemd/system 目录中编写一个定时器单元文件，将其命名为 boot_backup.timer，文件内容如图 7.34 所示。

```
[Unit]
Description=Run boot backup weekly on boot

[Timer]
OnUnitActiveSec=3s
Unit=boot_backup.service

[Install]
WantedBy=multi-user.target
```

图 7.34 定时器单元文件内容

这个定时器单元文件分为几个部分。

[Unit]部分定义元数据。

[Timer]部分定制定时器。systemd 提供以下字段。

① OnActiveSec：定时器生效后，多长时间开始执行任务。
② OnBootSec：系统启动后，多长时间开始执行任务。
③ OnStartupSec：systemd 进程启动后，多长时间开始执行任务。
④ OnUnitActiveSec：该单元上次执行后，等多长时间再次执行。
⑤ OnUnitInactiveSec：定时器上次关闭后多长时间再次执行。
⑥ OnCalendar：基于绝对时间，而不是相对时间执行。
⑦ AccuracySec：如果因为各种原因，任务必须推迟执行，推迟的最大秒数，默认是 60 秒。
⑧ Unit：真正要执行的任务，默认是同名的带有.service 后缀的单元。
⑨ Persistent：如果设置了该字段，即使定时器到时没有启动，也会自动执行相应的单元。
⑩ WakeSystem：如果系统休眠，是否自动唤醒系统。

[Install]部分定义开机自启动(systemctl enable)和关闭开机自启动(systemctl disable)。

[Install]部分只写了一个字段，即 WantedBy=multi-user.target。

上面的脚本里面，定义了 boot_backup.service 服务每 3 秒运行一次。

(4) 需要通过以下命令重新装载新创建的单元文件，命令执行结果如图 7.35 所示。

```
systemctl daemon-reload
```

```
root@zwz-virtual-machine:/etc/systemd/system# systemctl daemon-reload
```

图 7.35 重新装载单元文件

(5) 分别执行以下命令，使新建的定时器能开机启动，并启动定时器，命令执行结果如图 7.36 所示。

```
systemctl enable boot_backup.timer
systemctl start boot_backup.timer
```

```
root@zwz-virtual-machine:/etc/systemd/system# systemctl enable boot_backup.timer
root@zwz-virtual-machine:/etc/systemd/system# systemctl start boot_backup.timer
```

图 7.36 启动定时器及设置为自启动

(6) 通过以下命令查看定时器的状态，命令执行结果如图 7.37 所示。

systemctl status boot_backup.timer

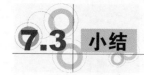

图 7.37　定时器状态

(7) 通过 tail 命令动态查看/tmp/testlog.txt 文件的内容变化，系统间隔 3 秒向该文件追加系统时间，命令执行结果如图 7.38 所示。

图 7.38　动态查看 testlog.txt 文件

7.3　小结

进程是操作系统中最基本、最重要的概念之一。进程管理是一个非常重要的系统维护任务，它涉及创建、监控、修改和终止系统中的进程，是一个至关重要的功能。在本章主要学习了如下知识点。

(1) 进程作为操作系统中资源分配与调度的基本单位，构成了操作系统架构的基石。在 Linux 环境中，每个进程都是某个正在执行程序的具体实例，它们各自拥有独立的资源集合，这些资源包括但不限于专属的内存空间、文件访问权限标识(文件描述符)，以及安全认证信息(安全凭证)，从而确保了进程间的隔离性和系统的稳定性。

(2) 进程的启动包括手动启动与调度启动。其中进程作业又可分为前台作业和后台作业。对于后台作业而言，系统允许多个后台作业同时运行，但同一时刻每个用户只能有一个前台作业。可以通过 bg 命令或 fg 命令将进程作业切换为后台作业或前台作业。

(3) Linux 允许用户根据需要在指定的时间自动运行指定的进程，进程的调度可以使用 at 调度、batch 调度和 cron 调度。其中对于偶尔运行的进程，可以采用 at 或 batch 调度；对于特定时间重复运行的进程，可以采用 cron 调度。

(4) Systemd 是默认的初始化系统和服务管理器。Systemd 不仅负责启动系统时引导系统进程，还管理着系统运行时服务的启动、停止、重启等。systemctl 作为 Systemd 的主要命令行工具，用于管理系统服务。通过 systemctl，用户可以启动、停止、重启服务，查看服务状态，启用或禁用服务开机自启等。

(5) Systemd 定时器允许用户安排任务在未来的特定时间点或周期性时间点自动运行。在使用时需要配置服务单元文件及定时器单元文件，并通过 systemctl 命令启动定时器。

7.4 实验

1. 进程查看、进程终止操作。

要求：

(1) 使用 ps 命令显示所有用户的进程。
(2) 使用 top 命令显示当前用户的进程。
(3) 在后台运行 cat 命令查看文件。
(4) 使用 fg 命令将后台运行的 cat 命令转为前台作业。
(5) 杀死 cat 命令所运行的进程。

2. 进程调度的使用。

要求：

(1) 使用 at 命令让系统 5 分钟后执行 /bin/date 命令。
(2) 查看已添加的 at 计划任务。
(3) 指定时间 2024 年 12 月 25 日早上 8 点系统向 /tmp/test.txt 文件写入内容"圣诞快乐"。
(4) 列出当前所有的任务，删除其中某个任务，并查看是否删除成功。
(5) 使用 cron 命令实现 11 月每天 18 点系统进行重启维护。
(6) 使用 cron 命令实现 10 月 12 日 13 点 30 分查看 /etc/passwd 内容。

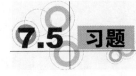

7.5 习题

1. 填空题

(1) 在 Ubuntu 中，通过_____命令可以查看系统当前所有的进程信息，包括进程 ID、用户、CPU 占用率等。

(2) 在 Ubuntu 中，每个进程都有一个唯一的标识符，称为_____。

(3) 在 Ubuntu 中，_____文件用于存储系统上所有用户的 cron 作业。

(4) 要查看特定用户(如用户名为 username)的 cron 作业，可以使用 crontab -l -u_____命令(假设你有足够的权限)。

(5) top 命令显示的信息中，CPU(s)部分表示了系统的 CPU 使用情况，其中%us 代表用户空间占用 CPU 的百分比，而%sy 则代表_____空间占用 CPU 的百分比。

2. 判断题

(1) Ubuntu 中的所有进程都可以被任何用户通过 kill 命令终止。 (　　)

(2) ps 命令默认只显示当前用户的进程。 (　　)

(3) fg 命令用于将后台作业移动到前台继续执行。 (　　)

(4) 在 Ubuntu 中，&符号用于将命令放入后台执行。 (　　)

(5) top 命令中，按 q 键可以退出 top 程序。 (　　)

(6) kill -9 命令用于强制终止进程，且不能被进程忽略。 (　　)

3. 单项选择题

(1) 进程的基本定义是(　　)。

　　A. 进程是计算机中的一个正在运行的程序的实例

　　B. 进程与程序完全相同，只是称呼不同

　　C. 进程仅占用 CPU 资源，不占用内存资源

　　D. 进程的状态只包括运行和停止两种

(2) 以下(　　)命令用于查看系统中的所有进程。

　　A. ps -aux　　　　　　　　　　B. ls -l

　　C. crontab -e　　　　　　　　　D. grep process

(3) 以下(　　)命令用于结束指定 PID 的进程。

　　A. kill　　　　B. ps　　　　C. exit　　　　D. rm

(4) 在 Ubuntu 中，如果 kill 命令无法终止一个进程，可能是因为(　　)。

　　A. 该进程没有运行　　　　　　B. 该进程是系统关键进程，不能被终止

　　C. 该进程忽略了发送的信号　　D. kill 命令语法错误

(5) 关于 top 命令，描述错误的是(　　)。

　　A. 它提供了实时的系统进程和资源使用情况的视图

　　B. 它只显示当前用户的进程

　　C. 用户可以通过交互界面对显示的内容进行排序和过滤

　　D. 它可以通过不同的选项来定制显示的信息

4. 简答题

(1) at 调度、batch 调度、cron 调度三者有什么区别？

(2) 完成一个 Systemd 定时器需要哪些步骤？

(3) 简述前台作业与后台作业工作方式的区别。

第 8 章 Shell 及其编程

Shell 及其编程是学习 Linux 操作系统不可或缺的关键环节，不仅让学生掌握与 Linux 系统高效交互与管理的技能，还通过脚本编写深化了对系统命令、工具、架构及工作原理的理解，同时培养学生解决问题的能力和跨平台编程技巧。在这个过程中，学生自然而然地培养了严谨的职业态度、批判性思维、团队合作精神，以及对新环境的适应能力，为成为技术精湛且具备良好职业素养的人才铺平了道路。

本章学习目标

◎ 理解 Shell 基本概念。
◎ 掌握 Shell 编程基础。
◎ 熟悉 Shell 命令与工具。
◎ 理解 Shell 编程进阶知识。
◎ 掌握 Shell 编程实践应用。

本章思维导图

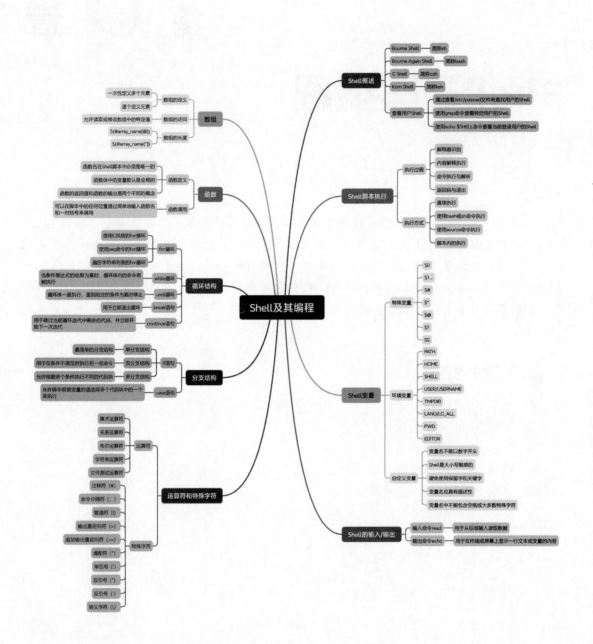

8.1 Shell 概述

Shell 是 Linux 操作系统中非常重要的一个组件，它作为用户与操作系统内核之间的接口，提供了一种交互式的环境，让用户可以通过命令行输入指令来控制系统和运行程序。Shell 本质上是一个命令行解释器，它负责接收用户输入的命令，将其转换为系统能够理解的指令序列，然后执行这些指令并将结果返回给用户。

Shell 不仅提供了基本的命令交互功能，还具备强大的编程能力。用户可以通过编写 Shell 脚本来自动化执行一系列复杂的命令和操作，从而实现高效的系统管理和任务自动化。Shell 脚本以文本形式存在，可以包含变量、控制结构(如条件判断、循环控制)、函数调用等编程元素，具有良好的可读性和可维护性。

常见的 Shell 类型包括 Bourne Shell(sh)、Bourne Again Shell(bash)、C Shell(csh/tcsh)及 Korn Shell(ksh)等。每种 Shell 都有其独特的特性和语法，但大多数 Shell 在功能上都是相似的，用户可以根据自己的需求和喜好选择合适的 Shell 进行使用。

8.1.1 Bourne Shell

Bourne Shell，简称 sh，是 Unix 及类 Unix 系统中最古老且广泛使用的命令行解释器之一。它最初由 Steve Bourne 在 AT&T Bell 实验室为 Unix 系统开发，并在 1977 年的 V7 Unix 版本中首次亮相。Bourne Shell 以其简洁的语法和高效的执行能力而闻名，成为后续许多 Shell(如 Bash)开发的基础。

作为最早的标准 Unix Shell，Bourne Shell 不仅支持用户通过命令行与系统进行交互，还允许用户编写 Shell 脚本来自动化执行一系列命令和操作。它使用环境变量来存储配置信息，这些信息可以被 Shell 及其启动的程序所访问。尽管 Bourne Shell 本身在命令补全、历史命令记录等交互性特性上不如后续开发的 Shell(如 Bash)丰富，但它依然因其稳定性和广泛的兼容性而受到系统管理员和开发人员的青睐。

在 Unix 和类 Unix 系统中，Bourne Shell 几乎无处不在，是进行系统管理和脚本编程的重要工具。许多系统管理工具和脚本都是基于 Bourne Shell 编写的，这使得它在维护旧系统和脚本时具有极高的价值。用户可以通过编辑配置文件(如.profile)来自定义 Bourne Shell 的行为和环境设置，以适应不同的工作需求。

8.1.2 Bourne Again Shell

Bourne Again Shell，简称 bash，是 GNU 项目开发的 Unix Shell，它是对经典 Bourne Shell 的扩展和增强。bash 不仅保持了与 Bourne Shell 的兼容性，还增加了许多新特性和进行了改进，如命令行编辑、自动补全、命令历史记录等，极大地提升了用户的交互体验。作为大多数 Linux 发行版的默认 Shell，bash 在 Linux 社区中拥有广泛的应用基础，同时也是系统管理员和开发人员进行脚本编程和系统管理的重要工具。bash 的编程能力也很强，支持条件判断、循环控制、函数定义等结构，使得用户可以编写复杂的 Shell 脚本来自动化执行一系列任务。总之，bash 以其丰富的功能、良好的交互性和广泛的兼容性，成为了 Linux 系统中不可或缺的 Shell 之一。

8.1.3 C Shell

C Shell，简称 csh，是 Unix 及类 Unix 系统中的一个重要命令行解释器，其设计灵感来源于 C 编程语言，为用户提供了丰富的交互式功能和脚本编程能力。

C Shell 提供了比传统 Bourne Shell 更为现代化的命令行界面，包括自动补全、命令历史记录等特性，使得用户可以更加高效地进行命令输入和执行。它支持用户自定义别名，简化常用命令的输入，并允许通过作业控制管理多个后台进程。

在脚本编程方面，C Shell 提供了条件语句、循环控制等结构，使用户能够编写复杂的脚本来自动化执行一系列任务。这些脚本可以用于系统管理、数据处理、自动化测试等多种场景，极大地提高了工作效率。

C Shell 的配置文件如.cshrc 和.login 等，允许用户根据个人喜好定制环境设置，如别名定义、环境变量配置等。这些配置在每次启动 C Shell 时自动加载，为用户提供了个性化的工作环境。

尽管随着 Bash 等更先进的 Shell 工具的兴起，C Shell 的市场份额有所减少，但在一些特定的领域和环境中，C Shell 仍然因其特性和优势而得到广泛应用。无论是系统管理员还是开发人员，都可以通过 C Shell 来高效地管理系统、编写脚本和执行自动化任务。

8.1.4 Korn Shell

Korn Shell，简称 ksh，是一种强大的 Unix Shell，由 David Korn 设计，旨在融合 Bourne Shell 的编程能力和 C Shell 的交互式优点。它提供了一种丰富的命令行界面，支持复杂的脚本编程和高效的交互式操作。Korn Shell 完全兼容 Bourne Shell 的语法，确保了现有脚本的无缝迁移，同时增加了如数学运算、进程协作等现代特性。这些特性使得 Korn Shell 成为系统管理员、开发人员和终端用户进行任务自动化、系统管理和脚本编写的首选工具。此外，Korn Shell 遵循 POSIX 标准，确保了其在不同 Unix 和类 Unix 系统上的兼容性和可移植性。

8.1.5 查看用户 Shell

（1）在 Ubuntu 中，可以通过查看/etc/passwd 文件来查找用户的 Shell，如图 8.1 所示。这个文件包含了系统上所有用户的信息，包括每个用户的用户名、UID(用户 ID)、GID(组 ID)、用户全名或描述、家目录及登录 Shell。

（2）要查看特定用户的 Shell，可以使用 grep 命令来搜索/etc/passwd 文件，这条命令会输出该用户行的内容，如图 8.2 所示。

```
zwz@zwz-virtual-machine: $ cat /etc/passwd
root:x:0:0:root:/root:/bin/bash
daemon:x:1:1:daemon:/usr/sbin:/usr/sbin/nologin
bin:x:2:2:bin:/bin:/usr/sbin/nologin
sys:x:3:3:sys:/dev:/usr/sbin/nologin
sync:x:4:65534:sync:/bin:/bin/sync
games:x:5:60:games:/usr/games:/usr/sbin/nologin
man:x:6:12:man:/var/cache/man:/usr/sbin/nologin
lp:x:7:7:lp:/var/spool/lpd:/usr/sbin/nologin
mail:x:8:8:mail:/var/mail:/usr/sbin/nologin
news:x:9:9:news:/var/spool/news:/usr/sbin/nologin
uucp:x:10:10:uucp:/var/spool/uucp:/usr/sbin/nologin
proxy:x:13:13:proxy:/bin:/usr/sbin/nologin
www-data:x:33:33:www-data:/var/www:/usr/sbin/nologin
backup:x:34:34:backup:/var/backups:/usr/sbin/nologin
list:x:38:38:Mailing List Manager:/var/list:/usr/sbin/nologin
irc:x:39:39:ircd:/run/ircd:/usr/sbin/nologin
gnats:x:41:41:Gnats Bug-Reporting System (admin):/var/lib/gnats:/usr/sbin/nologin
nobody:x:65534:65534:nobody:/nonexistent:/usr/sbin/nologin
systemd-network:x:100:102:systemd Network Management,,,:/run/systemd:/usr/sbin/nologin
systemd-resolve:x:101:103:systemd Resolver,,,:/run/systemd:/usr/sbin/nologin
messagebus:x:102:105::/nonexistent:/usr/sbin/nologin
systemd-timesync:x:103:106:systemd Time Synchronization,,,:/run/systemd:/usr/sbin/nologin
syslog:x:104:111::/home/syslog:/usr/sbin/nologin
```

图 8.1　查找系统上所有用户的 Shell

```
zwz@zwz-virtual-machine: $ grep '^zwz:' /etc/passwd
zwz:x:1000:1000:zwz,,,:/home/zwz:/bin/bash
zwz@zwz-virtual-machine: $
```

图 8.2　查看特定用户的 Shell

(3) 如果想要查看当前登录用户的 Shell，可以使用 echo $SHELL 命令，这条命令会输出当前用户的登录 Shell 路径，如图 8.3 所示。

```
zwz@zwz-virtual-machine: $ echo $SHELL
/bin/bash
zwz@zwz-virtual-machine: $
```

图 8.3　查看当前登录用户的 Shell

8.2 Shell 脚本执行

Shell 脚本是 Linux 系统中不可或缺的一部分，它作为一种基于 Shell 的自动化脚本语言，为用户提供了一个强大的工具来编写和执行复杂的系统操作与任务。Shell 脚本不仅集成了 Linux 命令行的强大功能，如环境变量管理、管道命令、文件重定向等，还通过引入变量、条件判断、循环控制等编程元素，使得用户能够编写出灵活且功能丰富的脚本程序。

通过 Shell 脚本，用户可以自动化地完成文件管理、系统维护、数据备份、网络管理等多种任务，从而极大地提高了工作效率和准确性。此外，Shell 脚本还具有良好的可移植性和可重用性，使得用户可以在不同的 Linux 发行版上轻松部署和运行脚本。

8.2.1 Shell 脚本的执行过程

Shell 脚本的执行过程大致可以分为以下几个步骤。

(1) 解释器识别：脚本程序通常以#!符号开始，这称为 shebang(也称为 hashbang、pound bang 或 hash-pling)。它指明了脚本要使用的解释器路径，例如，#!/bin/bash 表示该脚本将使用 bash 作为解释器。这一步骤是内核级别的，内核会根据这一行来确定用哪个解释器来执行脚本的其余部分。

(2) 内容解释执行：当解释器被确定后，它会读取脚本中的每一行内容，并按照 Shell 的规则进行解释和执行。解释器会忽略以#开头的行(注释)，并按照脚本中的命令和逻辑进行执行。

(3) 命令执行与解析：在 bash 等 Shell 中，命令的解析和执行是一个复杂的过程，涉及多个层次的解析，包括命令分隔、管道和重定向的处理、参数和变量的替换、命令替换、算术表达式替换等。最终，这些命令会被转换成可执行的形式，由操作系统执行。

(4) 返回码与退出：每个命令执行完毕后都会返回一个状态码(或称返回码)，用于表示命令是否成功执行。bash 脚本在结束时也会返回一个状态码，这个状态码通常是由脚本中最后一个执行的命令的状态码决定的。如果使用了 exit 命令，则可以人为指定脚本的退出状态码。

8.2.2 Shell 脚本的执行方式

Shell 脚本的执行方式有多种，以下是几种常见的执行方式。

(1) 直接执行。给脚本文件添加执行权限，然后直接在终端中通过相对路径或绝对路径执行脚本。

【例 8.1】有一个名为 hello.sh 的脚本文件，内容如图 8.4 所示。

图 8.4　hello.sh 脚本文件内容

使用 chmod +x hello.sh 命令给脚本添加执行权限，然后在终端执行 ./hello.sh，执行后屏幕上将会输出"Hello, World!"，如图 8.5 所示。

图 8.5　给脚本文件添加权限及执行

(2) 使用 bash 或 sh 命令执行。即使脚本文件没有执行权限，也可以通过在脚本文件名前加上 bash 或 sh 命令来执行脚本，这种方式会使用指定的解释器来执行脚本，如图 8.6 所示。

```
zwz@zwz-virtual-machine:~$ sudo chmod -x hello.sh
zwz@zwz-virtual-machine:~$ bash hello.sh
Hello, World!
zwz@zwz-virtual-machine:~$ sh hello.sh
Hello, World!
zwz@zwz-virtual-machine:~$
```

图 8.6 使用 bash 或 sh 命令执行脚本

(3) 使用 source 命令执行。在当前 Shell 环境中执行脚本，可以使用 source 命令。这种方式会读取脚本中的命令并在当前 Shell 环境中执行它们(如图 8.7 所示)，因此脚本中定义的变量和函数会影响到当前 Shell 环境。

```
zwz@zwz-virtual-machine:~$ sudo chmod -x hello.sh
[sudo] zwz 的密码：
zwz@zwz-virtual-machine:~$ source hello.sh
Hello, World!
zwz@zwz-virtual-machine:~$
```

图 8.7 使用 source 命令执行脚本

(4) 脚本内的执行。在其他脚本或命令中，也可以将需要执行的脚本作为参数传递给 bash 或 sh 等解释器来执行，这种方式在处理复杂脚本或自动化任务时非常有用。

【例 8.2】有另一个名为 run_hello.sh 的脚本文件，内容如图 8.8 所示。

```
                                  zwz@zwz-virtual-machine: ~
GNU nano 6.2                                              run_hello.sh *
#!/bin/bash
bash hello.sh
# 或者
./hello.sh    # 如果hello.sh已经具有执行权限
```

图 8.8 run_hello.sh 脚本文件内容

通过执行 run_hello.sh 脚本来间接执行 hello.sh 脚本，如图 8.9 所示。

```
zwz@zwz-virtual-machine:~$ nano run_hello.sh
zwz@zwz-virtual-machine:~$ bash run_hello.sh
Hello, World!
zwz@zwz-virtual-machine:~$
```

图 8.9 执行 run_hello.sh 脚本

8.3 Shell 变量

Shell 变量是一个非常重要的概念，它是用来存储数据(如文本字符串、数字等)以便在 Shell 脚本或命令行会话中重复使用的对象。通过变量，我们可以编写更加灵活和动态的脚本，减少重复输入，提高脚本的可维护性和可读性。

在 Shell 中，根据用途和定义方式的不同，Shell 脚本变量可以划分为系统预设的特殊变量(或称为内部变量)、操作系统级别的环境变量，以及用户根据需要自行定义的用户自定义变量。

8.3.1 特殊变量

特殊变量在 Shell 脚本中具有特定的含义和用途，它们通常用于表示脚本的执行状态、位置参数、脚本名等信息。这些变量不需要用户显式定义，而是由 Shell 在脚本运行时自动提供。

Shell 常用的特殊变量如表 8.1 所示。

表 8.1 Shell 常用的特殊变量

特殊变量	含义	示例
$0	当前脚本的名称	如果脚本名为 script.sh，则$0 的值为 script.sh
$1 ...	传递给脚本的位置参数，$1 是第一个参数，$2 是第二个参数，以此类推	./script.sh arg1 arg2 中，$1的值为 arg1，$2 的值为 arg2
$#	传递给脚本的位置参数的个数	./script.sh arg1 arg2 arg3 中，$#的值为 3
$*	所有位置参数作为一个整体看待，视为一个字符串	"./script.sh arg1 arg2 arg3"(注意引号内的空格)
$@	所有位置参数，但每个参数都被视为独立的字符串	类似于$*，但在双引号中使用时，$@会保留参数间的分隔符
$?	上一个命令的退出状态(0 表示成功，非 0 表示失败)	echo $?将显示上一个命令的退出状态
$$	当前 Shell 进程的 PID(进程 ID)	在脚本中执行 echo $$，将显示当前 Shell 的 PID

【例 8.3】分析名为 example8_1.sh 的 Shell 脚本，代码如下：

```
#!/bin/bash
echo "Script name: $0"
echo "First argument: $1"
echo "Number of arguments: $#"
echo "All arguments as a single string: $*"
echo "All arguments as separate strings: \"$@\""
echo "Exit status of previous command: $?"
echo "PID of current shell: $$"
```

运行结果如图 8.10 所示。

```
zwz@zwz-virtual-machine:~$ vi example8_1.sh
zwz@zwz-virtual-machine:~$ bash example8_1.sh
Script name: example8_1.sh
First argument:
Number of arguments: 0
All arguments as a single string:
All arguments as separate strings: ""
Exit status of previous command: 0
PID of current shell: 3073
zwz@zwz-virtual-machine:~$
```

图 8.10 特殊变量运行结果

8.3.2 环境变量

环境变量是在操作系统中定义的命名值，它们被操作系统用来配置程序运行的环境。环境变量对系统中运行的任何程序(包括 Shell、命令行工具，以及由这些程序启动的子进程)都是可见的。它们通常用于指定程序运行时的配置信息，如文件路径、系统资源的位置等。

常用的环境变量如表 8.2 所示。

表 8.2　Shell 常用的环境变量

环境变量	含义	示例
PATH	定义了系统在哪些目录中查找可执行的程序	/usr/bin:/bin:/usr/sbin:/sbin
HOME	用户的主目录路径	/home/username
SHELL	当前用户登录时使用的 Shell 类型	/bin/bash
USER/USERNAME	当前登录用户的用户名(具体变量名可能依赖于操作系统)	username
TMPDIR	临时文件目录的路径，程序可以在这个目录下创建临时文件	/tmp
LANG/LC_ALL	定义系统的语言环境，包括字符编码、语言等	en_US.UTF-8
PWD	当前工作目录的完整路径	/home/username/projects
EDITOR	用户默认的文本编辑器，许多程序会使用这个环境变量来调用编辑器	vi 或 nano

【例 8.4】使用 echo 命令输出环境变量，如图 8.11 所示。

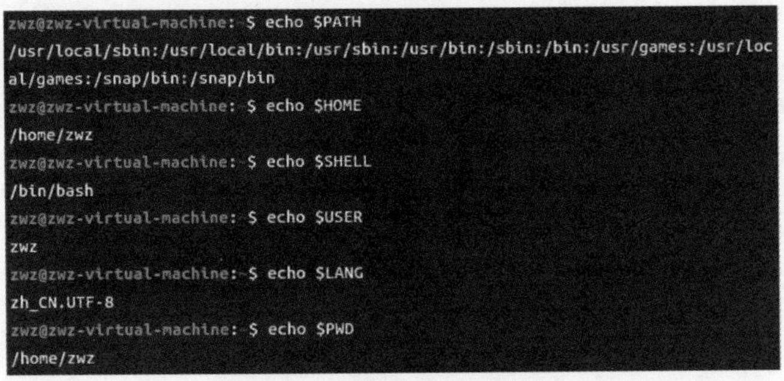

图 8.11　环境变量运行结果

8.3.3 自定义变量

在 Shell 编程中，用户自定义变量是由用户根据需要自行创建的变量，用于存储和引用数据。这些变量可以是字符串、数字或任何有效的 Shell 值。通过定义变量，Shell 脚本可以更加灵活和动态地处理数据，避免在脚本中硬编码数据值。

自定义变量的命名通常遵循以下原则。

(1) 变量名可以由字母(大写或小写)、数字(0~9)和下画线(_)组成。但是，变量名不能以数字开头，必须以字母或下画线开头。

(2) Shell 是大小写敏感的，因此 myVar 和 MYVAR 会被视为两个不同的变量。

(3) 虽然 Shell 的保留字和关键字相对较少，但应避免使用它们作为变量名，以避免潜在的问题。

(4) 变量名应具有描述性，能够清晰地表述变量的用途或存储的数据类型。

(5) 变量名中不能包含空格、标点符号或大多数特殊字符。

【例 8.5】 下面是合法的变量名。

myVar   _leading_underscore   Var2   USER_NAME   studentID   HTTP_PORT

【例 8.6】 下面是不合法的变量名。

1stVar   my var   my-Var   my@Var   if   "myVar" $myVar   PATH

8.4 Shell 的输入/输出

Shell 的输入/输出命令构成了用户与操作系统之间交互的关键工具，其主要职责在于接收用户通过键盘等输入设备提供的数据，并借助输出命令将系统处理的结果以清晰的方式展现给用户。其中，read 命令常被用作接收用户输入的常用手段，而 echo 命令则负责将文本信息或处理结果输出至屏幕，确保用户能够直观地查看。

8.4.1 输入命令 read

在命令行界面中，read 命令主要用于从标准输入(通常是键盘)读取数据，并将读取的数据赋值给变量。这个命令在 Shell 脚本编程中非常有用，但在不同的 Shell 环境中，其具体的语法和可用选项可能有所不同。一般形式为：

```
read variable_name
```

这个命令会等待用户输入一行文本，然后按回车键。用户输入的文本(不包括换行符)会被存储在变量 variable_name 中。

【例 8.7】 有一个名为 example8_2.sh 的 Shell 脚本，代码如下：

```
echo -n "Enter your name: "
read name
echo "Hello, $name!"
```

这个脚本首先打印提示信息 "Enter your name: "，然后等待用户输入名字。用户输入名字后按回车键，输入的名字会被存储在变量 name 中。最后，脚本打印出 "Hello, [用户输入的名字]!"，如图 8.12 所示。

```
zwz@zwz-virtual-machine: $ vi example8_2.sh
zwz@zwz-virtual-machine: $ bash example8_2.sh
Enter your name: TOM
Hello, TOM!
zwz@zwz-virtual-machine: $
```

图 8.12   example8_2.sh 脚本运行结果

【例 8.8】 使用 read 命令一次读取多个值，并将它们分别赋值给多个变量，如图 8.13 所示。

```
zwz@zwz-virtual-machine:~$ read first_name last_name
TOM JACK
zwz@zwz-virtual-machine:~$ echo $first_name
TOM
zwz@zwz-virtual-machine:~$ echo $last_name
JACK
zwz@zwz-virtual-machine:~$
```

图 8.13　read 命令的使用

8.4.2　输出命令 echo

echo 是命令行界面和脚本编程中广泛使用的一个命令，用于在终端或屏幕上显示一行文本或变量的内容。echo 命令的语法在不同的 Shell 和操作系统中通常是相似的，但可能存在细微的差异。一般形式为：

echo [option(s)] [string(s)]

option(s)：echo 命令的可选选项，用于控制输出的格式或行为。

string(s)：要显示在终端或屏幕上的文本或变量。如果没有提供任何字符串，某些版本的 echo 会输出一个空行。

echo 命令的可选选项，主要包括但不限于以下几个。

-n：输出的末尾不自动添加换行符。

-e：解释字符串中的转义字符。例如，\n 会被解释为换行符，\t 会被解释为制表符等。这在进行文本格式化时非常有用。

-E：禁用对转义字符的解释。

--help：显示帮助信息。

--version：显示 echo 命令的版本信息。

【例 8.9】 显示简单的文本，分别使用自动和不自动添加换行符来输出字符"Hello, World!"，如图 8.14 所示。

```
zwz@zwz-virtual-machine:~$ echo Hello, World!
Hello, World!
zwz@zwz-virtual-machine:~$ echo -n Hello, World!
Hello, World!zwz@zwz-virtual-machine:~$
```

图 8.14　使用和不使用-n 的输出

【例 8.10】 显示变量的内容，假设有一个名为 name 的变量，其值为 "TOM"，输出结果如图 8.15 所示。

```
zwz@zwz-virtual-machine:~$ name="TOM"
zwz@zwz-virtual-machine:~$ echo $name
TOM
zwz@zwz-virtual-machine:~$
```

图 8.15　变量内容的输出

【例 8.11】显示多个字符串，使用两种显示方式：一种是将多个字符串分别作为参数传递，另一种是将多个字符串作为一个单独参数传递。输出结果如图 8.16 所示。

在大多数情况下，这两种方式的效果是相同的，都会输出"Hello World! This is a test."后跟一个换行符。但是，如果字符串中包含空格或特殊字符，则将它们作为单独的参数传递通常更安全，因为它避免了参数解析时的潜在问题。

图 8.16　显示多个字符串

8.5　运算符和特殊字符

Shell 的运算符包括算术、关系、布尔、逻辑、字符串和文件测试等多种类型，用于执行数学计算、条件判断、逻辑运算和文件状态检查等；而特殊字符则具有特定的功能和用途，如注释、命令分隔、通配符匹配、输入输出重定向、转义字符等，它们共同构成了 Shell 脚本编写和命令行操作的基础。

8.5.1　运算符

在 Shell 脚本中，特别是 Bash 脚本，运算符的使用相对简单但功能强大。这些运算符用于执行算术运算、条件判断、字符串操作，以及文件测试等任务，在脚本编写中起着至关重要的作用。

1. Shell 运算符分类

(1) 算术运算符：用于执行基本的算术运算，如加、减、乘、除、取模和幂运算。
(2) 关系运算符：用于测试两个值之间的关系，如是否相等、是否大于等。
(3) 布尔运算符：用于组合条件表达式，实现逻辑与、逻辑或、逻辑非等逻辑运算。
(4) 字符串运算符：用于检查字符串的值，如是否相等、长度是否为 0 等。
(5) 文件测试运算符：用于检查文件的各种属性，如是否存在、是否为目录等。

2. Shell 的运算符及优先级

Shell 的运算符及优先级顺序如表 8.3 所示。

表 8.3　Shell 的运算符说明及优先级

优先级(从高到低)	运算符类型	运算符及说明
1	括号	()(用于改变算术运算的顺序)
2	乘除模	*、/、%(乘、除、取模运算)

(续表)

优先级(从高到低)	运算符类型	运算符及说明
3	加减	+、-(加、减运算)
4	幂运算	**(需通过其他方式实现,如$((a**b))
5	逻辑非	!(在算术表达式外作为布尔运算符)
6	逻辑与、逻辑或	&&、||(在条件表达式中,或在[[ ]]中)
-	关系运算符	==、!=、<、>、<=、>=(用于条件判断)
-	字符串运算符	=、!=、-z、-n(用于字符串操作)
-	文件测试运算符	-e、-d、-f、-r、-w、-x 等(用于文件测试)

注意:

(1) Bash 中的幂运算**并非内置支持,但可以通过$((a**b))语法或外部程序来实现。

(2) 在条件表达式中,特别是在[ ]中,可能需要使用-a 和-o 代替&&和\|\|,但现代 Bash 脚本中更推荐使用[[ ]],因为它提供了更丰富的功能和更好的兼容性。

(3) 表格中的优先级主要关注算术运算符,对于非算术运算符(如关系运算符、布尔运算符、字符串运算符和文件测试运算符),它们的优先级通常是通过 Shell 的语法规则和条件判断的逻辑顺序来隐式确定的。

【例 8.12】分析名为 example8_3.sh 的 Shell 脚本,代码如下:

```
#!/bin/bash
num1=10
num2=3
result1=$((num1 + num2))
echo "10 + 3 = $result1"
result2=$((num1 - num2))
echo "10 - 3 = $result2"
result3=$((num1 * num2))
echo "10 * 3 = $result3"
result4=$((num1 / num2))
echo "10 / 3 = $result4"
result5=$((num1 ** num2))
echo "10 ** 3 = $result5"
result6=$((num1 % num2))
echo "10 % 3 = $result6"
```

运行结果如图 8.17 所示。

```
zwz@zwz-virtual-machine:~$ nano example8_3.sh
zwz@zwz-virtual-machine:~$ bash example8_3.sh
10 + 3 = 13
10 - 3 = 7
10 * 3 = 30
10 / 3 = 3
10 ** 3 = 1000
10 % 3 = 1
zwz@zwz-virtual-machine:~$
```

图 8.17 运算符的使用

8.5.2 特殊字符

在 Shell 中,特殊字符扮演着关键角色,用于执行各种操作,如命令控制、文本处理、变量扩展等。下面分别介绍几种常用的特殊字符。

1. 注释符

注释符(#)用于在 Shell 脚本或命令行中添加注释,解释代码的功能或目的。

【例 8.13】有一个名为 example8_4.sh 的 Shell 脚本,代码如下:

```
#!/bin/bash
# 这是一个简单的 Shell 脚本示例
echo "Hello, World!"
```

运行结果如图 8.18 所示。

图 8.18 注释符的使用

2. 命令分隔符

命令分隔符(;)允许在同一行中分隔多个命令,Shell 会按顺序执行这些命令。

【例 8.14】列出当前目录内容,显示当前目录,显示当前日期和时间,如图 8.19 所示。

图 8.19 命令分隔符的使用

3.管道符

管道符(|)将一个命令的输出作为另一个命令的输入。

【例 8.15】列出当前目录下的所有目录,如图 8.20 所示。

图 8.20 管道符的使用

4. 输出重定向符

输出重定向符(>)将命令的输出重定向到文件中，如果文件已存在，则覆盖。

【例 8.16】将字符串写入 hello.txt 文件，如图 8.21 所示。

图 8.21　输出重定向符的使用

5. 追加输出重定向符

追加输出重定向符(>>)将命令的输出追加到文件的末尾，而不是覆盖文件。

【例 8.17】在 hello.txt 文件末尾追加一行，如图 8.22 所示。

图 8.22　追加输出重定向符的使用

6. 通配符

通配符(*)表示匹配零个或多个字符，?表示匹配任意单个字符。

【例 8.18】使用*列出当前目录下所有.sh 文件，使用?列出当前目录下所有单个字符前缀的.sh 文件，如图 8.23 所示。

图 8.23　通配符的使用

7. 单引号

单引号(')内的所有字符都将被视为普通字符，包括特殊字符也会失去其特殊含义。

【例 8.19】输出$HOME，而不是展开为家目录的路径，如图 8.24 所示。

8. 双引号

双引号(")内的字符大部分会被视为普通字符，但特殊字符$、`和\除外。在双引号内，变量替换($variable)和命令替换(`command`)会被执行。

```
zwz@zwz-virtual-machine:~$ echo '$HOME'
$HOME
zwz@zwz-virtual-machine:~$
```

图 8.24　单引号的使用

【例 8.20】输出 Hello, World!，$name 被替换为变量的值，如图 8.25 所示。

```
zwz@zwz-virtual-machine:~$ name="World"
zwz@zwz-virtual-machine:~$ echo "Hello, $name!"
Hello, World!
zwz@zwz-virtual-machine:~$
```

图 8.25　双引号的使用

9. 反引号

反引号(`)用于命令替换，Shell 会先执行反引号内的命令，并将其输出替换到当前位置。需要注意的是，现代 Shell 脚本中更推荐使用$()语法，反引号已经逐渐被$()语法所取代，因为$()更加易于嵌套和阅读。

【例 8.21】输出今天的日期，如图 8.26 所示。

```
zwz@zwz-virtual-machine:~$ today1=`date`
zwz@zwz-virtual-machine:~$ echo "Today's date is $today1"
Today's date is 2024年 08月 08日 星期四 13:43:51 CST
zwz@zwz-virtual-machine:~$ today2=$(date)
zwz@zwz-virtual-machine:~$ echo "Today's date is $today2"
Today's date is 2024年 08月 08日 星期四 13:44:26 CST
zwz@zwz-virtual-machine:~$
```

图 8.26　反引号的使用

10. 转义字符

转义字符(\)用于取消紧跟其后的字符的特殊含义。

【例 8.22】输出包含$HOME 的字符串，而不是展开为家目录，如图 8.27 所示。

```
zwz@zwz-virtual-machine:~$ echo "文件名为 \$HOME"
文件名为 $HOME
zwz@zwz-virtual-machine:~$
```

图 8.27　转义字符的使用

8.6　分支结构

　　Shell 的分支结构是 Shell 编程中的一个重要部分，if 语句和 case 语句是两种常用的分支控制结构，它们允许脚本根据不同的条件执行不同的代码块。

8.6.1 if 语句

if 语句的结构主要包括单分支结构、双分支结构,以及多分支结构(也称为嵌套 if 语句)。

1. 单分支结构

单分支结构是最简单的分支结构,其语法格式如下:

```
if [ 条件表达式 ]
then
     命令序列
fi
```

或者,为了节省空间,可以使用分号代替换行:

```
if [ 条件表达式 ]; then 命令序列; fi
```

【例 8.23】有一个名为 example8_5.sh 的 Shell 脚本,使用 if 单分支结构判断变量值,代码为:

```
#!/bin/bash
number=10
if [ $number -eq 10 ]
then
     echo "变量 number 的值等于 10"
fi
```

例 8.23 中定义了变量 number,并将其值设置为 10,然后使用 if 语句和条件表达式 [$number -eq 10] 来检查 number 变量的值是否等于 10。-eq 是数值比较操作符,用于判断两边的数值是否相等。运行结果如图 8.28 所示。

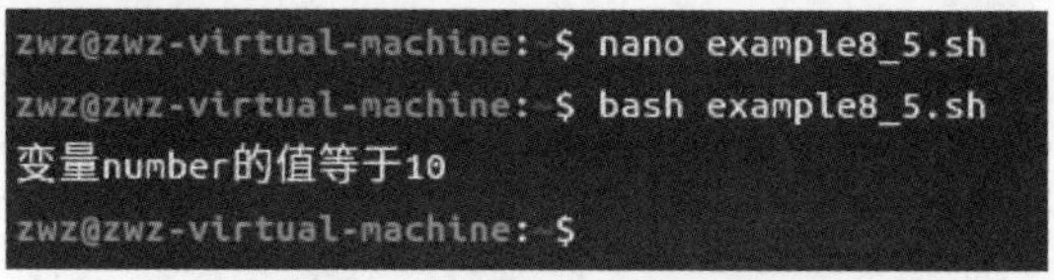

```
zwz@zwz-virtual-machine: $ nano example8_5.sh
zwz@zwz-virtual-machine: $ bash example8_5.sh
变量number的值等于10
zwz@zwz-virtual-machine: $
```

图 8.28 单分支结构运行结果

2. 双分支结构

双分支结构在单分支结构的基础上增加了一个 else 部分,用于在条件不满足时执行另一组命令。其语法格式为:

```
if [ 条件表达式 ]
then
     命令序列 1
else
     命令序列 2
fi
```

【例 8.24】有一个名为 example8_6.sh 的 Shell 脚本,使用 if 双分支结构判断变量值,代码为:

```
#!/bin/bash
number=5
if [ $number -eq 10 ]
then
     echo "变量 number 的值等于 10"
else
     echo "变量 number 的值不等于 10"
fi
```

运行结果如图 8.29 所示。

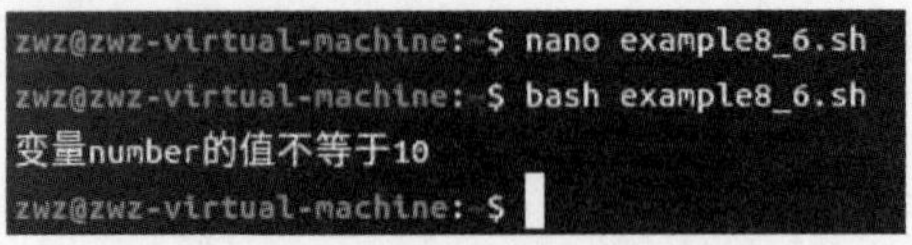

图 8.29　双分支结构运行结果

3. 多分支结构

多分支结构也称为嵌套 if 语句，允许根据多个条件执行不同的代码块。它使用 elif(即"else if"的缩写)来添加额外的条件判断。其语法格式为：

```
if [ 条件表达式 1 ]
then
     命令序列 1
elif [ 条件表达式 2 ]
then
     命令序列 2
...
elif [ 条件表达式 N ]
then
     命令序列 N
else
     默认命令序列
fi
```

【例 8.25】有一个名为 example8_7.sh 的 Shell 脚本，使用 if 多分支结构判断分数，代码为：

```
#!/bin/bash
score=85
if [ $score -ge 90 ]; then
     echo "优秀"
elif [ $score -ge 80 ]; then
     echo "良好"
elif [ $score -ge 60 ]; then
     echo "及格"
else
     echo "不及格"
fi
```

例 8.25 中定义了一个变量 score，并将其值设置为 85，然后使用 if 语句和多个 elif 部分来检查 score 变量的值，并根据其值打印出不同的评估结果。运行结果如图 8.30 所示。

```
zwz@zwz-virtual-machine:~$ nano example8_7.sh
zwz@zwz-virtual-machine:~$ bash example8_7.sh
良好
zwz@zwz-virtual-machine:~$
```

图 8.30　多分支结构运行结果

8.6.2　case 语句

case 语句提供了一种多路分支结构，它允许脚本根据变量的值选择多个代码块中的一个来执行。这种结构在处理多个选项或模式匹配时非常有用。其语法格式为：

```
case 变量 in
    模式 1)
        命令序列 1
        ;;
    模式 2)
        命令序列 2
        ;;
    ...
    *)
        默认命令序列
        ;;
esac
```

注意：

(1) 每个模式后面的)和紧随其后的命令序列之间的空格是必需的。

(2) 每个命令序列的末尾需要有两个分号(;;)来表示该序列的结束。

(3) *模式是一个通配符，它匹配任何值，通常用作默认情况或"未找到匹配项时执行"的代码块。

【例 8.26】有一个名为 example8_8.sh 的 Shell 脚本，使用 case 语句根据用户输入的天气情况来给出相应的建议，代码为：

```
#!/bin/bash
echo -n "请输入天气情况(sunny, rainy, cloudy, snowy): "
read weather
case $weather in
    sunny)
        echo "天气真好，适合外出散步或进行户外活动！"
        ;;
    rainy)
        echo "下雨了，记得带伞，也可以在家里看看书或者电影。"
        ;;
    cloudy)
        echo "多云天气，外出时可能需要带上外套以防变凉。"
        ;;
    snowy)
        echo "下雪了，可以堆雪人或者享受滑雪的乐趣，但记得保暖哦！"
        ;;
    *)
        echo "不认识的天气情况，请输入 sunny, rainy, cloudy, 或 snowy 之一。"
```

```
    ;;
esac
```

脚本首先提示用户输入天气情况(sunny, rainy, cloudy, snowy 中的一个)，然后使用 case 语句来检查用户输入的值，并根据该值给出相应的建议。如果用户的输入不是这四个选项中的任何一个，则执行*(默认)模式，并提示用户输入有效的天气情况。运行结果如图 8.31 所示。

图 8.31　case 语句运行结果

8.7　循环结构

循环结构是编程中用于重复执行一系列命令直到满足特定条件的结构，主要包括 for 循环、while 循环，以及 until 循环。这些循环种类为 Shell 脚本提供了强大的迭代能力，使得处理重复任务和数据集合变得更加高效和灵活。

8.7.1　for 循环

for 循环是一种非常强大的迭代结构，用于重复执行一系列命令，直到列表中的每个元素都被处理完毕，或者达到了指定的迭代次数。for 循环的语法可以根据需要遍历的内容而有所不同，但基本结构相似。其语法格式为：

```
for 变量 in 列表
do
    命令序列 1
    命令序列 2
    ...
done
```

【例 8.27】有一个名为 example8_9.sh 的 Shell 脚本，使用 C 风格的 for 循环，从 1 遍历到 5，每次迭代时 i 的值都会增加 1，代码为：

```
#!/bin/bash
for (( i=1; i<=5; i++ ))
do
    echo "Number $i"
done
```

运行结果如图 8.32 所示。

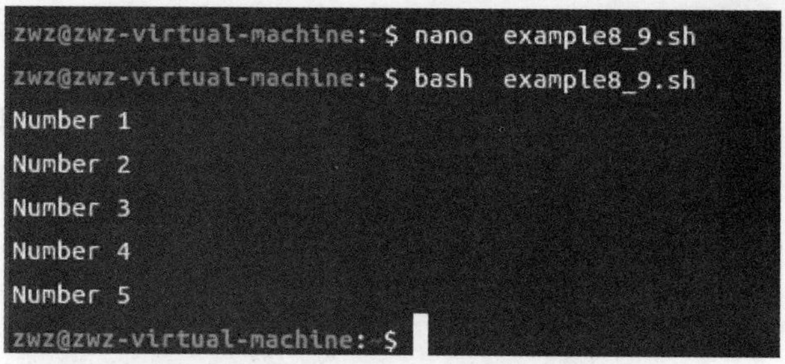

图 8.32　C 风格的 for 循环运行结果

【例 8.28】有另一个名为 example8_10.sh 的 Shell 脚本，使用 seq 命令生成一个从 1 到 5 的数字序列，然后用 for 循环遍历这个序列，代码为：

```bash
#!/bin/bash
for i in $(seq 1 5)
do
    echo "Number $i"
done
```

运行结果如图 8.33 所示。

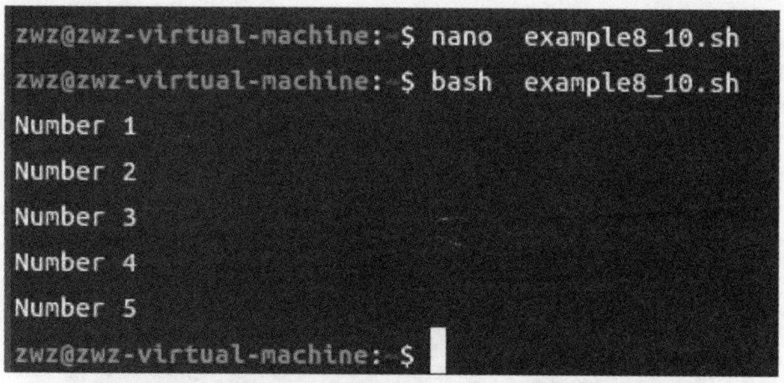

图 8.33　使用 seq 命令的 for 循环运行结果

【例 8.29】有一个名为 example8_11.sh 的 Shell 脚本，将遍历列表中的每个水果名称，并输出相应的信息，代码为：

```bash
#!/bin/bash
for fruit in apple banana cherry
do
    echo "I like $fruit"
done
```

运行结果如图 8.34 所示。

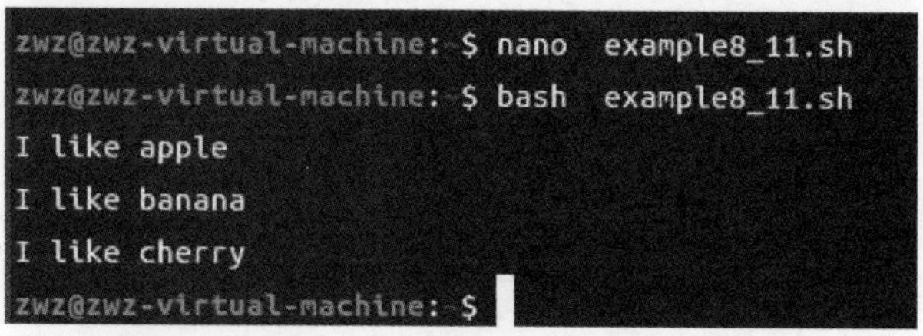

图 8.34　遍历字符串列表的 for 循环运行结果

8.7.2 while 循环

while 循环是 Shell 脚本编程中常用的一种循环控制结构，它允许基于条件表达式的结果重复执行一系列命令。当条件表达式的结果为真(即返回值非 0)时，循环体内的命令将被执行；当条件表达式的结果为假(即返回值为 0)时，循环终止。其语法格式为：

```
while [ 条件表达式 ]
do
     命令序列
done
```

【例 8.30】有一个名为 example8_12.sh 的 Shell 脚本，将使用 while 循环输出数字 1 到 5，代码为：

```
#!/bin/bash
counter=1
while [ $counter -le 5 ]
do
   echo "The counter is $counter"
   ((counter++))
done
```

例 8.30 中，counter 初始化为 1，while 循环检查 counter 是否小于或等于 5。如果是，就打印当前的 counter 值，并将 counter 增加 1。当 counter 大于 5 时，循环结束。运行结果如图 8.35 所示。

```
zwz@zwz-virtual-machine: $ nano    example8_12.sh
zwz@zwz-virtual-machine: $ bash    example8_12.sh
The counter is 1
The counter is 2
The counter is 3
The counter is 4
The counter is 5
zwz@zwz-virtual-machine:~$
```

图 8.35 while 循环运行结果

8.7.3 until 循环

until 循环是 Shell 脚本编程中的一种循环控制结构，它与 while 循环相反。在 until 循环中，循环体会一直执行，直到给定的条件为真(返回值为 0)时停止。换句话说，只要条件为假(返回值为非 0)，循环就会继续执行。其语法格式为：

```
until [ 条件表达式 ]
do
     命令序列
done
```

【例 8.31】有一个名为 example8_13.sh 的 Shell 脚本，将使用 until 循环从 0 开始计数，直到计数器的值达到 5 时停止，代码为：

```
#!/bin/bash
counter=0
echo "开始计数，直到 5 为止："
until [ $counter -eq 5 ]
do
    echo "当前计数：$counter"
    ((counter++))
done
echo "计数结束，计数器值为 5。"
```

在例 8.31 中，初始化了变量 counter，并将其设置为 0，然后使用 until 循环来重复执行循环体内的命令，直到 counter 的值等于 5。在循环体内，首先打印出当前的 counter 值，然后使用 ((counter++)) 来增加 counter 的值。运行结果如图 8.36 所示。

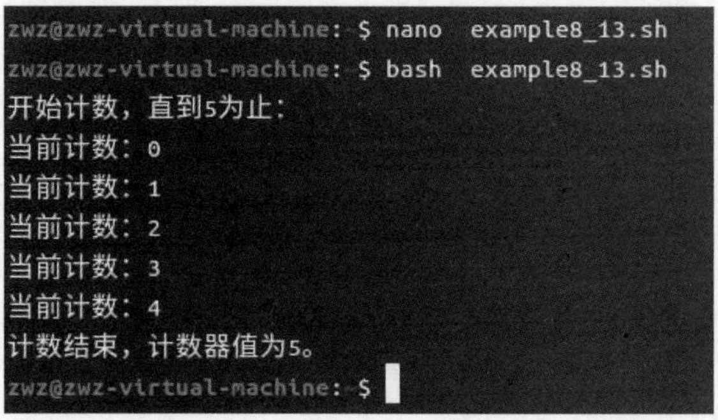

图 8.36 until 循环运行结果

8.7.4 break 语句

break 语句用于立即退出循环，无论是 for 循环、while 循环还是 until 循环。当执行到 break 语句时，循环会被中断，并且控制流会跳转到循环之后的下一条命令。

在循环体中，可以根据需要放置一个或多个 break 语句。默认情况下，break 会退出最近的循环。但是，在某些 Shell 中，可以通过给 break 提供一个数字参数来指定退出更外层的嵌套循环的层数。

【例 8.32】有一个名为 example8_14.sh 的 Shell 脚本，将使用 break 语句在 for 循环中提前退出，代码为：

```
#!/bin/bash
for i in {1..5}
do
    if [ $i -eq 3 ]; then
        echo "当 i 等于 3 时，退出循环。"
        break
    fi
    echo "i 的值是：$i"
done
echo "循环结束。"
```

在例 8.32 中，for 循环会从 1 迭代到 5。但是，当 i 的值等于 3 时，if 语句的条件为真，

break 语句被执行，导致循环立即退出，并打印出“循环结束。”。因此不会看到 i 等于 4 或 5 时的输出。运行结果如图 8.37 所示。

```
zwz@zwz-virtual-machine: $ nano  example8_14.sh
zwz@zwz-virtual-machine: $ bash  example8_14.sh
i的值是: 1
i的值是: 2
当i等于3时，退出循环。
循环结束。
zwz@zwz-virtual-machine: $
```

图 8.37　break 语句在 for 循环中的使用

【例 8.33】有另一个名为 example8_15.sh 的 Shell 脚本，将在 while 循环中使用 break 语句，代码为：

```
#!/bin/bash
counter=0
while true
do
    if [ $counter -eq 3 ]; then
        echo "当计数器值达到 3 时，退出循环。"
        break
    fi
    echo "计数器的值是：$counter"
    ((counter++))
done
echo "循环结束。"
```

在例 8.33 中，使用了 while true 来创建一个无限循环(因为条件 true 总是为真)。但是，当 counter 的值达到 3 时，break 语句被执行，循环被中断，并打印出“循环结束。”。例 8.33 中没有显式地提供一个退出循环的条件给 while 循环，而是依靠 break 语句来实现退出。运行结果如图 8.38 所示。

```
zwz@zwz-virtual-machine: $ nano  example8_15.sh
zwz@zwz-virtual-machine: $ bash  example8_15.sh
计数器的值是: 0
计数器的值是: 1
计数器的值是: 2
当计数器达到3时，退出循环。
循环结束。
zwz@zwz-virtual-machine: $
```

图 8.38　break 语句在 while 循环中的使用

8.7.5　continue 语句

continue 语句用于跳过当前循环迭代中剩余的代码，并立即开始下一次迭代。当执行到 continue 语句时，循环体中 continue 之后的任何命令都不会被执行，控制流会直接跳回到循环的顶部，并检查循环条件以决定是否继续下一次迭代。

continue 语句可以出现在任何循环(for、while、until)的循环体中。它不需要任何参数，因为它总是作用于最近的循环。

【例 8.34】有一个名为 example8_16.sh 的 Shell 脚本，将使用 continue 语句在 for 循环中跳过特定迭代，代码为：

```
#!/bin/bash
echo "打印 1 到 5 之间的偶数："
for i in {1..5}
do
    if [ $((i % 2)) -eq 1 ]; then
        continue
    fi
    echo "i 的值是：$i"
done
```

例 8.34 中，for 循环会遍历从 1 到 5 的数字。但是，对于每个数字，都会检查它是否是奇数。如果是奇数，continue 语句就会被执行，导致循环体中的 echo 命令被跳过，控制流直接回到循环的顶部，并继续下一次迭代。因此，只有偶数(2、4)会被打印出来。运行结果如图 8.39 所示。

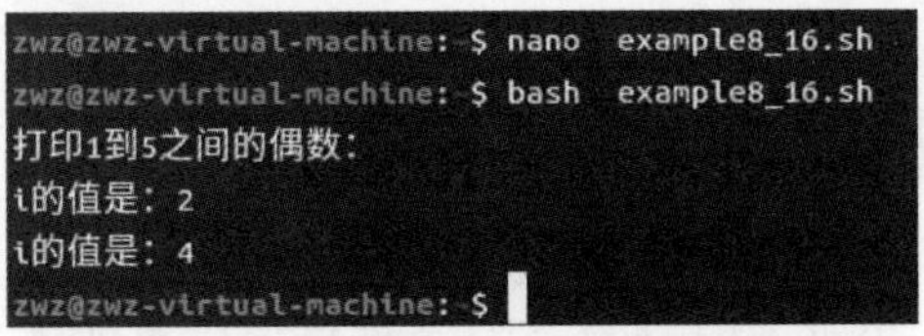

图 8.39 continue 语句在 for 循环中的使用

【例 8.35】有另一个名为 example8_17.sh 的 Shell 脚本，将使用 continue 语句在 while 循环中跳过特定迭代，代码为：

```
#!/bin/bash
counter=0
while [ $counter -lt 10 ]
do
    ((counter++))
    if [ $((counter % 2)) -eq 0 ]; then
        continue
    fi
    echo "计数器的奇数值是：$counter"
Done
```

例 8.35 中，while 循环会一直执行，直到 counter 的值达到 10。但是，对于每个 counter 的值，都会检查它是否是偶数。如果是偶数，continue 语句就会被执行，导致循环体的 echo 命令被跳过，只打印出奇数的值。因此，输出将是计数器从 1 到 9 的奇数值。运行结果如图 8.40 所示。

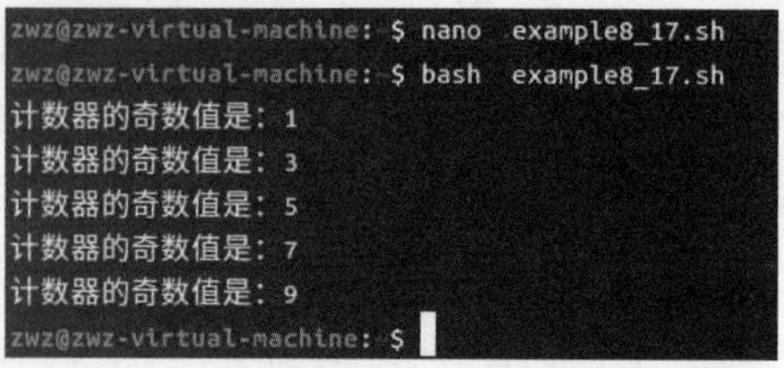

图 8.40　continue 语句在 while 循环中的使用

8.8　函数

Shell 函数是 Shell 脚本编程中的一个重要概念，它允许将一系列命令封装成一个独立的代码块，并给它一个名字。这样就可以在脚本的多个地方通过调用这个名字的代码块来执行这些命令，而无须重复编写相同的代码。

函数定义格式如下：

```
function 函数名()
{
    命令序列
}
```

一旦定义了函数，就可以在脚本中的任何位置通过简单地输入函数名和一对括号(可能包含参数)来调用它：

```
function 函数名 [参数1 参数2 ...]
```

【例 8.36】有一个名为 example8_18.sh 的 Shell 脚本，将展示如何定义和调用一个函数，代码为：

```
#!/bin/bash
greet() {
  echo "Hello, $1!"
}
greet "World"
greet "Ubuntu"
```

例 8.36 中，greet 函数通过$1 接受一个参数，并使用 echo 命令打印一条包含该参数的问候语，然后在脚本中两次调用这个函数，分别传入 World 和 Ubuntu 作为参数。运行结果如图 8.41 所示。

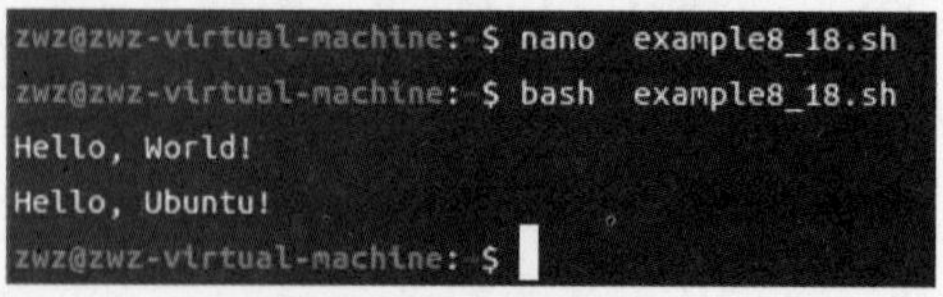

图 8.41　函数的使用

函数可以通过 return 语句返回一个退出状态码(一个介于 0 和 255 之间的整数)，其中 0 通常表示成功，非 0 值表示发生了某种错误或异常情况。但是，请注意，函数也可以像命令一样通过其输出返回数据给调用者。这通常是通过在函数体中使用 echo、printf 等命令来实现的。

注意事项：

(1) 函数名在 Shell 脚本中必须是唯一的。

(2) 函数体中的变量默认是全局的，但可以在函数内部使用 local 关键字来声明局部变量，这些变量仅在函数内部可见。

(3) 函数的返回值和函数的输出是两个不同的概念。返回值通常用于表示函数执行的成功或失败状态，而输出则用于传递数据给调用者。

8.9 数组

Shell 支持数组这一数据结构，允许存储一系列的元素(值)。这些元素可以是数字、字符串或其他 Shell 可以识别的数据类型。Bash 数组提供了一种灵活的方式来管理和操作一组相关的值。

8.9.1 数组的定义

定义数组是使用数组的第一步，它指定了数组的名称和初始元素。Bash 中数组的定义可以通过两种主要方式完成。

1. 一次性定义多个元素

这是定义数组时最常用的方法。可以将多个元素放在括号中，用空格分隔，然后将它们赋值给数组变量。定义数组的一般形式为：

```
array_name=(element1 element2 element3 ...)
```

array_name 是数组的名称，element1、element2、element3 等是数组的元素。数组的索引从 0 开始，所以 element1 的索引是 0，element2 的索引是 1，以此类推。

2. 逐个定义元素

这种方式逐个为数组的元素赋值，可以跳过某些索引，但跳过的索引不会被视为数组的一部分，因此可以更灵活地控制数组的索引。

```
array_name[0]=element1
array_name[1]=element2
array_name[2]=element3
```

8.9.2 数组的访问

数组访问是数组操作中的一个基本部分，它允许读取或修改数组中的特定值。访问数组的一般形式为：

${array_name[index]}

其中，array_name 是数组的名称，index 是想要访问的元素的索引(位置)。数组的索引从 0 开始。

(1) 要读取数组中的元素，只需使用上述语法并将其放在 echo 命令或其他任何需要该元素值的地方。

(2) 要修改数组中的元素，可以将新的值赋给${array_name[index]}。

【例 8.37】有一个名为 example8_19.sh 的 Shell 脚本，将展示如何访问数组元素，代码为：

```bash
#!/bin/bash
fruits=("apple" "banana" "cherry")
# 访问并打印第一个元素(索引为 0)
echo "The first fruit is: ${fruits[0]}"
# 访问并打印第三个元素(索引为 2)
echo "The third fruit is: ${fruits[2]}"
# 修改第二个元素(索引为 1)为'orange'
fruits[1]="orange"
# 访问并打印修改后的第二个元素
echo "The second fruit after modification is: ${fruits[1]}"
# 尝试访问不存在的索引(将打印空行)
echo "The element at index 3 (if it exists) is: ${fruits[3]}"
# 注意：这实际上会打印一个空行，因为索引 3 不存在于数组中。
# 遍历数组并打印所有元素
echo "All fruits in the array after modification:"
for fruit in "${fruits[@]}"
do
    echo $fruit
done
```

运行结果如图 8.42 所示。

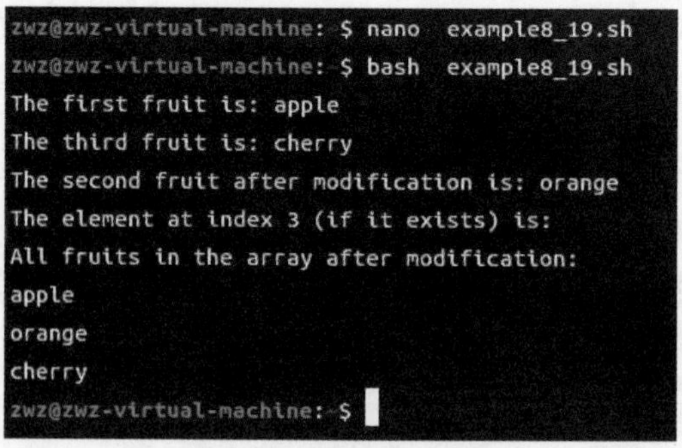

图 8.42 数组的访问

8.9.3 数组的长度

在 Bash 中，可以使用多种方式获取数组的长度，但最常用的是${#array_name[@]}或

${#array_name[*]}，这两种方式都可以正确地返回数组中元素的数量。

【例 8.38】有一个名为 example8_20.sh 的 Shell 脚本，将打印出数组的每个元素及其长度，代码为：

```
#!/bin/bash
my_array=(apple banana cherry)
# 遍历数组并打印每个元素
for element in "${my_array[@]}"; do
    echo "Element: $element"
done
# 获取并打印数组长度
echo "The length of the array is: ${#my_array[@]}"
```

运行结果如图 8.43 所示。

图 8.43　数组长度的获取

8.10　小结

本章深入探讨了 Shell 的基础知识，包括其作为命令解释器的角色、脚本的执行方式、变量的定义与引用、输入输出的重定向与管道、运算符与特殊字符的应用、分支结构与循环结构的控制流程、函数的使用以提高代码复用性，以及数组的引入以处理批量数据等。这些内容为用户打开了 Shell 编程的大门，使他们能够编写出高效、灵活的脚本来满足各种自动化和管理需求。

8.11　实验

1. 计算两个数的和。

要求：编写一个 Shell 脚本，接收两个数作为输入参数，计算并打印它们的和。

2. 循环打印数字。

要求：编写一个 Shell 脚本，使用 for 循环打印从 1 到 10 的数。

3. 文件列表与过滤。

要求：编写一个 Shell 脚本，该脚本接收一个目录路径作为参数。脚本需要完成以下任务。

(1) 检查参数：确保用户提供了一个有效的目录路径。

(2) 列出文件：列出给定目录下(不包括子目录)的所有文件，但只显示以.txt 结尾的文件。

(3) 文件计数：计算并打印出找到的.txt 文件的数量。

4. 文件内容替换与备份。

要求：编写一个 Shell 脚本，该脚本接收三个参数，分别为源文件路径、目标文件路径和要替换的文本。脚本需要完成以下任务。

(1) 检查参数：确保用户提供了所有必要的参数。

(2) 备份源文件：在替换文本之前，将源文件复制到一个备份文件中，备份文件的命名规则为在源文件名后添加.bak 扩展名。

(3) 替换文本：在目标文件(如果源文件和目标文件不同，则目标文件可能是另一个文件；如果相同，则直接在源文件上操作)中查找所有与第三个参数匹配的文本，并将其替换为空(即删除这些文本)。

(4) 处理特殊情况：如果源文件和目标文件是同一个文件，请确保替换操作不会破坏文件或导致无限循环。

8.12 习题

1. 填空题

(1) 在 Ubuntu 中，最常用的 Shell 是 Bash，其全名是_____。

(2) 编写 Shell 脚本时，第一行通常用来指定解释器，这行代码通常是_____，它告诉系统使用哪个解释器来执行脚本。

(3) 在 Shell 脚本中，读取用户输入命令的是_____。

(4) 在 Shell 脚本中，_____命令用于输出文本或变量的值。

(5) 条件判断通常使用_____语句。

2. 判断题

(1) Bash 是 Ubuntu 中默认的 Shell。 (   )

(2) Shell 脚本的第一行必须是#!/bin/bash。 (   )

(3) 在 Shell 脚本中，函数名后的括号内可以包含参数。 (   )

(4) if 语句在 Shell 脚本中只能用于判断数字大小。 (   )

(5) Shell 脚本中的 for 循环只能遍历数字序列。 (   )

3. 单项选择题

(1) 定义函数时不包含以下(　　)部分。
　　A. 函数名　　　　　　B. 返回值　　　　　　C. 函数体　　　　D. 参数列表(可选)

(2) 表示当前脚本文件名的变量是(　　)。
　　A. 0　　　　　　　　B. 1　　　　　　　　C. #　　　　　　　D. ?

(3) 循环遍历数字序列时，通常使用(　　)循环结构。
　　A. for　　　　　　　B. while　　　　　　C. until　　　　　D. select

(4) 使用 if 语句进行条件判断时，条件表达式通常放在(　　)符号之间。
　　A. [和]　　　　　　B. { 和 }　　　　　　C. (和)　　　　　D. " 和 "

(5) Linux 使用(　　)表示注释。
　　A. //　　　　　　　　B. #　　　　　　　　C. /* */　　　　　D. //* *//

4. 简答题

(1) 简述 Shell 脚本在 Ubuntu 系统中的作用及其重要性。
(2) Shell 脚本的基本结构是怎样的？
(3) 如何编写并执行一个简单的 Shell 脚本？

第9章 服务器配置

本章不仅涵盖了基础的网络配置，如 IP 地址设定、子网划分及 DNS 解析，还深入到了高级的文件共享服务，如 Samba 和 NFS 服务器的部署与管理。通过这些实践，学习者不仅能够深入理解 Linux 网络架构的运作原理，还能掌握跨平台文件共享的实现方式，提升系统间协同工作的效率。通过实践这些技术，学习者将学会如何以严谨的态度和规范的操作来保障网络安全与稳定，如何在团队中有效沟通与协作、共同推动技术发展和社会进步，从而在实现个人技术成长的同时，也为国家的信息化建设贡献自己的力量。

本章学习目标

◎ 掌握 Ubuntu 网络管理工具的使用。
◎ 掌握 Samba、NFS 服务器的安装和配置。

09 服务器配置

本章思维导图

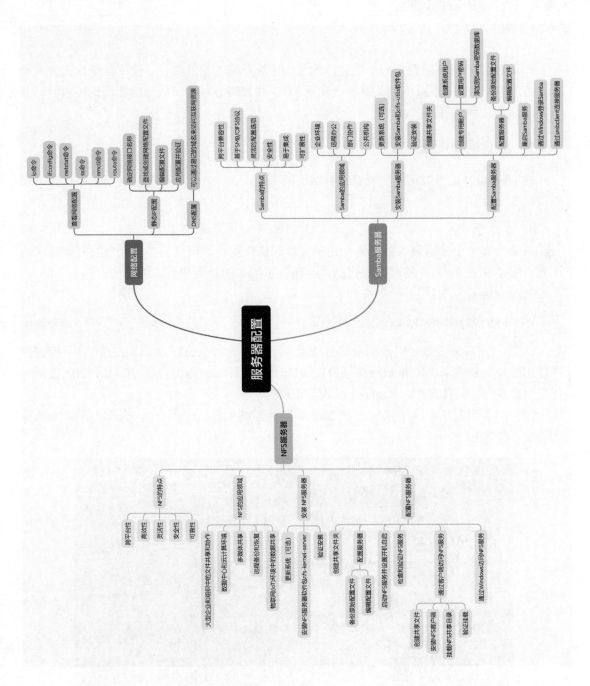

9.1 网络配置

Ubuntu 中的网络配置是一个综合性的过程,涉及编辑配置文件、使用命令行工具来设置静态或动态 IP、配置 DNS 服务器及设置 SSID 和密码等,确保系统能够顺畅接入网络并与其他设备有效通信。

9.1.1 查看网络配置

在 Ubuntu 中,查看网络配置有多种常用的方法,这些方法主要包括使用命令行工具和查看配置文件。

1. ip 命令

ip 命令是一个非常强大的工具,用于显示和操作路由、网络设备、接口及隧道等网络配置。它是 ifconfig 命令的现代替代品,并提供了更多的功能和更详细的输出信息。

其命令格式为:

ip [OPTIONS] OBJECT { COMMAND | help }

其中,OPTIONS 表示可选的命令行选项,用于修改命令的行为。OBJECT 表示指定要操作的网络对象类型,如 link(网络接口)、addr(地址)、route(路由)等。COMMAND 表示对指定对象执行的具体命令,如 show、add、del 等。

【例 9.1】查看所有网络接口的 IP 地址和其他详细信息,使用命令 ip addr show 或简写为 ip a,如图 9.1 所示。

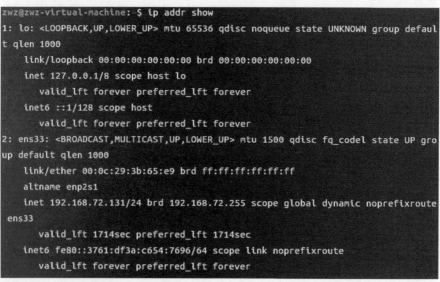

图 9.1 查看所有网络接口的 IP 地址和详细信息

【例 9.2】查看所有路由表项，使用命令 ip route show 或简写为 ip r，如图 9.2 所示。

```
zwz@zwz-virtual-machine:~$ ip route show
default via 192.168.72.2 dev ens33 proto dhcp metric 100
169.254.0.0/16 dev ens33 scope link metric 1000
192.168.72.0/24 dev ens33 proto kernel scope link src 192.168.72.131 metric 100
zwz@zwz-virtual-machine:~$
```

图 9.2 查看路由表信息

2. ifconfig 命令

ifconfig 命令用于显示或配置网络接口的参数，如 IP 地址、子网掩码、广播地址等。尽管它主要用于配置网络接口，但最常用于查看网络接口的状态和配置信息。在较新版本的 Ubuntu 发行版中，它可能已经被 ip 命令所取代，但在许多 Linux 发行版和旧版本的 Ubuntu 中仍然可用，并且对于熟悉它的用户来说，它仍然是一个方便的工具。

其命令格式为：

ifconfig [interface] [options] [address_family_options]

(1) interface 表示指定要配置的网络接口的名称，如 eth0、wlan0 或 lo(回环接口)。如果不指定接口，ifconfig 将显示所有已激活接口的信息。

(2) options 表示用于修改接口行为的选项。这些选项可以包括启用或禁用接口(使用 up 或 down)、设置 MTU(最大传输单元)大小等。

(3) address_family_options 表示这些选项特定于地址族(如 IPv4 或 IPv6)，并允许设置或修改接口的 IP 地址、子网掩码、广播地址等。

使用 ifconfig 命令的时候需要安装 net-tools 包。

【例 9.3】查看特定网络接口的配置，如图 9.3 所示。

```
zwz@zwz-virtual-machine:~$ ifconfig ens33
ens33: flags=4163<UP,BROADCAST,RUNNING,MULTICAST>  mtu 1500
        inet 192.168.72.131  netmask 255.255.255.0  broadcast 192.168.72.255
        inet6 fe80::3761:df3a:c654:7696  prefixlen 64  scopeid 0x20<link>
        ether 00:0c:29:3b:65:e9  txqueuelen 1000  (以太网)
        RX packets 2785  bytes 1103363 (1.1 MB)
        RX errors 0  dropped 0  overruns 0  frame 0
        TX packets 434  bytes 62984 (62.9 KB)
        TX errors 0  dropped 0  overruns 0  carrier 0  collisions 0

zwz@zwz-virtual-machine:~$ ifconfig eth0
eth0: 获取接口信息时发生错误: Device not found
zwz@zwz-virtual-machine:~$
```

图 9.3 查看特定网络接口的配置

图中会显示名为 ens33 的网络接口的信息。由于 eth0 不存在或未激活，所以不会显示相关信息。

3. netstat 命令

netstat 命令用于显示网络状态信息，包括网络连接、路由表、接口统计等。需要注意的是，如果要使用 netstat 命令，同样需要先安装 net-tools。

其命令格式为：

netstat [options]

netstat 命令常用的各选项的作用如表 9.1 所示。

表 9.1 netstat 命令各选项的作用

选项	作用
-a 或 --all	显示所有连接和监听端口
-A <网络类型>	列出指定网络类型(如 inet、inet6、unix、ipx、ax25、netrom、rose 等)的连线中的相关地址
-c 或 --continuous	持续列出网络状态，类似于 watch 命令的效果
-e 或 --extend	显示网络其他相关信息，如 Ethernet 统计信息等
-i 或 --interfaces	显示网络接口信息，类似于 ifconfig 命令的输出
-l 或 --listening	显示监控中的服务器的 Socket，即处于监听状态的端口
-n 或 --numeric	直接使用 IP 地址，而不通过域名服务器进行解析
-p 或 --programs	显示正在使用 Socket 的程序识别码和程序名称，需要 root 权限
-r 或 --route	显示路由表信息，类似于 route -n 命令的输出
-s 或 --statistics	显示网络工作信息统计表，如 TCP、UDP 等协议的统计信息
-t 或 --tcp	仅显示 TCP 传输协议的连线状况
-u 或 --udp	仅显示 UDP 传输协议的连线状况
-v 或 --verbose	显示指令执行过程
-V 或 --version	显示版本信息
-w 或 --raw	显示 RAW 传输协议的连线状况
-x 或 --unix	此参数的效果和指定-A unix 参数相同，显示 UNIX 域协议的连接状态

【例 9.4】查看所有连接和监听端口，如图 9.4 所示。

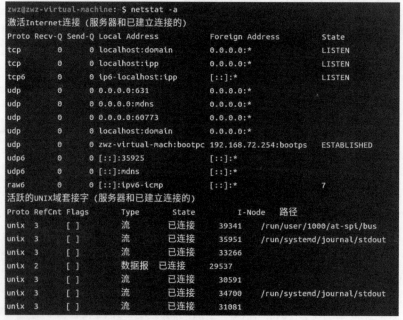

图 9.4 查看所有连接和监听端口

【例 9.5】查看处于监听状态的 TCP 端口，如图 9.5 所示。

```
zwz@zwz-virtual-machine:$ netstat -ltn
激活Internet连接 (仅服务器)
Proto Recv-Q Send-Q Local Address        Foreign Address      State
tcp        0      0 127.0.0.53:53        0.0.0.0:*            LISTEN
tcp        0      0 127.0.0.1:631        0.0.0.0:*            LISTEN
tcp6       0      0 ::1:631              :::*                 LISTEN
zwz@zwz-virtual-machine:$
```

图 9.5 查看处于监听状态的 TCP 端口

例 9.5 中，使用-l 选项仅显示处于监听状态的套接字，-t 选项指定 TCP 协议，-n 选项直接显示 IP 地址和端口号，不进行域名解析。

4. ss 命令

ss 命令是一个用于调查套接字的实用工具，它可以显示类似于 netstat 命令提供的信息，但更快、更详细。ss 是 socket statistics 或 sync statistics 的缩写，能够显示 TCP、UDP 和 UNIX 套接字的各种信息，如打开的连接、侦听端口等。在 Ubuntu 和其他 Linux 发行版中，ss 命令已经成为标准网络诊断工具之一。

其命令格式为：

ss [options] [filters]

options 用于修改命令的输出或行为，filters 允许指定想要查看的特定套接字。

ss 命令常用的各选项的作用如表 9.2 所示。

表 9.2 ss 命令各选项的作用

选项	作用
-t	仅显示 TCP 套接字信息
-u	仅显示 UDP 套接字信息
-n	以数字格式显示地址和端口，避免解析服务名为主机名，加快查询速度
-l	仅显示处于监听状态的套接字
-a	显示所有套接字信息，包括处于监听状态和非监听状态的套接字
-p	显示与每个套接字相关联的进程信息，包括进程 ID 和进程名称(需要 root 权限)
-s	显示套接字统计摘要信息，包括各种协议(TCP、UDP 等)的连接数、接收/发送字节数等
-4	仅显示 IPv4 套接字信息
-6	仅显示 IPv6 套接字信息
-e	显示详细的 TCP 套接字信息，包括 TCP 连接的额外信息(如定时器、重传队列等)
-r	尝试解析服务名为主机名，但通常与-n 选项一起使用时会被忽略

【例 9.6】显示特定端口(例如 631)的套接字信息，如图 9.6 所示。

```
zwz@zwz-virtual-machine:$ ss -tnlp | grep :631
LISTEN 0    128    127.0.0.1:631    0.0.0.0:*
LISTEN 0    128    [::1]:631        [::]:*
zwz@zwz-virtual-machine:$
```

图 9.6 查看特定端口的套接字信息

5. nmcli 命令

nmcli(NetworkManager Command Line Interface)是 NetworkManager 的命令行工具,它允许用户通过命令行查询和控制 NetworkManager 及其网络设置。

其命令格式为:

nmcli [OPTIONS] OBJECT { COMMAND | help }

OPTIONS 是可选的,比如 -t 用来以简洁格式输出,-f 用于指定输出的字段。OBJECT 是要操作的 NetworkManager 对象,如 device、connection、monitor 等。COMMAND 是对指定对象执行的具体命令。

nmcli 命令常用的各选项的作用及示例如表 9.3 所示。

表 9.3 nmcli 命令各选项的作用

命令	作用	示例
nmcli connection show	显示所有网络连接的列表	nmcli connection show
nmcli connection show <连接名>	显示指定网络连接的详细信息	nmcli connection show Wired\ connection\ 1
nmcli device status	显示所有网络设备的状态和连接信息	nmcli device status
nmcli device show <设备名>	显示指定网络设备的详细信息	nmcli device show eth0
nmcli connection up <连接名>	激活指定的网络连接	nmcli connection up Wired\ connection\ 1
nmcli connection down <连接名>	停用指定的网络连接	nmcli connection down Wired\ connection\ 1
nmcli connection delete <连接名>	删除指定的网络连接	nmcli connection delete Wired\ connection\ 1
nmcli connection modify <连接名> <选项>	修改指定网络连接的配置	nmcli connection modify Wired\ connection\ 1 ipv4.addresses 192.168.1.100/24
nmcli connection add type <连接类型> con-name <连接名> ifname <设备名>	添加一个新的网络连接	nmcli connection add type ethernet con-name eth0 ifname eno1
nmcli networking on	开启 NetworkManager 的网络连接管理功能	nmcli networking on
nmcli networking off	关闭 NetworkManager 的网络连接管理功能	nmcli networking off
nmcli general status	显示 NetworkManager 的总体状态	nmcli general status

【例 9.7】查看所有设备的状态和连接信息,如图 9.7 所示。

图 9.7 查看所有设备的状态和连接信息

6. route 命令

route 命令是一个用于显示和管理 IP 路由表的传统工具。它允许用户查看当前的路由配置，添加、删除或修改路由表项。

其命令格式为：

route [options] [command [arguments]]

其中，options 是可选的，用于修改命令的行为；command 可以是 add、del、flush 等，用于添加、删除或清空路由表项；arguments 是命令的具体参数，如目标网络、网关、子网掩码等。

route 命令常用的各选项的作用如表 9.4 所示。

表 9.4　route 命令各选项的作用

选项	作用
-n	不解析主机名，直接显示 IP 地址。这可以加快显示速度，因为不需要进行 DNS 解析
-v 或 --verbose	显示详细信息，包括操作的结果和详细的路由表信息
-e 或 --extend	显示更多的信息，包括路由表的一些扩展属性
-F 或 --fib	显示转发信息库(FIB)，这是路由表的一部分，用于存储路由信息
-C 或 --cache	显示路由缓存，而不是 FIB。路由缓存是内核中存储已解析的路由信息的地方，可以加快路由查找速度
-A <af> 或 --<af>	指定地址族(Address Family)。<af>可以是 inet(IPv4)或 inet6(IPv6)等。默认的地址族为 inet
add	添加一条新的路由到路由表中。这通常需要与-net、-host、gw 等选项一起使用
del	删除路由表中的一条路由。这也需要指定要删除的路由的具体信息
-net	指定目标地址为一个网络地址，而不是主机地址。需要与网络掩码一起使用
-host	指定目标地址为一个主机地址
gw <gateway>	指定路由的下一条网关 IP 地址。这是数据包将被发送到的下一个地址
netmask <mask>	当使用-net 选项时，指定与目标网络相关的网络掩码
metric <num>	为路由指定一个成本值(也称为度量值)，用于在多条路由中选择最优路由。数值越小，优先级越高
if <interface>	指定数据包将通过哪个网络接口发送。<interface>是网络接口的名称，如 eth0、wlan0 等
flush	清空路由表中的所有路由。这是一个危险的操作，因为它会移除所有路由，包括默认路由
-p	与 add 命令一起使用时，使添加的路由具有永久性。这意味着在重启后，路由仍然会保留在路由表中。然而，需要注意的是，这种方法可能不会在所有 Linux 发行版上都有效，因为它依赖于发行版的特定行为

【例 9.8】显示当前路由表，包括目标网络、网关、子网掩码、网络接口等信息，如图 9.8 所示。

图 9.8　显示当前路由表

9.1.2 静态 IP 配置

静态 IP 地址是指在网络中固定不变的 IP 地址,它相对于动态分配的 IP 地址(如通过 DHCP 获取)具有更高的稳定性和可预测性,尤其适用于需要长期保持网络连接稳定性的服务器环境。

静态 IP 配置通常涉及以下几个关键步骤。

(1) 确定网络接口名称:确定需要设置静态 IP 的网络接口的名称。可以通过在终端中运行 ip link show 或 ifconfig(如果已安装)命令来完成。输出将列出所有可用的网络接口,如 eth0、enp3s0 等。

(2) 查找或创建网络配置文件:在 Ubuntu 22.04 及之后的版本中,通常涉及编辑 /etc/netplan 目录下的 YAML 文件。找到与网络接口相对应的文件进行编辑,或者如果没有合适的文件,就创建一个新的 YAML 文件(确保文件名遵循一定的命名规则,如 01-netcfg.yaml)。

(3) 编辑配置文件:根据所选的配置方法,编辑相应的配置文件,将网络参数设置为静态 IP 模式,并填写相应的 IP 地址、子网掩码、网关和 DNS 服务器地址。

(4) 应用配置并验证:保存配置文件后,应用配置并重启网络服务或整个系统以使配置生效。然后,使用命令检查网卡的 IP 地址是否已更改为静态 IP,并测试网络连接以确保配置正确无误。

【例 9.9】以下是一个使用 Netplan 配置静态 IP 的示例。

(1) 检查网络接口名称。在终端中运行 ip link show 或者 ifconfig 来查看所有网络接口,如图 9.9 所示。

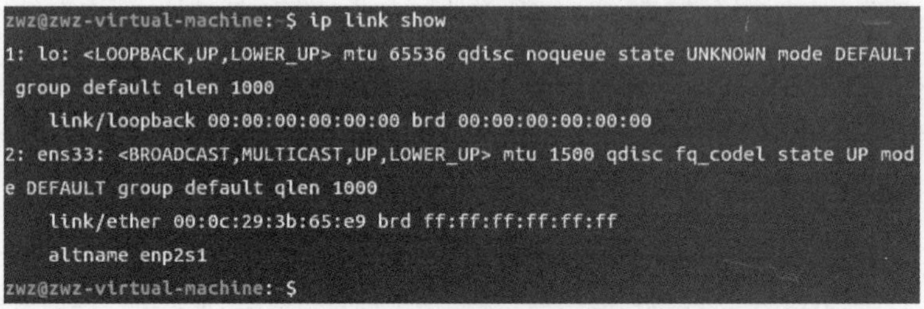

图 9.9 检查网络接口名称

(2) 编辑网络配置文件。编辑/etc/netplan/目录下的 YAML 配置文件(文件名可能因版本而异,这里以 01-network-manager-all.yaml 为例,编辑之前建议将原文件备份),如图 9.10 所示。

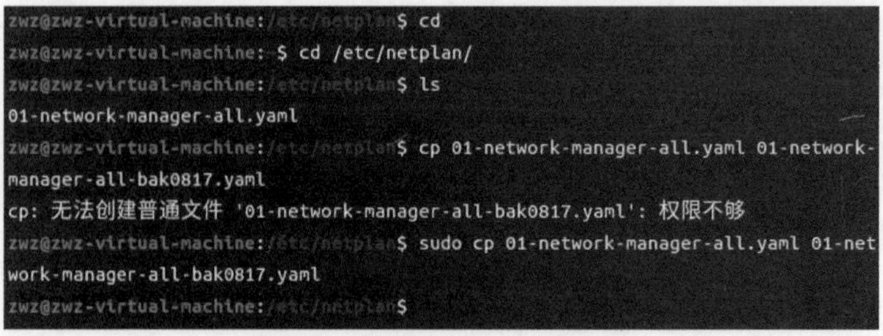

图 9.10 查找并备份配置文件

(3) 配置静态 IP。打开的 YAML 文件中，需要修改或添加与网络接口相关的配置块。以下是一个示例配置，它为 ens33 接口设置了一个静态 IP 地址、子网掩码、网关和 DNS 服务器。

```
network:
    version: 2
    renderer: NetworkManager
    ethernets:
        ens33:
            dhcp4: no
            addresses: [192.168.1.100/24]
            gateway4: 192.168.1.1
            nameservers:
                addresses: [8.8.8.8, 8.8.4.4]
```

在这个配置中，dhcp4: no 表示禁用 DHCP，addresses 字段设置了静态 IP 地址和子网掩码(通过 CIDR 表示法)，gateway4 字段设置了默认网关，nameservers 下的 addresses 字段设置了 DNS 服务器地址。

(4) 应用配置。保存并关闭 YAML 文件后，运行以下命令以应用网络配置更改。

```
sudo netplan apply
```

(5) 验证配置。使用 ip address show ens33 或者 ifconfig ens33 命令来验证静态 IP 地址是否已正确配置，如图 9.11 所示。

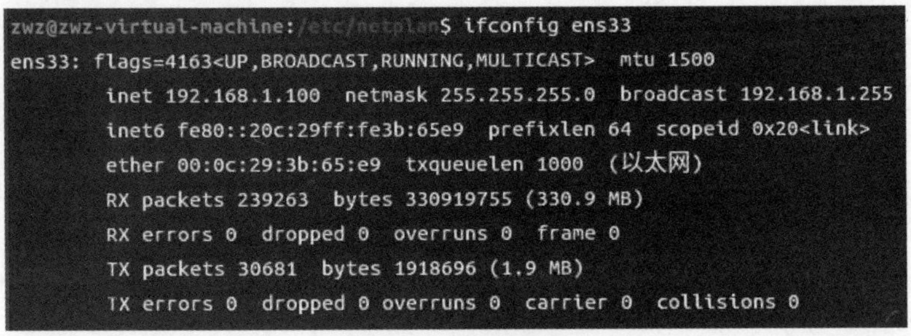

图 9.11 验证配置

在输出中能看到静态 IP 地址、子网掩码、网关等信息。

9.1.3 DNS 配置

DNS(Domain Name System，域名系统)是互联网中的一项核心服务，它作为分布式命名系统，主要用于将域名(如 example.com)转换为对应的 IP 地址(如 192.0.2.1)。DNS 充当了互联网上的"电话簿"，使得用户可以通过易记的域名来访问互联网资源，而无须记住复杂的 IP 地址。

在网络配置文件中，为指定的网络接口添加或修改 nameservers 字段，以指定 DNS 服务器的 IP 地址。可以指定一个或多个 DNS 服务器地址。

使用 cat /etc/resolv.conf 命令查看当前配置的 DNS 服务器地址，以确保它们已正确设置，如图 9.12 所示。/etc/resolv.conf 文件是系统用于解析域名的关键文件之一，它通常会被 netplan 或其他网络管理工具自动更新。

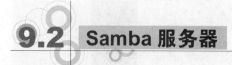

图 9.12　查看 DNS 服务器地址

由输出信息可以看出，127.0.0.53 是指定的 DNS 服务器地址。

9.2　Samba 服务器

Samba 服务器是一种在 Linux 系统上实现与 Windows 操作系统间文件和打印机共享功能的开源软件，通过 SMB(Server Message Block)/CIFS(Common Internet File System)协议，允许 Windows 用户像访问本地资源一样访问 Linux 上的共享文件夹和打印机，促进了跨平台协作，其配置灵活，且支持用户认证和加密通信，确保数据安全和访问控制。

9.2.1　Samba 的特点

Samba 具有跨平台兼容性、基于 SMB/CIFS 协议、灵活的配置选项、数据安全性、易于集成和可扩展性等特点。

(1) 跨平台兼容性：能够桥接 Windows、Linux、macOS 等多种操作系统，使得这些系统之间的文件共享和打印服务变得简单直接。

(2) 基于 SMB/CIFS 协议：这是 Windows 系统中用于文件共享和打印服务的主要协议。

(3) 灵活的配置选项：提供了丰富的配置文件选项(如 smb.conf)，允许管理员根据具体需求进行详细的配置，包括用户权限、访问控制、加密设置等。

(4) 数据安全性：支持用户认证和加密传输，确保数据在传输过程中的安全性和完整性。同时，通过配置可以限制哪些用户或 IP 地址能访问共享资源。

(5) 易于集成：可以轻松地集成到现有的网络环境中，与现有的目录服务(如 LDAP)和身份验证系统(如 Kerberos)进行集成。

(6) 可扩展性：支持多种存储后端，包括本地文件系统、NFS、iSCSI 等，可以根据需要扩展存储容量和性能。

9.2.2 Samba 的应用领域

Samba 服务器广泛应用于以下领域。

(1) 企业环境：在大型企业中，Samba 服务器可以提供一个高效、安全的平台，实现各个分部或办公室之间的资源共享。

(2) 远程办公：当员工在家或其他位置远程工作时，Samba 服务器可以使他们轻松访问到公司的资源，以维持正常的工作流程。

(3) 部门协作：无论是同一部门的同事之间，还是不同部门之间，Samba 服务器都可以促进文件的共享和协作。

(4) 公共机构：公共机构可以通过 Samba 服务器提供对电子文件的访问，使得公众可以方便地获取相关信息。

9.2.3 安装 Samba 服务器

1. 更新系统(可选)

通过运行 sudo apt update 命令来更新 Ubuntu 系统的软件包列表。这一步是可选的，但如果系统很久没有更新，建议先进行更新。

2. 安装软件包

使用 Ubuntu 的包管理器 apt-get 来安装 Samba 和 cifs-utils 软件包。打开终端，如图 9.13 所示，输入以下命令：

```
sudo apt-get install samba cifs-utils
```

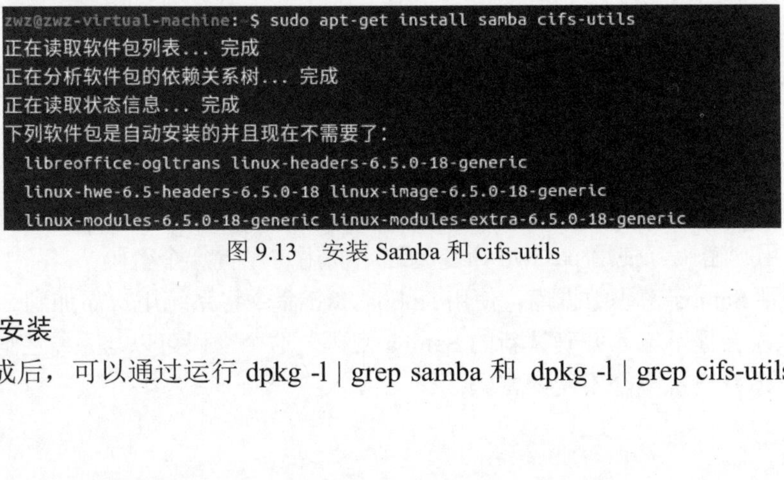

图 9.13 安装 Samba 和 cifs-utils

3. 验证安装

安装完成后，可以通过运行 dpkg -l | grep samba 和 dpkg -l | grep cifs-utils 命令来验证

Samba 和 cifs-utils 是否已成功安装，如图 9.14 所示。

```
zwz@zwz-virtual-machine: $ dpkg -l | grep samba
ii  python3-samba                           2:4.15.13+dfsg-0ubuntu1.6
      amd64         Python 3 bindings for Samba
ii  samba                                   2:4.15.13+dfsg-0ubuntu1.6
      amd64         SMB/CIFS file, print, and login server for Unix
ii  samba-common                            2:4.15.13+dfsg-0ubuntu1.6
      all           common files used by both the Samba server and client
ii  samba-common-bin                        2:4.15.13+dfsg-0ubuntu1.6
      amd64         Samba common files used by both the server and the client
ii  samba-dsdb-modules:amd64                2:4.15.13+dfsg-0ubuntu1.6
      amd64         Samba Directory Services Database
ii  samba-libs:amd64                        2:4.15.13+dfsg-0ubuntu1.6
      amd64         Samba core libraries
ii  samba-vfs-modules:amd64                 2:4.15.13+dfsg-0ubuntu1.6
      amd64         Samba Virtual FileSystem plugins
zwz@zwz-virtual-machine: $ dpkg -l | grep cifs-utils
ii  cifs-utils                              2:6.14-1ubuntu0.1
      amd64         Common Internet File System utilities
zwz@zwz-virtual-machine: $
```

图 9.14　验证 Samba 和 cifs-utils 安装

9.2.4　配置 Samba 服务器

1. 创建共享文件夹

创建共享文件夹/home/sharedir，设置文件夹对所有用户可读可写可执行的权限，如图 9.15 所示。

```
zwz@zwz-virtual-machine: $ sudo mkdir /home/sharedir
zwz@zwz-virtual-machine: $ sudo chmod -R 777 /home/sharedir
zwz@zwz-virtual-machine: $ ll /home/ |grep sharedir
drwxrwxrwx  2 root root 4096  8月 24 15:52 sharedir/
zwz@zwz-virtual-machine: $
```

图 9.15　创建 Samba 共享文件夹

2. 创建专用账户

为确保 Samba 共享的安全性和管理性，需要创建一个 Samba 的专用账户，创建步骤如下。

(1) 创建系统用户。使用 useradd 命令在系统上创建一个普通的系统用户，这个用户将作为 Samba 服务的专用账户。

(2) 设置用户密码。使用 passwd 命令为这个新用户设置一个密码。

(3) 添加到 Samba 密码数据库。使用 smbpasswd 命令将系统用户添加到 Samba 的密码数据库中。系统会提示输入并确认新的 Samba 密码。这个密码可以与系统密码相同，但出于安全考虑，最好设置一个不同的密码。

【例 9.10】为系统创建 Samba 专用账户，用户名为 samba，如图 9.16 所示。

```
zwz@zwz-virtual-machine: $ sudo useradd samba
[sudo] zwz 的密码:
zwz@zwz-virtual-machine: $ sudo passwd samba
新的密码:
无效的密码: 密码少于 8 个字符
重新输入新的密码:
passwd: 已成功更新密码
zwz@zwz-virtual-machine: $ sudo smbpasswd -a samba
New SMB password:
Retype new SMB password:
Added user samba.
zwz@zwz-virtual-machine: $
```

图 9.16 创建 Samba 专用账户

3. 配置服务器

(1) 备份原始配置文件。在编辑配置文件之前，建议先备份原始文件，输入以下指令：

```
sudo cp /etc/samba/smb.conf /etc/samba/smb.conf.backup
```

(2) 编辑配置文件。

```
sudo nano /etc/samba/smb.conf
```

如图 9.17 所示，在配置文件的最末尾加上：

```
[share]
comment = Samba test share        //共享资源的描述信息
path = /home/sharedir             //共享资源的物理路径
browseable = yes                  //共享资源是否可以被浏览
writable = yes                    //共享资源是否可写
available = yes                   //共享资源是否可用
public = yes                      //对所有登录成功的用户可见
```

```
# Uncomment to allow remote administration of Windows print drivers.
# You may need to replace 'lpadmin' with the name of the group your
# admin users are members of.
# Please note that you also need to set appropriate Unix permissions
# to the drivers directory for these users to have write rights in it
;   write list = root, @lpadmin

[share]
comment = Samba test share
path = /home/sharedir
browseable = yes
writable = yes
available = yes
public = yes
```

图 9.17 编辑 Samba 配置文件

4. 重启 Samba 服务

修改配置文件后，需要重启 Samba 服务以使更改生效，输入指令：

sudo systemctl restart smbd 或 /etc/init.d/smbd restart

如图 9.18 所示。

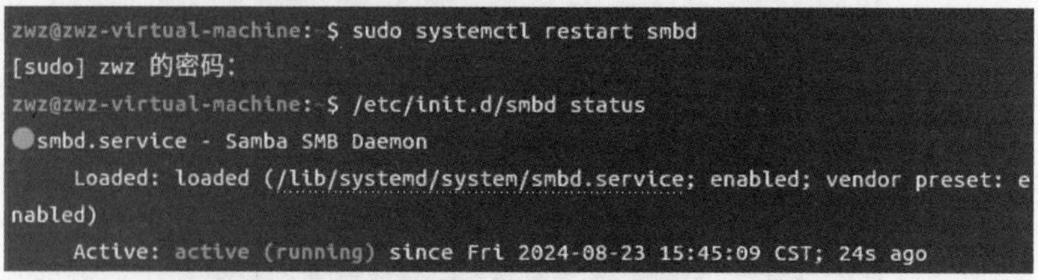

图 9.18　重启 Samba 服务

说明：restart 重启服务，stop 停止服务，start 启动服务，status 显示服务状态。

5. 通过 Windows 登录 Samba

(1) 进入 share 目录，新建一个名为 samba_test.txt 的文件，并为文件添加内容 Samba test share，如图 9.19 所示。

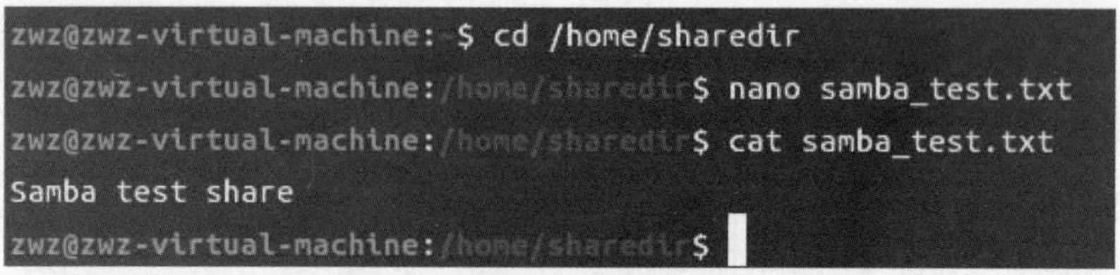

图 9.19　新建 Samba 测试文件

(2) 使用 Windows 作为客户端，访问 Samba 服务器，通过"win+R"打开运行窗口，输入 IP 地址(可以在 Ubuntu 终端输入 ip addr 去查询 ip)，如图 9.20 所示。

图 9.20　访问 Samba 服务器

(3) 登录之后，即可看到共享文件夹 share，如图 9.21 所示。双击文件夹，可以看到共享文件 samba_test，如图 9.22 所示。

图 9.21　share 共享文件夹

图 9.22　samba_test 共享文件

6. 通过 smbclient 连接服务器

(1) 安装 smbclient。使用 Ubuntu 的包管理器 apt-get 来安装 smbclient 软件包。打开终端，如图 9.23 所示，输入以下命令：

```
sudo apt-get install smbclient
```

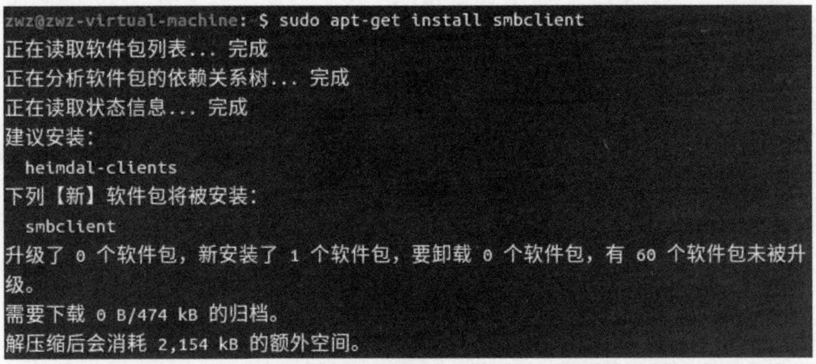

图 9.23　安装 smbclient

(2) 使用 smbclient 连接。前面已经获取了服务器的地址，安装完 smbclient 之后，就可以使用 smbclient 来连接服务器，基本命令格式如下：

```
smbclient //<服务器地址>/<共享名> -U <用户名>
```

<服务器地址>：可以是 IP 地址或主机名。
<共享名>：想要访问的 SMB 共享的名称。
<用户名>：用于访问共享的用户名。
连接到服务器后，结果如图 9.24 所示。

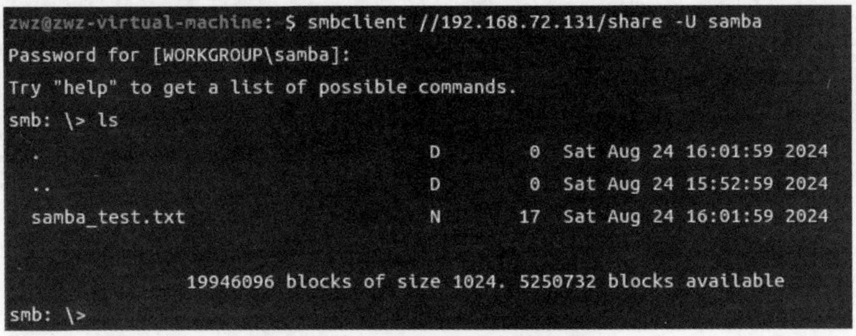

图 9.24　连接 Samba 服务器

(3) 交互模式。成功连接后，会进入 smbclient 的交互模式，可以使用各种命令来浏览文件、上传文件、下载文件等。常用的命令如表 9.5 所示。

表 9.5 smbclient 交互模式常用命令

命令	描述
? 或 help	显示帮助信息，列出所有可用的命令及其简短描述
!	后跟 Shell 命令，可以在不退出 smbclient 的情况下执行 Shell 命令
cd <目录>	更改当前目录到指定的目录
lcd <目录>	更改本地当前目录到指定的目录(仅影响 get 和 put 命令的默认保存位置)
dir 或 ls	列出当前目录下的文件和子目录
get <文件名>	下载文件到本地当前目录
mget <文件名列表>	下载多个文件到本地当前目录，文件名之间用空格分隔
put <文件名>	上传文件到当前 SMB 目录
mput <文件名列表>	上传多个文件到当前 SMB 目录，文件名之间用空格分隔
del <文件名>	删除当前 SMB 目录中的文件
mdel <文件名列表>	删除当前 SMB 目录中的多个文件，文件名之间用空格分隔
rd <目录名>	删除当前 SMB 目录中的子目录(注意：这通常要求目录为空)
mrd <目录名列表>	删除当前 SMB 目录中的多个子目录(注意：这通常要求目录为空)，目录名之间用空格分隔。但请注意，并非所有版本的 smbclient 都支持 mrd
mkdir <目录名>	在当前 SMB 目录中创建一个新目录
rename <旧文件名> <新文件名>	重命名文件或目录
du	显示当前目录的磁盘使用情况
quit 或 exit	退出 smbclient

【例 9.11】在 smbclient 交互模式新建目录 dir1，并且把本地的 hello.txt 文件上传到该目录，如图 9.25 所示。

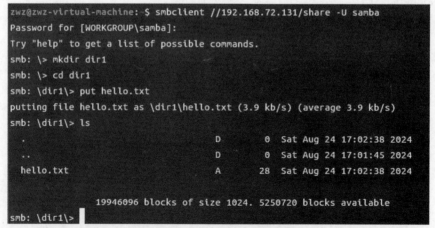

图 9.25 从 smbclient 上传文件

上述操作实际上就是在 Samba 服务器上建立目录 dir1，在服务器上同样可以显示出来，如图 9.26 所示。

```
zwz@zwz-virtual-machine:~$ cd /home/sharedir/dir1
zwz@zwz-virtual-machine:/home/sharedir/dir1$ ls
hello.txt
zwz@zwz-virtual-machine:/home/sharedir/dir1$
```

图 9.26 从 Samba 服务器上显示

9.3 NFS 服务器

NFS(Network File System)是一种强大的网络文件系统协议,它打破了传统文件系统的界限,使得不同操作系统、不同地理位置的计算机能够无缝地共享和访问存储在 NFS 服务器上的文件资源。NFS 以其跨平台的兼容性、高效的文件传输能力,以及灵活的权限控制机制,成为企业环境中文件共享和协作的重要基石。无论是大型企业内部的文件共享需求,还是数据中心中虚拟机与容器的文件存储访问,NFS 都能提供稳定可靠的解决方案。

9.3.1 NFS 的特点

NFS 具有跨平台性、高效性、灵活性、安全性和可靠性等特点。

(1) 跨平台性:NFS 协议得到了广泛应用,几乎所有的主流操作系统都支持 NFS,包括 UNIX、Linux、Windows 等。这意味着不同操作系统上的计算机可以通过 NFS 服务器共享文件,并可以方便地在不同操作系统之间进行文件传输和共享。

(2) 高效性:使用 C/S 架构,客户端计算机可以直接访问远程文件系统,提供了较高的性能和效率。这使得 NFS 服务器能够满足大规模文件共享的需求。

(3) 灵活性:NFS 支持在不同的操作系统和硬件平台之间进行文件共享,实现了跨平台的文件访问。

(4) 安全性:NFS 支持身份验证和权限控制,可以限制用户对文件的访问权限,保护文件。但需要注意的是,NFS 服务器使用明文传输数据,因此在安全性方面存在一定风险,通常建议在局域网或内网环境中使用。

(5) 可靠性:NFS 可以实现数据的备份和恢复,提供了可靠的文件共享和存储解决方案。

9.3.2 NFS 的应用领域

NFS 服务器广泛应用于以下领域。

(1) 大型企业和组织中的文件共享和协作:可以支持多个部门和团队之间的文件共享和协作,提高工作效率。

(2) 数据中心和云计算环境:可以用作存储系统,提供虚拟机和容器的文件存储和访问。

(3) 多媒体共享:可以用于多媒体内容的共享和流媒体服务,提供高质量的多媒体数据访问和传输。

(4) 远程备份和恢复：可以用于远程备份和恢复数据，提供灾难恢复和数据保护的解决方案。

(5) 物联网(IoT)环境中的数据共享：可以用于物联网设备之间的数据共享和存储，支持智能家居和智能城市等应用场景。

9.3.3 安装 NFS 服务器

1. 更新系统(可选)

通过运行 sudo apt update 命令来更新 Ubuntu 系统的软件包列表。这一步是可选的，确保 Ubuntu 系统的软件包列表是最新的。

2. 安装 NFS 服务器软件包

在 Ubuntu 上安装 NFS 服务器软件包，打开终端，如图 9.27 所示，输入以下命令：

```
sudo apt install -y nfs-kernel-server
```

图 9.27　安装 NFS 服务器软件包

3. 验证安装

安装完成后，可以通过运行 dpkg -l | grep nfs-kernel-server 命令来验证 NFS 软件包是否已成功安装，如图 9.28 所示。

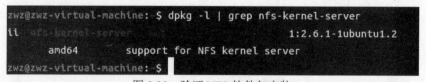

图 9.28　验证 NFS 软件包安装

9.3.4 配置 NFS 服务器

1. 创建共享文件夹

创建共享文件夹/home/nfs_share，设置文件夹对所有用户可读可写可执行的权限，如

图 9.29 所示。

```
zwz@zwz-virtual-machine:~$ sudo mkdir -p /home/nfs_share
zwz@zwz-virtual-machine:~$ sudo chmod -R 777 /home/nfs_share
zwz@zwz-virtual-machine:~$ ll /home/ |grep nfs_share
drwxrwxrwx  2 root root 4096  8月 25 09:42 nfs_share/
zwz@zwz-virtual-machine:~$
```

图 9.29　创建 NFS 共享文件夹

2. 配置服务器

(1) 备份原始配置文件。在编辑配置文件之前，建议先备份原始文件，输入以下指令：

sudo cp /etc/exports /etc/exports.backup

(2) 编辑配置文件。

sudo nano /etc/exports

如图 9.30 所示，在配置文件的末尾加上：

/home/nfs_share 192.168.72.0/24(rw,sync,no_subtree_check)

```
  GNU nano 6.2                    /etc/exports *
# /etc/exports: the access control list for filesystems which may be exported
#               to NFS clients.  See exports(5).
#
# Example for NFSv2 and NFSv3:
# /srv/homes       hostname1(rw,sync,no_subtree_check) hostname2(ro,sync,no_sub>
#
# Example for NFSv4:
# /srv/nfs4        gss/krb5i(rw,sync,fsid=0,crossmnt,no_subtree_check)
# /srv/nfs4/homes  gss/krb5i(rw,sync,no_subtree_check)
#
/home/nfs_share 192.168.72.0/24(rw,sync,no_subtree_check)
```

图 9.30　编辑 NFS 配置文件

说明：

① /home/nfs_share：这是 NFS 服务器上要共享的目录路径。任何有权访问此 NFS 共享的客户端都可以访问/home/nfs_share 目录下的文件和文件夹。

② 192.168.72.0/24：这是指定可以访问此 NFS 共享的客户端的 IP 地址范围。CIDR 表示法 192.168.72.0/24 意味着允许来自 192.168.72.1 到 192.168.72.254(包括两端的地址)的所有 IP 地址的客户端访问此共享。注意，这个范围通常用于私有网络，不应用于公共或不受信任的网络。

③ (rw,sync,no_subtree_check)：这部分是选项列表，用括号括起来，每个选项之间用逗号分隔，用于定义共享的具体行为。

④ rw：表示共享是以读写模式提供的。客户端可以读取和写入/home/nfs_share 目录下的文件。如果省略此选项或指定为 ro(只读)，则客户端只能读取文件而不能写入。

⑤ sync：指示 NFS 服务器在回应写入请求之前，将数据写入磁盘。这保证了数据的持久性，但可能会降低性能，因为每次写入都需要等待磁盘操作完成。如果不指定此选项，NFS 服务器可能会使用异步写入(即 async)，这可能会提高性能，但在系统崩溃时可能会丢失未写入磁盘的数据。

⑥ no_subtree_check：禁用对子目录的访问检查。通常，NFS 会检查请求访问的子目录是否也在/etc/exports 文件中明确指定为共享。使用 no_subtree_check 可以提高效率，但可能会带来安全风险，因为它允许对未在/etc/exports 中明确指定的子目录进行访问(如果这些子目录在文件系统的其他部分以不同的方式被共享或允许访问)。

3. 启动 NFS 服务并设置开机自启

使用以下命令来启动 NFS 服务，并设置其开机自启：

```
sudo systemctl restart nfs-kernel-server
sudo systemctl enable nfs-kernel-server
```

如图 9.31 所示。

图 9.31 重启 NFS 服务

4. 检查和验证 NFS 服务

使用 exportfs 命令来检查 NFS 配置是否正确，使用 showmount 命令来验证 NFS 服务的状态及共享目录，如图 9.32 所示。

图 9.32 检查和验证 NFS 服务

如果看到类似/mnt/nfs_share 这样的输出，表明 NFS 服务正在运行且共享目录已正确配置。

5. 通过客户端访问 NFS 服务

(1) 创建共享文件。进入 nfs_share 目录，新建一个名为 nfs_test.txt 的文件，并为文件添加内容 NFS test share，如图 9.33 所示。

```
zwz@zwz-virtual-machine: $ cd /home/nfs_share/
zwz@zwz-virtual-machine:/home/nfs_share$ nano nfs_test.txt
zwz@zwz-virtual-machine:/home/nfs_share$ cat nfs_test.txt
NFS test share
zwz@zwz-virtual-machine:/home/nfs_share$
```

图 9.33　新建 NFS 测试文件

(2) 安装 NFS 客户端。在 Ubuntu 上安装 NFS 客户端软件包，打开终端，如图 9.34 所示，输入以下命令：

sudo apt-get install nfs-common

```
zwz@zwz-virtual-machine:~$ sudo apt-get install nfs-common
[sudo] zwz 的密码：
正在读取软件包列表... 完成
正在分析软件包的依赖关系树... 完成
正在读取状态信息... 完成
nfs-common 已经是最新版 (1:2.6.1-1ubuntu1.2)。
nfs-common 已设置为手动安装。
升级了 0 个软件包，新安装了 0 个软件包，要卸载 0 个软件包，有 60 个软件包未被升级。
```

图 9.34　安装 NFS 客户端软件包

(3) 挂载 NFS 共享目录。使用 mount 命令将 NFS 服务器上的共享目录 nfs_share 挂载到客户端的挂载点 mnt，挂载命令格式如下：

sudo mount -t nfs <NFS 服务器 IP 地址>:服务器共享目录 客户端本地目录

本地挂载共享目录如图 9.35 所示，挂载完成后在/mnt 下可以看到/home/nfs_share 的文件 nfs_test.txt。

```
zwz@zwz-virtual-machine: $ cd /mnt
zwz@zwz-virtual-machine:/mnt$ ls
VMwareTools-10.3.25-20206839.tar.gz  vmware-tools-distrib
zwz@zwz-virtual-machine:/mnt$ cd /home/nfs_share/
zwz@zwz-virtual-machine:/home/nfs_share$ ls
nfs_test.txt
zwz@zwz-virtual-machine:/home/nfs_share$ sudo mount -t nfs 192.168.72.131:/home/nfs_share /mnt
zwz@zwz-virtual-machine:/home/nfs_share$ cd /mnt
zwz@zwz-virtual-machine:/mnt$ ls
nfs_test.txt
zwz@zwz-virtual-machine:/mnt$
```

图 9.35　本地挂载共享目录

(4) 验证挂载。使用 df 或 df -h 命令来验证 NFS 共享目录是否已成功挂载，如图 9.36 所示。

成功挂载后能看到类似 192.168.72.131:/home/nfs_share 的条目，显示其挂载状态和大小等信息。

```
zwz@zwz-virtual-machine:/mnt$ df -h
文件系统                        大小    已用    可用  已用%  挂载点
tmpfs                          387M    3.4M   384M    1%  /run
/dev/sda3                       20G     14G   5.0G   73%  /
tmpfs                          1.9G       0   1.9G    0%  /dev/shm
tmpfs                          5.0M    4.0K   5.0M    1%  /run/lock
/dev/sda2                      512M    6.1M   506M    2%  /boot/efi
tmpfs                          387M    104K   387M    1%  /run/user/1000
/dev/sr0                        54M     54M      0  100%  /media/zwz/VMware Tools
192.168.72.131:/home/nfs_share  20G     14G   5.0G   73%  /mnt
zwz@zwz-virtual-machine:/mnt$
```

图 9.36 验证挂载

6. 通过 Windows 访问 NFS 服务

(1) Windows 10 系统开启 NFS 服务。对于 Windows 10 或更高版本的客户端，通常不需要额外安装 NFS 客户端软件，因为 Windows 内置了对 NFS 的支持。但是，对于早期版本的 Windows，可能需要下载并安装 NFS 客户端软件(如 Mount Manager 或 FreeNFS)。下面以主机 Windows 10 专业版系统为例。

① 在"控制面板"中选择"程序和功能"，如图 9.37 所示。

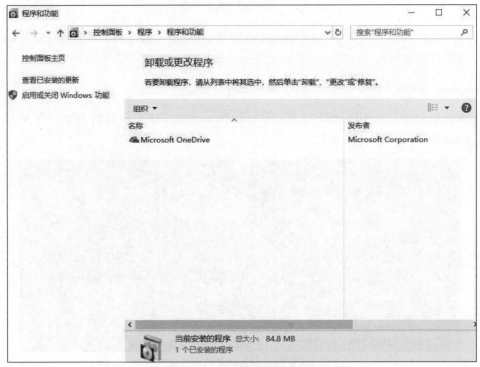

图 9.37 选择"程序和功能"

② 打开"启用或关闭 Windows 功能"，选择"NFS 服务"，如图 9.38 所示。

图 9.38　选择"NFS 服务"

(2) Ubuntu 系统开启 NFS 服务。使用以下命令来启动 NFS 服务，并查看 NFS 服务器端启动情况，如图 9.39 所示。

```
sudo systemctl restart nfs-kernel-server
sudo systemctl status nfs-kernel-server
```

图 9.39　启动 NFS 服务

(3) 连接 NFS 服务器。在客户端 Windows 10 系统中打开命令提示符，使用 mount 命令将 NFS 服务器上的共享目录 nfs_share 挂载到客户端，挂载命令格式如下：

```
mount 192.168.72.131:/home/nfs_share x:
```

挂载成功后如图 9.40 所示。

(4) 访问共享文件夹。在命令提示符中切换到 x 盘，可以列出服务器上共享目录的文件，如图 9.41 所示。

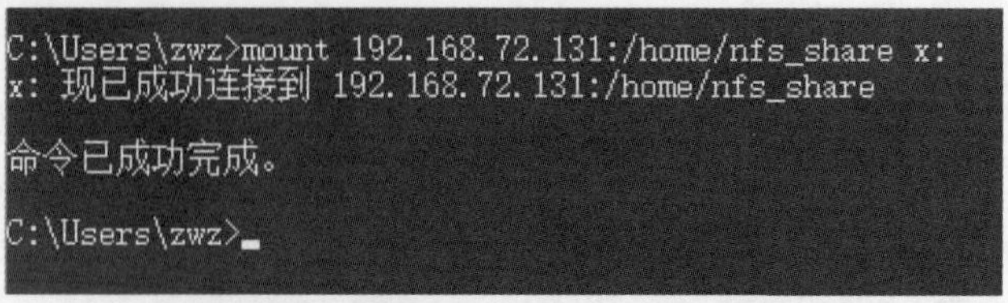

图 9.40　Windows10 客户端连接成功

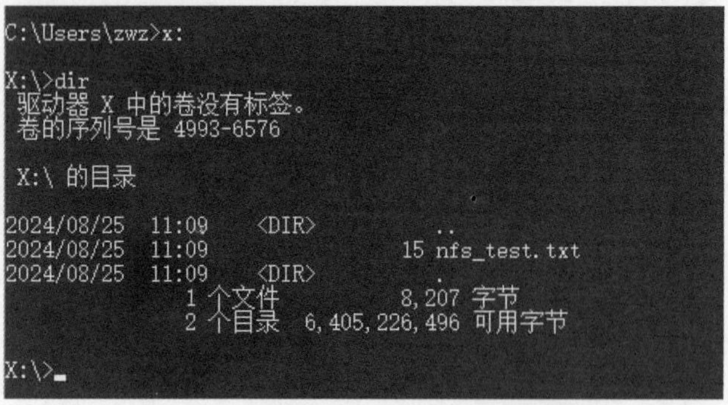

图 9.41　在命令行中显示共享目录的文件

在 Windows 10 的图形界面交互，也可以像访问本地文件夹一样访问 NFS 共享文件夹，并且可以通过记事本打开共享文件，显示文件的内容，如图 9.42 所示。一旦访问，用户就可以像操作本地文件一样进行复制、粘贴、删除、重命名等操作。

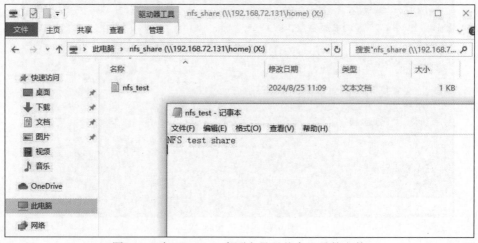

图 9.42　在 Windows 桌面上显示共享目录的文件

9.4　小结

本章深入探讨了 Ubuntu 服务器在网络配置、Samba 服务器及 NFS 服务器设置方面的实践应用。通过详细的步骤介绍了如何配置静态 IP 以确保网络安全与畅通；同时，Samba 服务器的搭建实现了跨平台文件共享，增强了与 Windows 等系统的互操作性；而 NFS 服务器的配置则促进了 Linux 系统间的无缝文件资源共享，提升了数据访问效率与灵活性。这些实践不仅加深了对 Linux 网络服务的理解，也为构建高效、安全的服务器环境奠定了坚实基础。

9.5 实验

1. 配置 Samba 文件共享服务。

要求：在 Ubuntu 上配置 Samba 服务以实现 Linux 与 Windows 之间的文件共享，需要完成以下任务。

(1) 安装 Samba 服务。
(2) 配置 Samba 服务。
(3) 添加用户并设置密码。
(4) 重启 Samba 服务。
(5) 测试 Samba 共享。

2. 配置 NFS 文件共享服务。

要求：在 Ubuntu 上配置 NFS 服务以实现 Linux 系统间的文件共享，需要完成以下任务。

(1) 安装 NFS 服务。
(2) 设置共享目录。
(3) 配置 NFS 服务。
(4) 重启 NFS 服务。
(5) 在客户端配置 NFS。
(6) 测试 NFS 共享。

9.6 习题

1. 填空题

(1) 在 Ubuntu 中，用于管理网络配置的工具之一是_____。

(2) 在 smb.conf 配置文件中，_____参数指定了共享目录的路径。

(3) Samba 服务启动后，可以通过_____命令或 Windows 的文件资源管理器来访问 Samba 共享。

(4) NFS 客户端挂载 NFS 共享时，通常使用_____命令。

(5) 要启动 NFS 服务，可以使用_____命令。

2. 判断题

(1) ifconfig 命令在 Ubuntu 18.04 及以后的版本中已经被废弃。（　　）

(2) Ubuntu 的/etc/resolv.conf 文件用于配置 DNS 解析器。（　　）

(3) 默认情况下，Samba 服务器允许匿名访问共享目录。（　　）

(4) 在 smb.conf 文件中，[global]部分包含了影响所有共享的全局设置。（　　）

(5) 要启动 NFS 服务，必须手动编辑/etc/init.d/nfs-kernel-server 脚本。（　　）

3. 单项选择题

(1) 以下(　　)命令用于在 Ubuntu 中查看网络配置。

  A. ip addr   B. ifconfig

  C. netplan show   D. network-manager status

(2) 在 Ubuntu 中，配置静态 IP 地址通常编辑(　　)文件。

  A. /etc/network/interfaces

  B. /etc/netplan/01-network-manager-all.yaml

  C. /etc/sysconfig/network-scripts/ifcfg-eth0

  D. /etc/hosts

(3) Samba 服务器的主配置文件是(　　)。

  A. /etc/samba/smb.conf   B. /etc/samba.conf

  C. /etc/samba/config   D. /etc/samba-server.conf

(4) 在 smb.conf 中，(　　)参数用于设置 Samba 服务器的工作组。

  A. Workgroup   B. Domain

  C. Network   D. group

(5) NFS 服务器的配置文件是(　　)。

  A. /etc/exports   B. /etc/nfs/exports

  C. /etc/samba/smb.conf   D. /etc/nfs.conf

4. 简答题

(1) 简述 Ubuntu 中配置静态 IP 地址的主要步骤。

(2) 简述在 Samba 服务器上创建共享目录的基本步骤。

(3) NFS 服务器的基本工作原理是什么？

第 10 章

Internet服务

Internet 服务，作为用户与网络资源间的关键纽带，汇聚了 SSH、DNS、Apache、Nginx、FTP 等核心服务，它们各司其职，共同构建了一个安全、高效、便捷的网络生态。SSH 以加密技术守护远程登录安全，DNS 则化繁为简，让网络访问触手可及。Apache 与 Nginx，前者以稳定著称，后者以高性能见长，共同推动着 Web 服务的不断进化。而 FTP 服务，则跨越系统界限，实现了文件资源的自由共享。在学习这些服务的过程中，学习者不仅要掌握技术精髓，更要培养起对安全的敬畏、对共享的尊重、对创新的追求，以及对团队协作的重视，努力成为既有扎实专业技能，又具备高尚职业道德的优秀 IT 人才，为国家的信息化建设添砖加瓦。

本章学习目标

◎ 掌握使用 SSH 客户端连接到服务器的方法。
◎ 掌握安装 Bind DNS 服务器、配置区域文件，以及正向解析与反向解析。
◎ 学习搭建 Apache 服务器，配置虚拟主机。
◎ 学习安装 Nginx，配置服务器。
◎ 掌握搭建 FTP 服务器，配置用户访问权限，实现匿名和本地用户访问。

本章思维导图

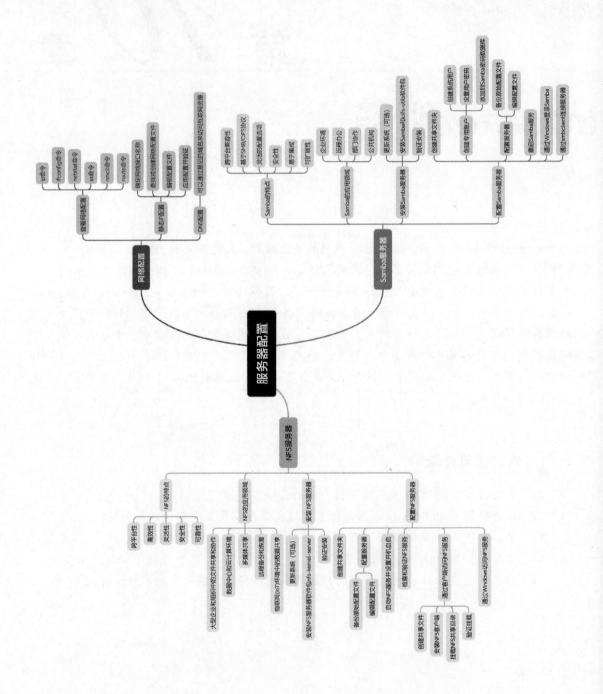

10.1 SSH

SSH(Secure Shell)是一种用于计算机之间安全通信的协议,广泛应用于远程登录、系统管理和文件传输等场景。SSH 通过加密所有传输的数据,确保通信的机密性和完整性,防止中间人攻击和其他安全威胁。在 Ubuntu 操作系统中,SSH 的配置和使用是掌握 Linux 系统管理的重要一环。

10.1.1 SSH 基础

1. SSH 的功能

SSH 是一种网络协议,它建立在应用层上,用于在不安全的网络上安全地执行系统管理和文件传输等操作。SSH 通过加密技术保护数据传输,支持多种加密算法和密钥管理方案。

2. SSH 的组成部分

(1) 客户端:发起连接的一方,通常是用户的计算机。
(2) 服务器:接收连接的一方,通常是远程主机。
(3) 加密技术:SSH 使用对称加密、非对称加密和哈希函数来保护数据传输。

3. SSH 的工作流程

(1) 握手阶段:客户端和服务器协商加密算法,生成会话密钥。
(2) 用户认证:用户通过密码或密钥对进行认证。
(3) 会话建立:成功认证后,建立安全的会话通道。

10.1.2 安装 SSH 服务器

1. 安装软件包

在 Ubuntu 上,如图 10.1 所示,可以使用以下命令安装 SSH 软件包。

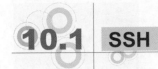

图 10.1 安装 SSH 软件包

```
sudo apt update
sudo apt install openssh-server
```

2. 检查 SSH 服务状态

安装完成后，如图 10.2 所示，可以使用以下命令检查 SSH 服务的状态。

```
sudo systemctl status ssh
```

```
zwz@zwz-virtual-machine:~$ sudo systemctl status ssh
● ssh.service - OpenBSD Secure Shell server
     Loaded: loaded (/lib/systemd/system/ssh.service; enabled; vendor preset: e>
     Active: active (running) since Mon 2024-08-26 10:21:37 CST; 25s ago
       Docs: man:sshd(8)
             man:sshd_config(5)
   Main PID: 3040 (sshd)
      Tasks: 1 (limit: 4551)
     Memory: 1.7M
        CPU: 37ms
     CGroup: /system.slice/ssh.service
             └─3040 "sshd: /usr/sbin/sshd -D [listener] 0 of 10-100 startups"
```

图 10.2 检查 SSH 服务状态

10.1.3 SSH 的配置

SSH 的配置文件位于/etc/ssh/sshd_config。通过编辑该文件，可以配置 SSH 服务器的各种参数，这些配置项涵盖了客户端和服务器端的多个方面，可以显著提高 SSH 连接的安全性、稳定性和用户体验。常用的配置项如表 10.1 所示。

表 10.1 SSH 常用配置项

配置项	描述	默认值	配置文件位置
Port	SSH 服务监听的端口号	22	/etc/ssh/sshd_config(服务器端)
ListenAddress	SSH 服务绑定的 IP 地址	0.0.0.0(监听所有地址)	/etc/ssh/sshd_config(服务器端)
PermitRootLogin	是否允许 root 用户通过 SSH 登录	yes(但许多系统默认 no)	/etc/ssh/sshd_config(服务器端)
MaxAuthTries	最大认证尝试次数	6	/etc/ssh/sshd_config(服务器端)
MaxSessions	同一连接的最大会话数	10	/etc/ssh/sshd_config(服务器端)
PubkeyAuthentication	是否启用公钥认证	yes	/etc/ssh/sshd_config(服务器端)
PasswordAuthentication	是否启用密码认证	yes	/etc/ssh/sshd_config(服务器端)
ClientAliveInterval	客户端向服务器发送心跳消息的间隔时间(秒)	0(禁用)	/etc/ssh/sshd_config(服务器端)和/etc/ssh/ssh_config(客户端)
ClientAliveCountMax	客户端在服务器未响应心跳消息的情况下，尝试发送心跳消息的最大次数	3	/etc/ssh/sshd_config(服务器端)和/etc/ssh/ssh_config(客户端)
Banner	登录时显示的欢迎信息文件路径	无	/etc/ssh/sshd_config(服务器端)

(续表)

配置项	描述	默认值	配置文件位置
AllowUsers	允许通过 SSH 登录的用户列表(可指定用户及其 IP)	无	/etc/ssh/sshd_config(服务器端)
DenyUsers	禁止通过 SSH 登录的用户列表	无	/etc/ssh/sshd_config(服务器端)
AllowGroups	允许通过 SSH 登录的用户组列表	无	/etc/ssh/sshd_config(服务器端)
DenyGroups	禁止通过 SSH 登录的用户组列表	无	/etc/ssh/sshd_config(服务器端)
StrictModes	是否检查用户主目录和.ssh 目录的权限和所有权	yes	/etc/ssh/sshd_config(服务器端)
UseDNS	是否对远程主机名进行反向 DNS 解析	yes	/etc/ssh/sshd_config(服务器端) 和/etc/ssh/ssh_config(客户端)
GSSAPIAuthentication	是否启用 GSS-API 认证	yes	/etc/ssh/sshd_config(服务器端) 和/etc/ssh/ssh_config(客户端)
IdentityFile	指定私钥文件的路径	无	~/.ssh/config(客户端)
Host	在~/.ssh/config 中指定主机别名	无	~/.ssh/config(客户端)
HostName	指定主机的 IP 地址或域名	无	~/.ssh/config(客户端)
User	指定登录主机的用户名	当前用户	~/.ssh/config(客户端)
Port	指定连接主机的端口号(客户端)	22	~/.ssh/config(客户端)

说明：表格中的默认值可能会因 SSH 版本和操作系统的不同而有所差异。此外，一些配置项可能不在所有 SSH 实现中都可用，或者其名称和用途可能略有不同。因此，在修改 SSH 配置文件时，建议参考所使用的 SSH 版本和操作系统的官方文档。另外，对于客户端配置(如 IdentityFile、Host、HostName、User 和 Port)，这些配置项通常位于用户主目录下的~/.ssh/config 文件中，而服务器端的配置项则位于/etc/ssh/sshd_config 文件中。在修改这些文件时，请确保有足够的权限，并且遵循正确的语法和格式。

修改配置文件后，需要重启 SSH 服务，使用以下命令以使更改生效：

sudo systemctl restart ssh

10.1.4 SSH 客户端的应用

1. 连接到远程服务器

使用以下命令连接到远程服务器：

ssh username@hostname

其中 username 是远程服务器上的用户名，hostname 是服务器的主机名或 IP 地址。

【例 10.1】使用 Windows 作为客户端，通过 SSH 密码认证方式连接到 Ubuntu 服务器，如图 10.3 所示。

```
C:\Users\zwz>ssh zwz@zwz-virtual-machine
The authenticity of host 'zwz-virtual-machine (192.168.72.131)' can't be established.
ED25519 key fingerprint is SHA256:r/2Eqa77gRrYzb/p3PJqrL1yfZfXDyPvbYtRT+/Qvoo.
Are you sure you want to continue connecting (yes/no)? yes。
Warning: Permanently added 'zwz-virtual-machine,192.168.72.131' (ED25519) to the list of known hosts.
zwz@zwz-virtual-machine's password:
Welcome to Ubuntu 22.04.4 LTS (GNU/Linux 6.8.0-40-generic x86_64)

 * Documentation:  https://help.ubuntu.com
 * Management:     https://landscape.canonical.com
 * Support:        https://ubuntu.com/pro

扩展安全维护（ESM）Applications 未启用。

50 更新可以立即应用。
要查看这些附加更新，请运行：apt list --upgradable

启用 ESM Apps 来获取未来的额外安全更新
请参见 https://ubuntu.com/esm 或者运行: sudo pro status

Last login: Mon Aug 26 11:10:10 2024 from 192.168.72.1
zwz@zwz-virtual-machine: $ _
```

图 10.3　Windows 通过 SSH 密码认证连接到 Ubuntu

2. SSH 密钥认证

SSH 密钥认证是一种比密码认证更安全的认证方式，实现远程登录的加密和身份验证。它依赖于一对密钥：公钥(public key)和私钥(private key)。公钥可以公开，而私钥必须保密。以下是设置密钥认证的步骤。

(1) 生成密钥对。打开客户端终端或命令提示符，使用 ssh-keygen 命令生成密钥对，执行结束以后会在用户的~/.ssh 目录下生成私钥文件(如 id_rsa)和公钥文件(如 id_rsa.pub)，然后可能需要输入一个密码(passphrase)来保护私钥。如果不想设置密码(这样做会降低安全性)，则可以直接按回车键跳过。

其命令格式为：

```
ssh-keygen -t rsa -b 4096 -C "your_email@example.com"
```

-t rsa 表示密钥类型为 RSA，也可以选择其他类型的密钥，如 ECDSA 或 Ed25519。

-b 4096 表示密钥长度为 4096 位(更长的密钥更安全，但计算开销也更大)。

-C "your_email@example.com" 是可选的，为密钥添加注释(通常是指邮箱)。

【例 10.2】使用 Windows 作为客户端，密钥类型为 Ed25519，生成密钥对，如图 10.4 所示。

```
C:\Users\zwz>ssh-keygen -t Ed25519 -b 4096
Generating public/private Ed25519 key pair.
Enter file in which to save the key (C:\Users\zwz/.ssh/id_ed25519):
Enter passphrase (empty for no passphrase):
Enter same passphrase again:
Your identification has been saved in C:\Users\zwz/.ssh/id_ed25519.
Your public key has been saved in C:\Users\zwz/.ssh/id_ed25519.pub.
The key fingerprint is:
SHA256:+nM2m121c+kUnvIQrHbYsP0oNIKoU4GQ0RcxtJpm/3g zwz@DESKTOP-769I92A@DESKTOP-769I92A
The key's randomart image is:
+--[ED25519 256]--+
| .+ .=o          |
| o . .o          |
|  . o.           |
|  .o.      .     |
|   =  o S  . o.. |
| o .o o . oB o.= |
|   o..    o=.*.B.|
|  o  oE.  =+..O o|
|   .....+ooo.  + |
+----[SHA256]-----+
```

图 10.4　在 Windows 客户端生成密钥对

(2) 将公钥添加到服务器。需要将生成的公钥添加到服务器的~/.ssh/authorized_keys 文件中。通常有两种方法。

方法 1：使用 ssh-copy-id 命令(如果可用)。

使用 ssh-copy-id 命令将公钥复制到远程主机，该命令会自动将公钥添加到远程主机的 ~/.ssh/authorized_keys 文件中。

其命令格式为：

ssh-copy-id username@hostname

方法 2：使用 scp 命令。

在客户端使用 scp 命令将公钥文件复制到服务器，其命令格式为：

scp 本地目录/文件 用户名@目录地址：远程目录

然后登录到服务器，把公钥文件重命名为 authorized_keys。

【例 10.3】使用 scp 命令，把公钥文件内容复制到服务器中，如图 10.5 所示。

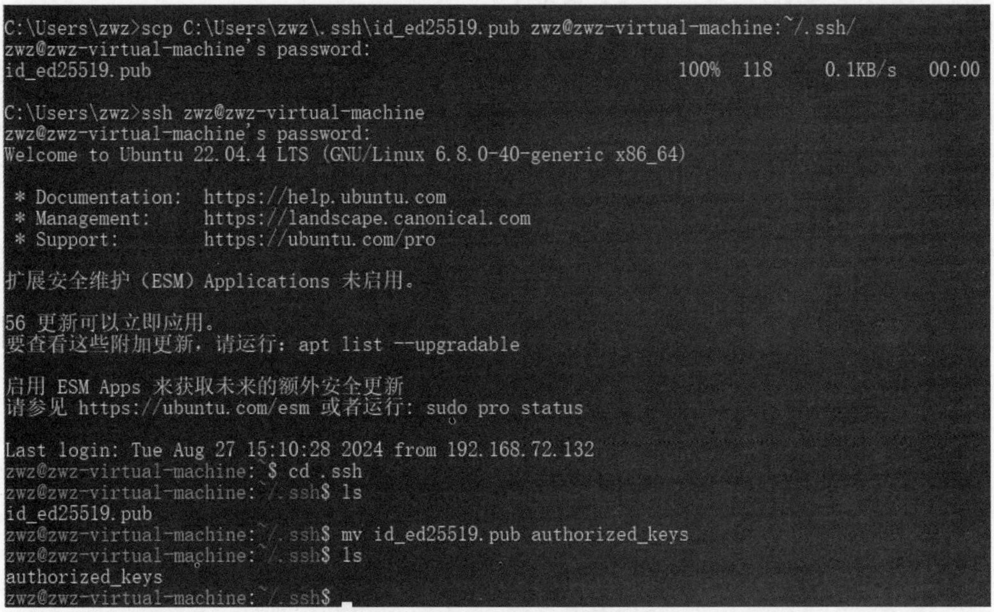

图 10.5　复制公钥文件到服务器

(3) 重新连接。使用 SSH 密钥认证，重新连接登录。如果私钥受密码保护，则系统会提示输入私钥的密码。如果私钥没有密码，则 SSH 将直接使用私钥进行认证登录到远程服务器，无须输入密码。

【例 10.4】使用 Windows 作为客户端，通过 SSH 密钥认证方式连接到 Ubuntu 服务器，如图 10.6 所示。

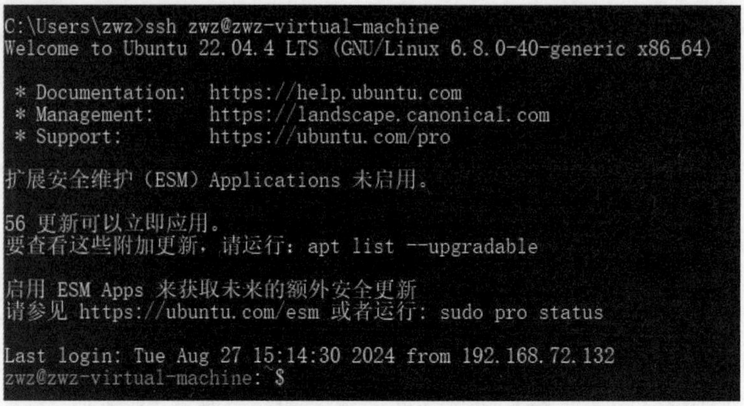

图 10.6　Windows 通过 SSH 密钥认证连接到 Ubuntu

3. 安全文件传输

SSH 提供了安全的文件传输功能，管理员可以使用 SCP(Secure Copy)命令或 SFTP(SSH File Transfer Protocol)协议来上传或下载文件。

(1) SCP 命令。

在前面的内容中已经举过使用 SCP 命令将公钥添加到服务器的例子。这个命令主要用于在本地和远程服务器之间安全地传输文件和目录，会根据源文件和目标文件/目录的路径来自动判断是本地到远程的传输，还是远程到本地的传输。

从本地复制文件到远程服务器：

scp -r 本地目录/文件 用户名@IP 地址:远程目录

从远程服务器复制文件到本地：

scp -r 用户名@IP 地址:远程目录/文件 本地目录

(2) SFTP 协议。

SFTP 协议也用于在本地和远程计算机之间安全地传输文件。SFTP 通过加密传输认证信息和数据，提供了比 FTP(File Transfer Protocol)更高的安全性。常用的 SFTP 命令及其功能如表 10.2 所示。

表 10.2　常用的 SFTP 命令及其功能

命令	功能描述
sftp	启动 SFTP 客户端，并连接到指定的远程服务器
ls	列出远程当前目录下的文件和目录
lls	列出本地当前目录下的文件和目录
cd	切换远程工作目录至指定目录
lcd	切换本地工作目录至指定目录
pwd	显示远程当前工作目录的完整路径
lpwd	显示本地当前工作目录的完整路径
get	下载远程文件到本地，可指定本地文件名
put	上传本地文件到远程，可指定远程文件名

(续表)

命令	功能描述
mget	批量下载远程文件到本地
mput	批量上传本地文件到远程
mkdir	在远程服务器上创建新目录
rmdir	删除远程服务器上的空目录
rm	删除远程服务器上的文件
rename	重命名远程文件或目录
chmod	更改远程文件或目录的权限(部分 SFTP 客户端支持)
chown	更改远程文件或目录的所有者(部分 SFTP 客户端支持)
exit/bye/quit	退出 SFTP 会话，断开与远程服务器的连接
!	在 SFTP 会话中执行本地 Shell 命令(注意后面直接跟命令)

【例 10.5】启动 SFTP，从客户端上传 hello_win 文件到服务器，并从服务器下载 hello.txt 文件到客户端，如图 10.7 所示。

图 10.7　SFTP 协议上传与下载文件

注意：在 SFTP 会话中要切换到 Windows 本地目录时，Windows 路径中的反斜杠(\)在命令行中可能需要被转义(使用双反斜杠\\或单斜杠/)。

10.2　DNS

DNS(Domain Name System，域名系统)是互联网的基础设施之一，它提供了一种将人类可读的域名(如 www.example.com)转换为机器可读的 IP 地址(如 192.168.1.1)的机制。通过 DNS，用户可以方便地通过域名访问互联网上的资源，而无须记忆复杂的 IP 地址。

10.2.1　DNS 服务器类型

DNS 服务器主要分为主服务器和缓存(转发)服务器两种。
(1) 主服务器：存储着特定域名的 DNS 记录，并对这些记录进行解析。
(2) 缓存(转发)服务器：不直接存储 DNS 记录，而是将查询请求转发给其他 DNS 服务器，并缓存查询结果以提高后续查询效率。

10.2.2　安装 BIND 服务器

BIND(Berkeley Internet Name Domain)是 Linux 环境下最常用的 DNS 服务器软件之一。在 Ubuntu 中，可以使用以下命令安装 BIND 服务器，如图 10.8 所示。

```
sudo apt install bind9 bind9utils bind9-doc
```

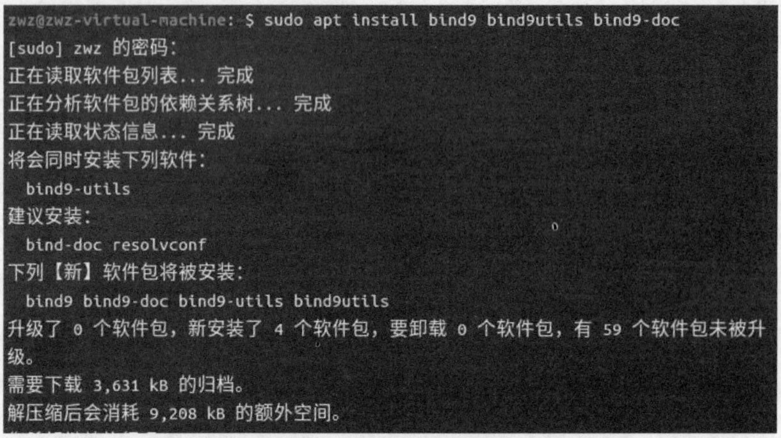

图 10.8　安装 BIND 软件包

安装完成后，BIND 相关的配置文件将位于/etc/bind/目录下，如图 10.9 所示。

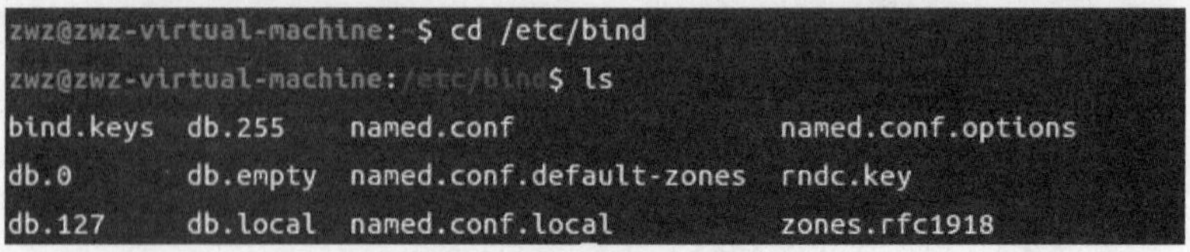

图 10.9　BIND 相关配置文件

10.2.3　配置 BIND 服务器

BIND 的配置主要通过编辑其配置文件来实现，主要配置文件包括/etc/bind/named.conf、/etc/bind/named.conf.options、/etc/bind/named.conf.local 等，它们的作用和区别如表 10.3 所示。

表 10.3 BIND 主要配置文件

文件名	作用	内容	重要性
named.conf	主配置文件，它包含了 BIND 服务器运行所需的全局配置和区域配置信息。这个文件是 BIND 配置体系的核心，通过它可以定义服务器的整体行为，并引用其他配置文件或区域数据文件	通常包括全局设置(如监听地址、端口、日志记录等)、访问控制列表(ACL)、日志记录配置、区域定义(zone)等。区域定义部分会指定 BIND 服务器需要管理的域名区及其相关配置	是 BIND 服务器运行的基础，任何对 BIND 配置的修改都可能涉及此文件
named.conf.options	这个文件并不是 BIND 的标准配置文件之一，它的存在和命名可能因不同的 Linux 发行版或 BIND 版本而异。在某些系统中，它可能被用作存放全局配置选项的单独文件，以便于管理和维护	如果该文件存在，它可能包含与 /etc/bind/named.conf 中 options 区块相似的配置，如监听地址、端口、缓存大小、查询转发等全局设置	如果系统或 BIND 配置使用了该文件，那么它对 BIND 服务器的全局行为有重要影响。然而，并非所有 BIND 安装都会包含此文件，具体取决于系统的配置和 BIND 的安装方式
named.conf.local	通常用于存放 BIND 服务器的区域配置信息，特别是那些与特定域名或 IP 地址范围相关的配置。它允许管理员在不修改主配置文件/etc/bind/named.conf 的情况下，添加或修改区域配置	包含 zone 指令，用于定义 BIND 服务器需要管理的域名区及其相关配置，如区域类型(master 或 slave)、数据文件位置、允许更新的客户端等	对于需要管理多个域名区的 BIND 服务器来说，/etc/bind/named.conf.local 文件提供了极大的便利性和灵活性。通过在该文件中添加或修改区域配置，管理员可以轻松地扩展或调整 BIND 服务器的功能

1. 配置正向解析

(1) 编辑 named.conf.local 配置文件。使用文本编辑器(如 nano 或 vim)打开或创建 /etc/bind/named.conf.local 文件，添加区域定义，假设要管理的域是 example.com，如图 10.10 所示。

```
//
// Do any local configuration here
//

// Consider adding the 1918 zones here, if they are not used in your
// organization
//include "/etc/bind/zones.rfc1918";
zone "example.com" {
    type master;
    file "/etc/bind/db.example.com";
};
```

图 10.10 添加一个正向解析区域定义

这表示 example.com 区域的主服务器配置文件是/etc/bind/db.example.com。常用的区域定义字句及其功能如表 10.4 所示。

表 10.4　常用的区域定义字句及其功能

区域定义字句	功能描述
zone "example.com" {	定义了一个名为 example.com 的 DNS 区域。zone 关键字用于指定 DNS 服务器的管辖范围，即哪些域名应该由这台 DNS 服务器来解析
type master;	指定该区域为主区域。主区域(master zone)是指该 DNS 服务器拥有该区域的权威记录，可以独立进行解析，并可以将更改同步到其他辅助 DNS 服务器
file "/etc/bind/zones/db.example.com";	指定该区域的数据文件位置。在这个例子中，数据文件名为 db.example.com，位于/etc/bind/zones/目录下。这个文件包含了该区域的所有 DNS 记录
type slave;	(非本例直接展示，但为完整性提及)如果指定为 slave，则表示该区域为辅助区域。辅助区域(slave zone)从主 DNS 服务器获取其区域数据，并缓存这些数据以供查询，但不接受对数据的直接更改
type hint;	(非本例直接展示，但为完整性提及)hint 类型区域通常用于存储根 DNS 服务器的地址。这些服务器是 DNS 解析的起点，用于将查询引导到正确的顶级域(TLD)服务器
allow-transfer { none; };	配置该区域是否允许区域传输。在这个例子中，none 表示不允许任何 DNS 服务器从本服务器获取该区域的副本。这有助于保护区域数据的安全
allow-recursion { trusted; };	配置哪些客户端可以进行递归查询。trusted 通常是一个 ACL(访问控制列表)，列出了允许进行递归查询的客户端 IP 地址或网络。这有助于防止 DNS 服务器被用作开放递归解析器，从而可能遭受 DNS 放大攻击

（2）创建正向解析区域文件。创建或编辑/etc/bind/db.example.com 文件，添加 DNS 记录，如图 10.11 所示。

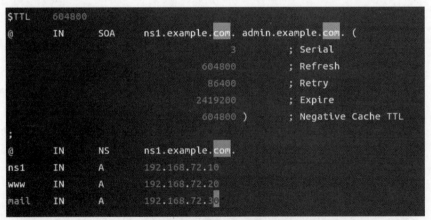

图 10.11　创建正向解析区域文件

这里定义了 example.com 的 SOA 记录、NS 记录及 A 记录。常用的区域文件字段/命令及其含义如表 10.5 所示。

表 10.5 常用的区域文件字段/命令及其含义

字段/命令	含义
$TTL 604800	设置了默认的生存时间(TTL，Time To Live)为 604 800 秒，即 7 天。TTL 定义了 DNS 记录在 DNS 缓存中可以保留多久。如果缓存的 DNS 记录在这个时间内没有被重新查询，那么缓存的记录将被使用，直到过期为止
SOA	起始授权记录(SOA，Start of Authority)，它是区域文件中的一个必需记录。SOA 记录包含了关于 DNS 区域的关键信息，如区域的管理员邮箱、负责该区域的名称服务器的名称，以及区域记录的刷新、重试和过期时间等
ns1.example.com.	是这个区域的名称服务器
admin.example.com.	是管理员的邮箱地址(注意，实际使用中，.被添加到邮箱的末尾，用来避免被解释为域名的一部分)
Serial	序列号：用于版本控制，每次修改区域文件时都应增加
Refresh	刷新时间：从属名称服务器多久检查一次主名称服务器的区域文件是否已更改(以秒为单位)
Retry	重试时间：如果从属名称服务器在尝试刷新区域文件时失败，则多久后重试(以秒为单位)
Expire	过期时间：如果从属名称服务器无法从主服务器刷新区域文件，则多久后停止解析该区域中的记录(以秒为单位)
Negative Cache TTL	否定缓存 TTL：如果查询的区域中没有找到记录，则缓存查询结果的时间(以秒为单位)
NS	标识一个区的域名服务器及授权子域
@ IN NS ns1.example.com.	指定了 example.com 区域的名称服务器为 ns1.example.com.。@符号是一个占位符，代表区域名称(在这个例子中是 example.com)
A	DNS 的 A 记录(Address 记录)，它将域名映射到 IP 地址
ns1 IN A 192.168.72.10	ns1 的 A 记录指定了 ns1.example.com.的 IP 地址为 192.168.72.10
www IN A 192.168.72.20	www 的 A 记录指定了 www.example.com 的 IP 地址为 192.168.72.20
mail IN A 192.168.72.30	mail 的 A 记录指定了 mail.example.com 的 IP 地址为 192.168.72.30

2. 配置反向解析

(1) 编辑 named.conf.local 配置文件。继续使用文本编辑器(如 nano 或 vim)打开或创建 /etc/bind/named.conf.local 文件，添加区域定义，假设要管理的 IP 地址范围是 192.168.72.0/24，如图 10.12 所示。

```
zone "72.168.192.in-addr.arpa" {
    type master;
    file "/etc/bind/db.192.168.72";
};
```

图 10.12 添加一个反向解析区域定义

(2) 创建反向解析区域文件。创建或编辑/etc/bind/db.192.168.72 文件，添加 DNS 记录，如图 10.13 所示。

```
$TTL    604800
@       IN      SOA     ns1.example.com. admin.example.com. (
                                3         ; Serial
                           604800         ; Refresh
                            86400         ; Retry
                          2419200         ; Expire
                           604800 )       ; Negative Cache TTL
;
@       IN      NS      ns1.example.com.
10      IN      PTR     ns1.example.com.
20      IN      PTR     www.example.com.
30      IN      PTR     mail.example.com.
```

图 10.13　创建反向解析区域文件

3. 检查配置文件

通过以下指令来检查 BIND 配置文件的语法错误，如图 10.14 所示。

```
sudo named-checkconf
sudo named-checkzone example.com /etc/bind/db.example.com
sudo named-checkzone 72.168.192.in-addr.arpa /etc/bind/db.192.168.72
```

```
zwz@zwz-virtual-machine:~$ sudo named-checkconf
zwz@zwz-virtual-machine:~$ sudo named-checkzone example.com /etc/bind/db.example.com
zone example.com/IN: loaded serial 3
OK
zwz@zwz-virtual-machine:~$ sudo named-checkzone 72.168.192.in-addr.arpa /etc/bind/db.192.168.72
zone 72.168.192.in-addr.arpa/IN: loaded serial 3
OK
zwz@zwz-virtual-machine:~$
```

图 10.14　检查配置文件

如果没有错误输出，则表示配置文件语法正确。

4. 启动和检查 BIND 服务

启动 BIND 服务，并检查 BIND 服务状态，如图 10.15 所示。

```
zwz@zwz-virtual-machine:~$ sudo systemctl restart bind9
zwz@zwz-virtual-machine:~$ sudo systemctl status bind9
● named.service - BIND Domain Name Server
     Loaded: loaded (/lib/systemd/system/named.service; enabled; vendor preset:
     Active: active (running) since Thu 2024-08-29 13:31:19 CST; 32s ago
       Docs: man:named(8)
    Process: 2966 ExecStart=/usr/sbin/named $OPTIONS (code=exited, status=0/SUC
   Main PID: 2967 (named)
      Tasks: 8 (limit: 4551)
     Memory: 5.8M
        CPU: 72ms
     CGroup: /system.slice/named.service
             └─2967 /usr/sbin/named -u bind
```

图 10.15　启动和检查 BIND 服务

5. 验证 DNS 配置

在终端中，使用 dig 命令来查询域名解析结果，如果配置正确，将看到域名对应的 IP 地址。

(1) 使用 dig 命令验证正向解析，查看输出中的 ANSWER SECTION，以确认是否返回了正确的 IP 地址，如图 10.16 所示。

```
zwz@zwz-virtual-machine: $ dig @localhost www.example.com

; <<>> DiG 9.18.28-0ubuntu0.22.04.1-Ubuntu <<>> @localhost www.example.com
; (1 server found)
;; global options: +cmd
;; Got answer:
;; ->>HEADER<<- opcode: QUERY, status: NOERROR, id: 1256
;; flags: qr aa rd ra; QUERY: 1, ANSWER: 1, AUTHORITY: 0, ADDITIONAL: 1

;; OPT PSEUDOSECTION:
; EDNS: version: 0, flags:; udp: 1232
; COOKIE: deb54849b66496370100000066d0085a4f629e1d18d41a99 (good)
;; QUESTION SECTION:
;www.example.com.               IN      A

;; ANSWER SECTION:
www.example.com.        604800  IN      A       192.168.72.20

;; Query time: 0 msec
;; SERVER: 127.0.0.1#53(localhost) (UDP)
;; WHEN: Thu Aug 29 13:34:18 CST 2024
;; MSG SIZE  rcvd: 88
```

图 10.16　使用 dig 命令验证正向解析

(2) 使用 dig 命令验证反向解析，查看输出中的 ANSWER SECTION，以确认是否返回了正确的域名，如图 10.17 所示。

```
zwz@zwz-virtual-machine: $ dig -x 192.168.72.20 @localhost

; <<>> DiG 9.18.28-0ubuntu0.22.04.1-Ubuntu <<>> -x 192.168.72.20 @localhost
;; global options: +cmd
;; Got answer:
;; ->>HEADER<<- opcode: QUERY, status: NOERROR, id: 47199
;; flags: qr aa rd ra; QUERY: 1, ANSWER: 1, AUTHORITY: 0, ADDITIONAL: 1

;; OPT PSEUDOSECTION:
; EDNS: version: 0, flags:; udp: 1232
; COOKIE: 6ed4c1f31eecfe6b0100000066d009905d7029bb8f09c7e8 (good)
;; QUESTION SECTION:
;20.72.168.192.in-addr.arpa.    IN      PTR

;; ANSWER SECTION:
20.72.168.192.in-addr.arpa. 604800 IN   PTR     www.example.com.

;; Query time: 0 msec
;; SERVER: 127.0.0.1#53(localhost) (UDP)
;; WHEN: Thu Aug 29 13:39:28 CST 2024
;; MSG SIZE  rcvd: 112
```

图 10.17　使用 dig 命令验证反向解析

10.3 WWW 服务器-Apache

Apache HTTP Server(简称 Apache)是世界上最流行的 Web 服务器软件之一，以其稳定性、安全性和灵活性著称。在 Ubuntu 操作系统上配置 Apache 服务器是 Web 开发和运维中的一项基本技能。

10.3.1 安装 Apache 服务器

使用 apt 包管理器安装 Apache 服务器，如图 10.18 所示。Apache 的主程序名称是 httpd，但在 Ubuntu 中通常称为 apache2。

```
sudo apt install apache2 -y
```

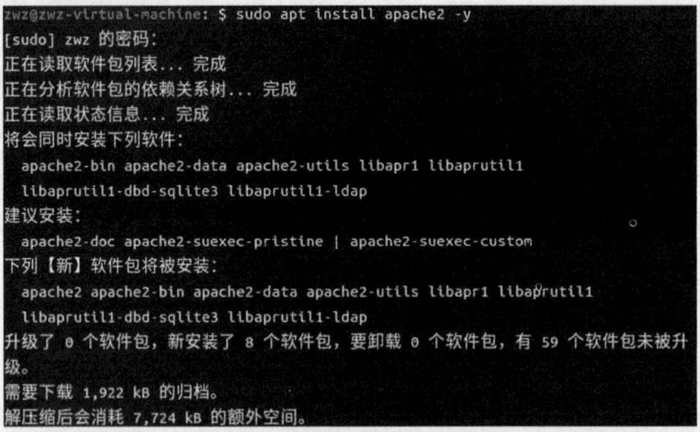

图 10.18　安装 Apache 服务器

安装完成后，Apache 服务将自动启动，可以通过运行以下命令来验证 Apache 是否正在运行。如果 Apache 正在运行，将看到类似 active(running)的状态信息，如图 10.19 所示。

```
sudo systemctl status apache2
```

图 10.19　验证 Apache 安装

10.3.2 配置 Apache 服务器

(1) 创建网站目录。创建一个新的目录来存放网站的文件/var/www/example_apache：

sudo mkdir -p /var/www/example_apache

(2) 创建一个简单的 HTML 页面。创建一个简单的 index.html 文件，如图 10.20 所示，输入以下内容：

```
<!DOCTYPE html>
<html>
<head>
    <title>Welcome to My Website</title>
</head>
<body>
    <h1>Hello, World!</h1>
    <p>This is my first Apache web page.</p>
</body>
</html>
```

图 10.20　在 Apache 中创建简单的 index.html 文件

(3) 配置 Apache 主配置文件。Apache 的主配置文件是/etc/apache2/apache2.conf，但通常修改的是/etc/apache2/sites-available/目录下的站点配置文件。对于默认站点，配置文件名为 000-default.conf。可以使用文本编辑器编辑此文件，建议在编辑前先复制一份原始文件作为备份。在编辑器中，可以修改<VirtualHost *:80>部分来配置网站，添加如图 10.21 所示内容。

```
<VirtualHost *:80>
    ServerName example.com
    ServerAdmin webmaster@example.com
    DocumentRoot /var/www/example_apache

    <Directory /var/www/example_apache>
        Options Indexes FollowSymLinks
        AllowOverride None
        Require all granted
    </Directory>

    ErrorLog ${APACHE_LOG_DIR}/error.log
    CustomLog ${APACHE_LOG_DIR}/access.log combined
</VirtualHost>
```

图 10.21　配置 Apache 主配置文件

(4) 启用和重新加载 Apache。每次修改 Apache 的配置文件后，都需要重新加载 Apache 服务以使更改生效。

sudo systemctl reload apache2

10.3.3 验证配置

在浏览器中输入 Ubuntu 服务器的 IP 地址(例如 http://192.168.72.131)，应该能看到之前创建的 index.html 页面，如图 10.22 所示。

图 10.22 验证配置

【例 10.6】如果想在同一台服务器上托管多个网站，则可以通过配置虚拟主机来实现。具体步骤如下。

(1) 创建网站目录。为每个网站创建一个新的目录：

```
sudo mkdir /var/www/site1
sudo mkdir /var/www/site2
```

(2) 创建简单的 HTML 页面。在每个目录中创建 index.html 文件，并添加不同的内容以区分它们。site1 目录中添加的内容如图 10.23 所示，site2 目录中添加的内容如图 10.24 所示。

图 10.23　HTML 页面 1　　　　图 10.24　HTML 页面 2

(3) 创建虚拟主机配置文件。在/etc/apache2/sites-available/目录下分别为每个网站创建一个新的配置文件 site1.conf 和 site2.conf。其中，site1.conf 添加的内容如图 10.25 所示，site2.conf 添加的内容如图 10.26 所示。

(4) 启用虚拟主机并重新加载 Apache。如图 10.27 所示，使用以下命令启用虚拟主机配置文件和重新加载 Apache 服务：

```
sudo a2ensite site1.conf
sudo a2ensite site2.conf
sudo systemctl reload apache2
```

```
<VirtualHost *:80>
    ServerName site1.local
    DocumentRoot /var/www/site1
    <Directory /var/www/site1>
        Options Indexes FollowSymLinks
        AllowOverride All
        Require all granted
    </Directory>
</VirtualHost>
```

图 10.25　site1.conf 文件

```
<VirtualHost *:80>
    ServerName site2.local
    DocumentRoot /var/www/site2
    <Directory /var/www/site2>
        Options Indexes FollowSymLinks
        AllowOverride All
        Require all granted
    </Directory>
</VirtualHost>
```

图 10.26　site2.conf 文件

```
zwz@zwz-virtual-machine:/etc/apache2/sites-available$ sudo a2ensite site1.conf
Enabling site site1.
To activate the new configuration, you need to run:
  systemctl reload apache2
zwz@zwz-virtual-machine:/etc/apache2/sites-available$ sudo a2ensite site2.conf
Enabling site site2.
To activate the new configuration, you need to run:
  systemctl reload apache2
zwz@zwz-virtual-machine:/etc/apache2/sites-available$ sudo systemctl reload apache2
zwz@zwz-virtual-machine:/etc/apache2/sites-available$
```

图 10.27　启用虚拟主机并重新加载 Apache

（5）配置 DNS。如果想通过域名访问这些网站，就需要在 DNS 服务器上配置相应的记录。除此之外，还可以在本地机器上编辑/etc/hosts 文件来模拟 DNS 解析，只需在文件中添加：

| 127.0.0.2 | site1.local |
| 127.0.0.3 | site2.local |

添加后就可以在浏览器中输入 http://site1.local 和 http://site2.local 来访问网站，如图 10.28 和图 10.29 所示。

图 10.28　访问 site1.local

图 10.29　访问 site2.local

10.4 WWW 服务器-Nginx

Nginx 是一款开源的、高性能的 HTTP 和反向代理服务器，同时也是一个 IMAP/POP3/SMTP 代理服务器，以其稳定性、丰富的功能集、低资源消耗和简单的配置而著称。Nginx 的安装简单，配置文件简洁，支持 Perl 语法，并且拥有极少的 Bug。

10.4.1 安装 Nginx 服务器

1. 安装 Nginx 软件包

使用 apt 包管理器安装 Nginx 非常简单，如图 10.30 所示，在终端中执行以下命令即可。

```
sudo apt install nginx
```

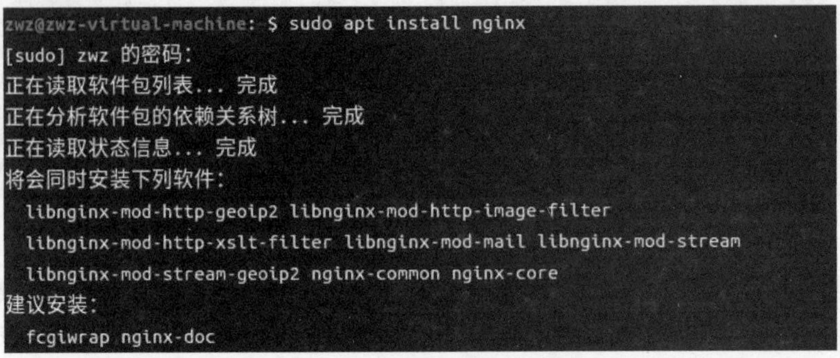

图 10.30　安装 Nginx 软件包

2. 验证安装

安装完成后，先停止之前的 Apache 服务，然后通过运行以下命令来检查 Nginx 服务的状态，如图 10.31 所示。

```
sudo systemctl stop apache2
sudo systemctl start nginx
sudo systemctl status nginx
```

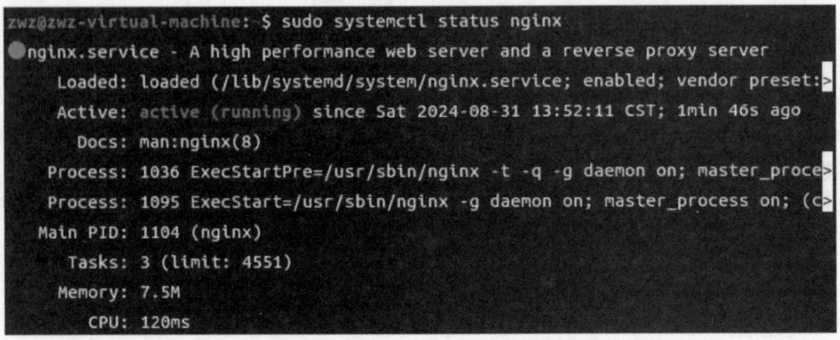

图 10.31　验证 Nginx 安装

如果 Nginx 正在运行，将看到类似 active (running) 的状态信息。

10.4.2 配置 Nginx 服务器

1. 配置文件

Nginx 的配置文件主要存放在 /etc/nginx/ 目录下，具体如下。
(1) nginx.conf：主配置文件。
(2) sites-available/：存储可用的站点配置文件。
(3) sites-enabled/：通过软链接链接到 sites-available/ 的站点，用于实际启用。
(4) conf.d/：存放额外的配置文件。

在 Nginx 的配置文件中，存在多个关键的配置块(blocks)和指令(directives)，这些用于定义 Nginx 服务器的行为。表 10.6 为 Nginx 配置文件中一些常见的配置块和指令。

表 10.6 Nginx 配置文件中常见的配置块和指令

配置块/指令	描述	示例
全局块		
user	指定 Nginx 服务运行的用户和组	user nginx nginx;
worker_processes	工作进程的数量	worker_processes auto;
error_log	错误日志的路径和级别	error_log /var/log/nginx/error.log warn;
pid	Nginx 服务运行时的 pid 文件路径	pid /run/nginx.pid;
events 块		
worker_connections	每个工作进程的最大连接数	worker_connections 1024;
http 块		
include	包含其他配置文件	include /etc/nginx/mime.types;
types	定义 MIME 类型	types { application/javascript js; }
default_type	默认 MIME 类型	default_type application/octet-stream;
sendfile	是否调用 sendfile 函数来输出文件	sendfile on;
keepalive_timeout	连接保持活动的超时时间	keepalive_timeout 65;
gzip	是否开启 gzip 压缩	gzip on;
server 块		
listen	监听端口	listen 80;
server_name	服务器名称	server_name example.com www.example.com;
return	直接返回状态码和可选的文本	return 301 https://$server_name$request_uri;
location 块		
location	定义请求的 URI 应该如何响应	location / { ... }
root	指定请求的根目录	root /data/www;
index	定义默认页面	index index.html index.htm;
try_files	尝试按顺序检查文件存在性	try_files $uri $uri/ =404;
upstream 块		

(续表)

配置块/指令	描述	示例
upstream	定义后端服务器组	upstream myapp1 { server backend1.example.com; server backend2.example.com; }
if 块(通常不推荐用于 location 中)		
if	条件判断	if ($request_method = POST) { return 405; }(注意：避免在 location 块中使用)

2. 配置一个基本的网站

(1) 创建网站目录。创建一个新的目录/var/www/example_nginx 来存放网站的文件：

sudo mkdir -p /var/www/example_nginx

(2) 创建一个简单的 HTML 页面。在每个目录中创建一个简单的 index.html 文件，其内容如图 10.32 所示。

(3) 在/etc/nginx/sites-available/目录下创建一个新的配置文件 nginx_example1，添加的内容如图 10.33 所示。

图 10.32　创建简单的 index.html 文件　　　图 10.33　nginx_example1 文件

(4) 启用站点。建完配置文件后，需要在/etc/nginx/sites-enabled/目录中创建一个软链接来启用站点，输入以下命令：

sudo ln -s /etc/nginx/sites-available/example.com /etc/nginx/sites-enabled/

(5) 检查配置。如图 10.34 所示，使用以下命令检查 Nginx 配置是否正确：

sudo nginx -t

图 10.34　检查 Nginx 配置

(6) 重启 Nginx。如果没有错误，则使用以下命令重启 Nginx 服务以应用更改：

```
sudo systemctl restart nginx
```

10.4.3 验证配置

如果想通过域名访问网站,就需要在 DNS 服务器上配置相应的记录。除此之外,还可以在本地机器上编辑/etc/hosts 文件来模拟 DNS 解析,只需在文件中添加:

```
127.0.0.4       nginxsite.local
```

添加后就可以在浏览器中输入 http://nginxsite.local 来访问网站,如图 10.35 所示。

图 10.35　访问 nginxsite.local

10.5　FTP 服务器

文件传输协议(File Transfer Protocol,FTP)是互联网上使用最广泛的文件传输协议之一。FTP 通过交互式访问允许用户指定文件的类型和格式,并支持文件的存取权限控制。FTP 主要基于 TCP 协议,通过客户端-服务器模型进行工作,使得在不同系统之间传输文件变得简单且可靠。

FTP 有两种工作模式:主动模式和被动模式。

主动模式(PORT):由服务器主动发起数据连接。

被动模式(PASV):由客户端主动发起数据连接,适用于客户端存在防火墙的环境。

10.5.1 安装 FTP 服务器

1. 安装 vsftpd 软件包

如图 10.36 所示,使用以下命令安装 vsftpd(Very Secure FTP Daemon),这是一个广泛使用的 FTP 服务器软件。

```
sudo apt install vsftpd
```

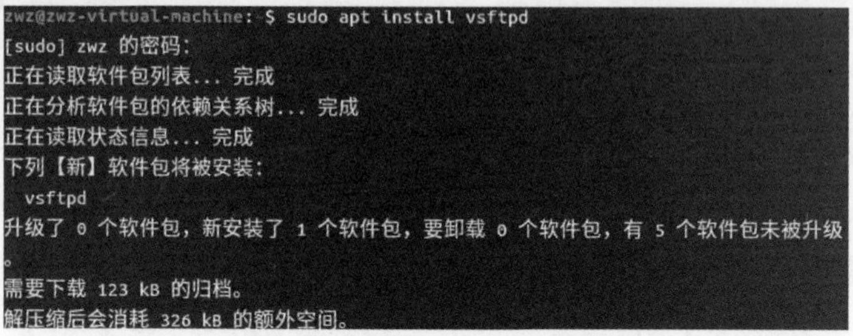

```
zwz@zwz-virtual-machine:~$ sudo apt install vsftpd
[sudo] zwz 的密码:
正在读取软件包列表... 完成
正在分析软件包的依赖关系树... 完成
正在读取状态信息... 完成
下列【新】软件包将被安装:
  vsftpd
升级了 0 个软件包，新安装了 1 个软件包，要卸载 0 个软件包，有 5 个软件包未被升级
。
需要下载 123 kB 的归档。
解压缩后会消耗 326 kB 的额外空间。
```

图 10.36　安装 vsftpd 软件包

2. 验证安装

安装完成后，使用以下指令启动 vsftpd 服务，并检查其状态，如图 10.37 所示。

```
sudo systemctl enable vsftpd.service
sudo systemctl start vsftpd.service
sudo systemctl status vsftpd.service
```

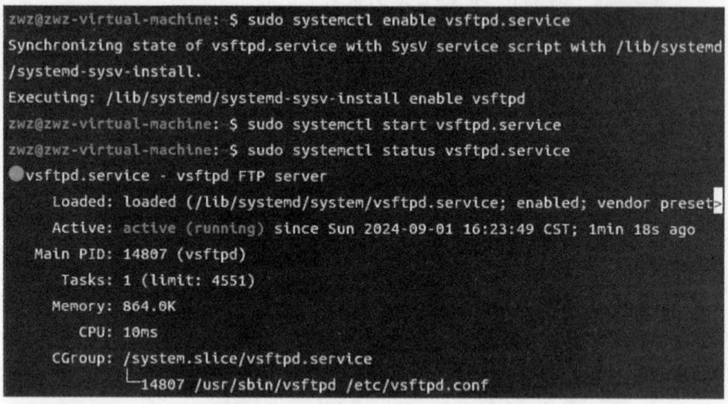

```
zwz@zwz-virtual-machine:~$ sudo systemctl enable vsftpd.service
Synchronizing state of vsftpd.service with SysV service script with /lib/systemd
/systemd-sysv-install.
Executing: /lib/systemd/systemd-sysv-install enable vsftpd
zwz@zwz-virtual-machine:~$ sudo systemctl start vsftpd.service
zwz@zwz-virtual-machine:~$ sudo systemctl status vsftpd.service
● vsftpd.service - vsftpd FTP server
     Loaded: loaded (/lib/systemd/system/vsftpd.service; enabled; vendor preset>
     Active: active (running) since Sun 2024-09-01 16:23:49 CST; 1min 18s ago
   Main PID: 14807 (vsftpd)
      Tasks: 1 (limit: 4551)
     Memory: 864.0K
        CPU: 10ms
     CGroup: /system.slice/vsftpd.service
             └─14807 /usr/sbin/vsftpd /etc/vsftpd.conf
```

图 10.37　验证 vsftp 安装

如果 vsftp 正在运行，将看到类似 active (running)的状态信息。

10.5.2　配置 vsftp 服务

1. 匿名用户访问配置

(1) 创建 FTP 目录并设置权限。通过以下指令为 FTP 服务创建一个目录 ftp，并设置适当的权限，如图 10.38 所示，使得匿名用户可以在此目录中上传和下载文件：

```
sudo mkdir -p /var/ftp/{download,upload}
sudo chmod 777 /var/ftp/upload
```

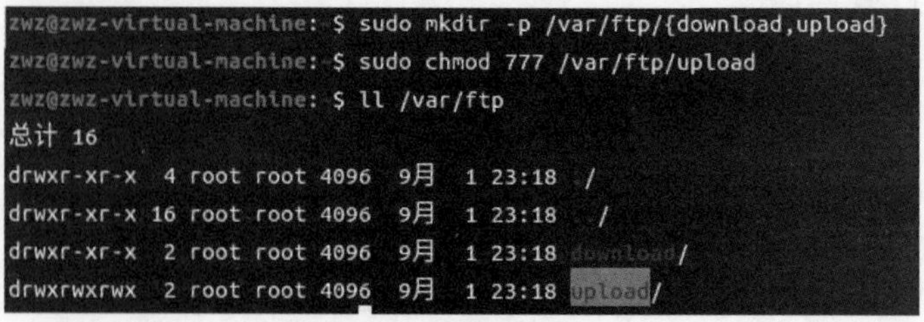

```
zwz@zwz-virtual-machine:~$ sudo mkdir -p /var/ftp/{download,upload}
zwz@zwz-virtual-machine:~$ sudo chmod 777 /var/ftp/upload
zwz@zwz-virtual-machine:~$ ll /var/ftp
总计 16
drwxr-xr-x  4 root root 4096  9月  1 23:18 ./
drwxr-xr-x 16 root root 4096  9月  1 23:18 ../
drwxr-xr-x  2 root root 4096  9月  1 23:18 download/
drwxrwxrwx  2 root root 4096  9月  1 23:18 upload/
```

图 10.38　创建 ftp 目录

如图 10.39 所示，在 download 目录中创建 ftptest.txt 文件，用于验证下载。

```
zwz@zwz-virtual-machine:~$ sudo vim /var/ftp/download/ftptest.txt
zwz@zwz-virtual-machine:~$ cat /var/ftp/download/ftptest.txt
FTP test share
zwz@zwz-virtual-machine:~$
```

图 10.39 创建 ftptest.txt 文件

(2) 编辑配置文件。vsftp 的配置文件是/etc/vsftpd.conf，可以使用文本编辑器编辑此文件，建议在编辑前先复制一份原始文件作为备份。匿名用户常用的配置参数如表 10.7 所示，编辑文件时，可以参考以下配置，实现匿名用户登录并允许用户上传文件。

```
anonymous_enable=YES            //启用匿名用户登录功能
anon_root=/var/ftp              //指定匿名用户登录后的根目录
local_enable=YES                //启用本地用户登录功能
write_enable=YES                //允许进行写操作
anon_upload_enable=YES          //允许匿名用户上传文件
anon_mkdir_write_enable=YES     //允许匿名用户创建目录
chroot_local_user=YES           //启用对本地用户的禁锢功能
pasv_min_port=50000             //被动模式下数据传输的最小端口号
pasv_max_port=50100             //被动模式下数据传输的最大端口号
```

表 10.7 匿名用户配置参数

配置参数	描述	默认值
anonymous_enable	是否允许匿名用户登录	YES
ftp_username	匿名登录时使用的用户名(别名)	ftp
anon_root	匿名用户登录后的根目录	/var/ftp
anon_upload_enable	是否允许匿名用户上传文件	NO
anon_mkdir_write_enable	是否允许匿名用户创建目录	NO
anon_other_write_enable	是否允许匿名用户执行删除、重命名等除上传和创建目录外的写操作	NO
anon_world_readable_only	是否仅允许匿名用户下载具有全部读权限的文件(设为 NO，则无此限制)	YES
chown_uploads	是否改变匿名用户上传文件的属主	NO
chown_username	匿名用户上传文件的属主用户名(需与 chown_uploads 配合使用)	(无)
no_anon_password	是否允许匿名登录免密	NO
anon_umask	匿名用户上传或新增文件时的 umask 值(影响文件权限)	77
deny_email_enable	是否通过电子邮件地址拒绝匿名登录	NO
banned_email_file	存放被拒绝电子邮件地址的文件路径(需与 deny_email_enable 配合)	(无)

(3) 重启 vsftpd 服务。配置完成后，输入以下指令重启 vsftpd 服务以应用更改。

```
sudo systemctl restart vsftpd
```

(4) 验证匿名登录。使用 FTP 客户端连接到 FTP 服务器，使用匿名用户登录，用户名为 anonymous，密码为空。验证是否能够列出目录、上传和下载文件。

本机访问：使用 ftp localhost 或 ftp 127.0.0.1 进行访问。

局域网访问：使用 ftp [服务器 IP](例如 ftp 192.168.72.131)进行访问。

连接成功后如图 10.40 所示。

(5) 下载文件。连接成功后，下载 download 目录下的 ftptest.txt 文件，如图 10.41 所示。

```
zwz@zwz-virtual-machine:~$ ftp localhost
Connected to localhost.
220 (vsFTPd 3.0.5)
Name (localhost:zwz): anonymous
331 Please specify the password.
Password:
230 Login successful.
Remote system type is UNIX.
Using binary mode to transfer files.
ftp>
```

图 10.40 匿名用户连接成功

```
Using binary mode to transfer files.
ftp> dir
229 Entering Extended Passive Mode (|||50062|)
150 Here comes the directory listing.
drwxr-xr-x    2 0        0            4096 Sep 01 23:25 download
drwxrwxrwx    2 0        0            4096 Sep 01 23:18 upload
226 Directory send OK.
ftp> cd download
250 Directory successfully changed.
ftp> dir
229 Entering Extended Passive Mode (|||50082|)
150 Here comes the directory listing.
-rw-r--r--    1 0        0              15 Sep 01 23:25 ftptest.txt
226 Directory send OK.
ftp> get ftptest.txt
local: ftptest.txt remote: ftptest.txt
229 Entering Extended Passive Mode (|||50010|)
150 Opening BINARY mode data connection for ftptest.txt (15 bytes).
100% |***********************************|    15      122.07 KiB/s    00:00 ETA
226 Transfer complete.
15 bytes received in 00:00 (14.26 KiB/s)
ftp> !ls | grep ftp
ftptest.txt
ftp>
```

图 10.41 匿名用户下载文件

(6) 上传文件。将本地的 hello.txt 上传到 upload 目录，如图 10.42 所示。

```
ftp> cd ..
250 Directory successfully changed.
ftp> cd upload
250 Directory successfully changed.
ftp> dir
229 Entering Extended Passive Mode (|||50076|)
150 Here comes the directory listing.
226 Directory send OK.
ftp> put hello.txt
local: hello.txt remote: hello.txt
229 Entering Extended Passive Mode (|||50099|)
150 Ok to send data.
100% |***********************************|    28       14.33 KiB/s    00:00 ETA
226 Transfer complete.
28 bytes sent in 00:00 (9.51 KiB/s)
ftp> dir
229 Entering Extended Passive Mode (|||50065|)
150 Here comes the directory listing.
-rw-------    1 133      139            28 Sep 01 23:35 hello.txt
226 Directory send OK.
ftp>
```

图 10.42 匿名用户上传文件

2. 本地用户访问配置

(1) 创建 FTP 目录并设置权限。通过以下指令为 FTP 服务创建一个目录 userftp，并设置适当的权限，如图 10.43 所示，使得本地用户可以在此目录中上传和下载文件：

```
sudo mkdir -p /var/userftp/{download,upload}
sudo chmod 777 /var/userftp/upload
```

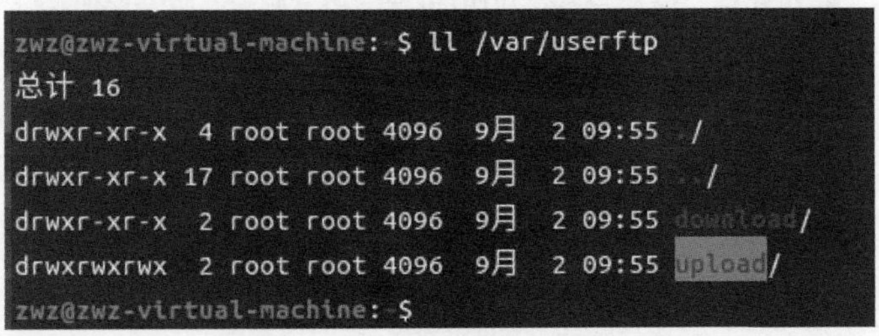

图 10.43　创建 userftp 目录

如图 10.44 所示，在 download 目录中创建 userftptest.txt 文件，用于验证下载。

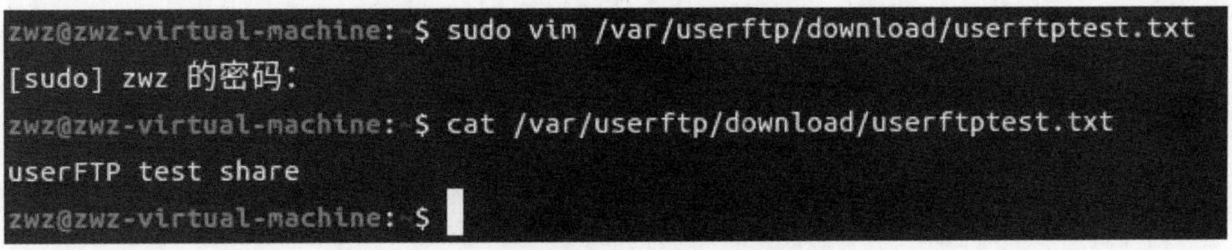

图 10.44　创建 userftptest.txt 文件

(2) 创建 FTP 用户。输入以下指令，创建一个名为 localftp 的用户，指定其家目录为 /home/localftp，并为用户设置登录密码，如图 10.45 所示。

```
sudo useradd -d /var/userftp -s /bin/bash localftp
sudo passwd localftp
```

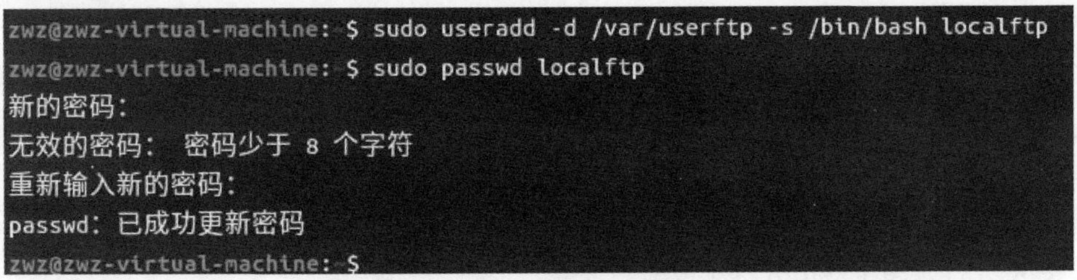

图 10.45　创建 FTP 用户

(3) 编辑配置文件。vsftp 的配置文件是/etc/vsftpd.conf，可以使用文本编辑器编辑此文件，建议在编辑前先复制一份原始文件作为备份。本地用户常用的配置参数如表 10.8 所示，编辑文件时，可以参考以下配置，启用本地用户登录并允许上传文件。

```
nonymous_enable=NO                    //禁用匿名用户登录
local_enable=YES                      //启用本地用户登录
write_enable=YES                      //允许进行写操作
chroot_local_user=YES                 //启用对本地用户的禁锢功能
user_sub_token=localftp               //为指定用户设置根目录
local_root=/var/userftp               //指定本地用户登录后默认的工作目录
```

表 10.8 本地用户配置参数

配置参数	描述	默认值
local_enable	是否允许本地用户登录	YES
write_enable	是否允许登录用户有写权限(包括上传、删除、重命名等操作)	YES
local_umask	本地用户上传文件的 umask 值(影响文件权限)	22
chroot_local_user	是否禁锢所有本地用户于其家目录中	NO
chroot_list_enable	是否启用禁锢列表文件(与 chroot_local_user 配合使用)	NO
chroot_list_file	指定禁锢列表文件的路径	(无)
userlist_enable	是否启用控制用户登录的列表文件(如/etc/vsftpd/user_list)	NO
userlist_deny	是否拒绝 userlist 指定的列表文件中存在的用户登录 FTP	YES
userlist_file	指定控制用户登录的列表文件的路径	/etc/vsftpd/user_list
max_clients	最大并发连接数(可限制 FTP 服务器的负载)	(无)
max_per_ip	每个 IP 地址的最大并发连接数(防止单个 IP 过载)	(无)
dirmessage_enable	是否启用目录消息功能(在目录中显示.message 文件的内容)	YES
xferlog_enable	是否启用传输日志功能(记录 FTP 传输过程)	NO
xferlog_file	指定传输日志文件的路径	/var/log/xferlog
allow_writeable_chroot	是否允许对禁锢目录有写权限(与 chroot_local_user 配合使用)	NO

(4) 重启 vsftpd 服务。配置完成后,输入以下指令重启 vsftpd 服务以应用更改。

sudo systemctl restart vsftpd

(5) 验证本地用户登录。使用 FTP 客户端连接到 FTP 服务器,使用本地用户登录,用户名为 localftp,密码为空。验证是否能够列出目录、上传和下载文件。

本机访问:使用 ftp localhost 或 ftp 127.0.0.1 进行访问。

局域网访问:使用 ftp [服务器 IP](例如 ftp 192.168.72.131)进行访问。

连接成功后如图 10.46 所示。

图 10.46 本地用户连接成功

(6) 下载文件。连接成功后，下载 download 目录下的 userftptest.txt 文件，如图 10.47 所示。

```
Using binary mode to transfer files.
ftp> dir
229 Entering Extended Passive Mode (|||16063|)
150 Here comes the directory listing.
drwxr-xr-x    2 0        0            4096 Sep 02 11:14 download
drwxrwxrwx    2 0        0            4096 Sep 02 09:55 upload
226 Directory send OK.
ftp> cd download
250 Directory successfully changed.
ftp> dir
229 Entering Extended Passive Mode (|||62049|)
150 Here comes the directory listing.
-rw-r--r--    1 0        0              19 Sep 02 11:14 userftptest.txt
226 Directory send OK.
ftp> get userftptest.txt
local: userftptest.txt remote: userftptest.txt
229 Entering Extended Passive Mode (|||24944|)
150 Opening BINARY mode data connection for userftptest.txt (19 bytes).
100% |***********************************|    19      247.39 KiB/s    00:00 ETA
226 Transfer complete.
19 bytes received in 00:00 (12.89 KiB/s)
ftp> !ls | grep userftp
userftptest.txt
ftp> 
```

图 10.47　本地用户下载文件

(7) 上传文件。将本地上的 hello.sh 上传到 upload 目录，如图 10.48 所示。

```
ftp> cd upload
250 Directory successfully changed.
ftp> dir
229 Entering Extended Passive Mode (|||57389|)
150 Here comes the directory listing.
226 Directory send OK.
ftp> put hello.sh
local: hello.sh remote: hello.sh
229 Entering Extended Passive Mode (|||46870|)
150 Ok to send data.
100% |***********************************|    34       10.11 KiB/s    00:00 ETA
226 Transfer complete.
34 bytes sent in 00:00 (8.92 KiB/s)
ftp> dir
229 Entering Extended Passive Mode (|||24561|)
150 Here comes the directory listing.
-rw-------    1 1002     1002           34 Sep 02 11:43 hello.sh
226 Directory send OK.
ftp>
```

图 10.48　本地用户上传文件

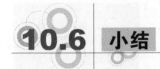

10.6 小结

本章深入探讨了 Ubuntu 操作系统中几种关键的 Internet 服务，包括 SSH、DNS、Apache、Nginx 及 FTP，这些服务共同构成了现代网络应用与服务部署的基础框架。用户通过 SSH 能够安全地远程访问和管理 Linux 服务器，极大地提升了系统维护的便捷性和安全性。DNS

作为互联网的目录服务，实现了域名与 IP 地址之间的转换，是互联网通信不可或缺的基石。Apache 适合需要高度定制和广泛支持的复杂网站。而 Nginx 擅长处理高并发请求，成为构建高性能 Web 应用的优选。FTP 服务提供了文件在客户端与服务器之间高效、可靠的传输方式，无论是上传网站资源还是实现远程文件共享，FTP 都扮演着重要角色。本章通过对详细步骤的讲解，使读者不仅掌握了这些服务的安装配置方法，还理解了它们在网络服务架构中的定位与作用，为构建稳定、高效的网络服务环境奠定了坚实基础。

10.7 实验

1. SSH 服务的安全配置与测试。

要求：配置 SSH 服务并增强安全性。

(1) 安装 SSH 服务。

(2) 配置 SSH 服务。

(3) 重启 SSH 服务。

(4) 测试 SSH 连接。

2. DNS 服务器的搭建与解析测试。

要求：使用 Bind 配置基本的 DNS 服务器。

(1) 安装 Bind 软件包。

(2) 配置区域文件。

(3) 编辑配置文件。

(4) 检查配置并启动 Bind 服务。

(5) 测试 DNS 解析。

3. Apache 服务器的部署。

要求：使用 Apache 部署静态网站。

(1) 安装 Apache 服务器。

(2) 配置虚拟主机。

(3) 设置网站根目录。

(4) 配置目录权限。

(5) 重启 Apache 服务。

(6) 测试网站访问。

4. Nginx Web 服务器的安装与配置。

要求：Nginx 服务器的基本配置。

(1) 安装 Nginx。

(2) 配置 Nginx 服务。

(3) 重启 Nginx 服务。

(4) 测试网站访问。

5. FTP 服务器的搭建与文件传输。

要求：使用 vsftpd 搭建 FTP 服务器。

(1) 安装 vsftpd。

(2) 配置 vsftpd。

(3) 创建 FTP 用户。

(4) 重启 vsftpd 服务。

(5) 测试 FTP 连接。

10.8 习题

1. 填空题

(1) 要在 Ubuntu 上安装 SSH 服务器，常用的包管理器命令是_____。

(2) 在 Ubuntu 系统中，DNS 服务器软件 Bind 的主配置文件是_____。

(3) Apache 的配置文件通常位于_____目录下。

(4) 在 Nginx 中，一个网站的配置文件通常放在_____目录下。

(5) 在 Ubuntu 中，常用的 FTP 服务器软件是_____。

2. 判断题

(1) 在 Ubuntu 上安装 SSH 服务器后，系统默认允许 root 用户通过 SSH 远程登录。

( )

(2) 修改 DNS 区域文件后，不需要重启 Bind 服务，因为 Bind 会自动检测文件变化并重新加载。( )

(3) Apache 的默认网站根目录是/var/www。( )

(4) Nginx 比 Apache 更适合处理高并发连接。( )

(5) FTP 服务器默认允许匿名用户登录并访问服务器上的文件。( )

3. 单项选择题

(1) SSH 服务默认监听(   )端口。
    A. 21　　　　　B. 22　　　　　C. 80　　　　　D. 443

(2) (   )软件是 Linux 下广泛使用的 DNS 服务器。
    A. Bind　　　　B. Apache　　　C. Nginx　　　　D. vsftpd

(3) 要在 Apache 中启用一个站点，通常需要执行(   )命令(假设站点配置文件已放在适当位置)。
    A. sudo apachectl enable site　　　　B. sudo a2ensite
    C. sudo systemctl enable apache2　　 D. sudo apache2ctl restart

(4) 在 Nginx 中，（　　）指令用于定义服务器监听的端口。
  A. listen   B. server_name   C. root   D. index
(5) 要在 vsftpd 中启用匿名用户访问，应设置(　　)选项为 YES。
  A. anonymous_enable   B. local_enable
  C. chroot_local_user   D. listen

4. 简答题

(1) 简述 SSH 服务的主要用途及安全性措施。
(2) 为什么需要配置反向 DNS 记录？
(3) 简述 Apache 的虚拟主机功能。
(4) 与 Apache 相比，Nginx 有哪些主要优势？
(5) 如何设置 FTP 服务器的匿名访问权限。

参考文献

[1] 邓淼磊，马宏琳，等．Ubuntu Linux 基础教程[M]．2 版．北京：清华大学出版社，2021．
[2] 马丽梅，郭晴，张林伟，等．Ubuntu Linux 操作系统与实验教程[M]．2 版．北京：清华大学出版社，2020．
[3] 张同光．Ubuntu Linux 操作系统[M]．2 版．北京：清华大学出版社，2022．
[4] 余建．Ubuntu Linux 操作系统实战教程[M]．北京：清华大学出版社，2023．
[5] 夏美艺．Linux 系统管理与服务[M]．北京：清华大学出版社，2024．
[6] 张晓舟．Ubuntu Linux 系统管理与运维实战[M]．北京：清华大学出版社，2024．
[7] 刘遄．Linux 就该这么学[M]．北京：人民邮电出版社，2021．
[8] 凌敏，马蕾，王湘渝．Linux 操作系统[M]．哈尔滨：东北林业大学出版社，2019．
[9] 汤东，李海宁，赵德宝．Linux 操作系统管理及应用[M]．长沙：湖南大学出版社，2023．